大型电机传热系统设计及智能分析方法

王立坤　郭庆波　唐勇斌　著

中国电力出版社
CHINA ELECTRIC POWER PRESS

内 容 提 要

本书是专注于大型同步电机磁热研究的重要著作。本书深入探讨了大型同步电机的冷却结构设计、磁热计算方法、结果分析方法和传热预测。通过理论与实践相结合的方式，本书旨在为从事大型同步电机磁热研究的科研人员和相关从业者提供全面而实用的指导。

本书的主要内容包括大型同步电机的战略意义和发展概况、电磁和传热计算的操作方法和分析方法，以及基于数据驱动与机器学习的传热预测。书中涵盖了丰富的实例，这些实例来源于实际科研项目，既有助于理解基础理论，又能够帮助读者解决实际问题。

本书适合从事大型同步电机磁热研究的科研人员和相关从业者阅读。本书能为想深入了解大型同步电机的冷却结构设计，掌握磁热计算方法和结果分析方法的读者提供全面而实用的指导。无论是初学者还是具有一定经验的从业人员，都能从本书中获得有价值的知识和经验，提升在大型同步电机磁热领域研究的能力和水平。

图书在版编目（CIP）数据

大型电机传热系统设计及智能分析方法/王立坤，郭庆波，唐勇斌著．--北京：中国电力出版社，2024.6. — ISBN 978-7-5198-8986-9

Ⅰ.TM301.4

中国国家版本馆 CIP 数据核字第 20240K7Z00 号

出版发行：中国电力出版社
地　　址：北京市东城区北京站西街 19 号（邮政编码 100005）
网　　址：http://www.cepp.sgcc.com.cn
责任编辑：牛梦洁（010-63412528）
责任校对：黄　蓓　朱丽芳
装帧设计：张俊霞
责任印制：吴　迪

印　　刷：固安县铭成印刷有限公司
版　　次：2024 年 6 月第一版
印　　次：2024 年 6 月北京第一次印刷
开　　本：787 毫米×1092 毫米　16 开本
印　　张：14.25
字　　数：351 千字
定　　价：50.00 元

大型电机作为现代工业和能源系统的关键装备，在电能生产、利用和稳定传输等方面扮演重要角色。随着交通运输、先进制造、航空航天和国防军工等战略新兴产业的快速发展，对大型电机系统提出了更高的要求，包括功率密度、容错能力和调速范围等方面。高效的传热系统设计及智能分析方法在提升大型电机的性能、可靠性和寿命等诸多技术方面尤为重要。

传热系统在大型电机高性能运行中也起着至关重要的作用。高效的传热系统不仅能够有效降低电机运行温升，延长其安全使用寿命，还能提高运行效率，减少能耗。本书引入的智能分析方法使传热系统的设计更加精准和高效，助力实时监控和调节优化大型电机的运行状态，从而进一步提升电机系统整体性能。本书作者在大型电机传热系统设计及智能分析方法方面的诸多创新成果，已在传热系统设计、智能分析模型建立、热特性分析、散热结构优化、温度场仿真与实验验证等领域应用并取得了显著的成就，推动了诸领域的技术进步。

本书是作者及其团队多年研究成果的集中提炼和总结，系统地阐述了大型电机传热系统设计的基础理论，详细研讨了热系统设计中的关键技术，并引入人工智能算法解决传统大型电机设计中的瓶颈问题。内容涵盖了电机传热系统的原理、结构和性能分析，电磁与热特性分析，传热系统的优化设计与智能控制，冷却技术及其在不同类型电机中的应用等。书中所介绍的诸多理论和方法，如传热系统等效网络建模理论与方法、传热系统损耗计算模型、温度场—热路直接耦合方法、智能监控与优化策略等，不仅适用于大型电机传热系统，还可推广应用于其他类型电机的热管理。

本书内容丰富，条理清晰，自成体系，特色鲜明，是电机传热领域的专业学术著作。该书的出版对丰富和发展电机传热理论和工程应用，促进我国装备制造业的技术进步，具有重要的理论价值和现实指导意义。可作为大型电机学术研究、设计制造、运行维保等领域的专家学者和工程技术人员的参考用书。

俄罗斯工程院外籍院士、国家卓越工程师

2024 年 6 月

序 二

　　大型电机在我国经济建设中发挥着十分重要的作用，应用领域涉及发电、电网调节（储能与调相）、化工、冶金、矿山、国防建设等众多行业。大型电机的高效、可靠运行是确保各行各业安全、稳定生产运行的关键。随着电机容量的增加，功率密度和运行效率的不断提升，其内部的发热及热量分布日益复杂，如何有效地管理热平衡和有效传热成为产品设计和应用中不可忽视的重大挑战。

　　大型电机的热平衡系统是整个电机设计的核心环节之一。有效的传热系统设计不仅能够提高电机的工作效率和使用寿命，还能防止过热引起的缺陷与故障，确保设备在高负荷条件下的稳定运行。为满足现代电机复杂多变的工作环境需求，作者在传统传热设计方法的基础上引入了先进的智能分析方法。

　　《大型电机传热系统设计及智能分析方法》这本书全面系统地介绍了前沿的传热管理技术和智能分析方法。作者从基础的传热理论到实际应用的数值模拟，从数值分析方法到智能优化算法在电机冷却系统中的应用，进行了深入浅出的介绍。本书不仅为读者提供了科学的学术分析方法和技术指导，同时还呈现了大量的工程实例和应用经验。

　　特别值得一提的是，本书融入了多物理场耦合分析和智能化技术，通过大数据和机器学习等先进手段，系统全面地提出了大型电机传热系统的设计方法。这些内容有助于提升大型电机传统传热设计的效率和精度，也为未来的大型电机传热系统研究和冷却技术应用提供有价值的研究思路。

　　这本书内容充实，结构严谨，特色突出，是大电机领域难得的高水平学术作品，其出版将为丰富和深化大电机传热设计理念、推动我国大型电机装备制造业的技术进步，提供重要的理论支持和实践指导。

全国大型发电机标准化技术委员会秘书长
中国电机工程学会电机专业委员会秘书长

2024 年 6 月

前 言

  大型同步电机是我国电力能源供应和维护电网安全稳定的重要设备。由于大型同步电机结构复杂、部件繁多，长久以来其仿真与分析只能集中在部分关键区域。随着硬件计算能力的突飞猛进和 AI 智能算法的飞速发展，大型同步电机全域电磁和温度的精确数值计算逐步变为可能。

  本书为从事大型同步电机磁热研究的科研人员和相关从业者提供较为全面的研究内容和理论指导，主要内容涉及大型同步电机的冷却结构设计、磁热计算方法、结果分析方法和传热预测。本书涉及实例均来源于实际科研项目，既涉及基础理论，又包括软件操作及结果分析，具有较强应用性和借鉴性。理论部分主要为基础性、通用性较强的内容，软件操作部分包含模型建立、网格剖分和调试计算等关键流程，着重于关键步骤和重点参数设置，使读者能够快速掌握大型电机数值传热计算核心操作方法，并能够使用这些方法解决同类相关的问题。结果分析主要为大型电机数值结果的分析思路和方法，使读者在设计和分析大型同步电机时，能够明确关键问题，抓住主要矛盾。

  本书第 1 章介绍了大型同步电机的战略意义和发展概况。第 2 章介绍了大型同步电机传热分析方法。第 3～6 章以大型同步调相机和大型同步汽轮发电机为例，分别介绍了电磁和传热计算分析方法。第 7、8 章介绍了基于数据驱动与机器学习的大型调相机和大型发电机传热预测。

  本书相关研究工作依托于"大型电机电气与传热技术国家地方联合工程研究中心"平台，并得到了 10 余项科研基金和项目的资助，包括：国家自然科学基金"特高压输电用调相机动态工况约束下端部复杂系统内磁热演变机理研究"（51907042），黑龙江省自然科学基金优秀青年项目"场量特征分析与深度学习结合的调相机漏磁屏蔽与热交换问题研究"（YQ2021E038），中国博士后科学基金第 11 批特别资助项目"核电半速汽轮发电机端部暂态损耗与绝缘热交换研究"（2018T110270），中国博士后科学基金第 62 批面上一等资助项目"特高压工程大型调相机端部复杂漏磁与热交换机理的研究"（2017M620109），黑龙江省博士后特别资助（博士后青年英才计划）"多场量特征分析与深度学习结合的同步调相机热管理研究"（LBH‑TZ2007），黑龙江省博士后面上资助项目"特高压工程同步调相机暂态行为下端部磁热问题的基础研究"（LBH‑Z17041），黑龙江省普通本科高等学校青年创新人才培养计划"核电汽轮发电机端部磁热管理系统的关键问题研究"（UNPYSCT‑2018212）。

　　本书内容是作者团队研究成果的提炼和总结。本书共分 8 章，第 1 章 1.4 节、第 7 章 7.1 节和第 8 章由郭庆波、唐勇斌著，王立坤负责其余章节内容并对全书进行统稿。博士研究生李靖琰、李彬，硕士研究生毕晓帅、邢洪凯、乔治、宋旭升、栗浩、杨嘉奇等承担了大量资料收集、数值分析计算、整理和插图绘制等工作。

　　本书得到哈尔滨工业大学寇宝泉教授、哈尔滨理工大学戈宝军教授、北京交通大学李伟力教授的关心和支持。意大利都灵理工大学 Aldo Boglietti 教授（IEEE Fellow）、意大利帕多瓦大学 Nicola Bianchi 教授（IEEE Fellow）和意大利卡西诺大学 Fabrizio Marignetti 教授协作参与或指导了部分研究工作。

　　本书相关研究工作得到了哈尔滨电机厂有限责任公司的大力支持。

　　俄罗斯工程院外籍院士蔡蔚和全国大型发电机标准化技术委员会孙玉田秘书长拨冗为本书作序。

　　在此，一并表示衷心的感谢！

　　限于作者的能力与水平，书中难免存在疏漏和不妥之处，敬请读者批评指正。

王立坤　谨识

2024 年 4 月于哈尔滨

目 录

第1章 概　述

1.1　大型同步电机的应用及重要战略意义

我国能源资源和经济社会发展不均衡的基本国情和我国能源资源与消费呈逆向分布决定了发展特高压输电的必要性。随着远距离直流输电工程的大规模应用且电网的规模化建设，电网系统对大容量动态无功支撑能力的需求逐步上升，换流站对无功功率补偿的需求也越来越大，特别是动态无功功率的补偿对特高压直流输电系统的电压稳定至关重要。调相机作为一种无功补偿装置，是一种运行于电动机状态，不带机械负载，向电力系统提供或吸收无功功率的同步电机。在特高压输电过程当中向电力系统吸收或提供无功功率，进而维持电网电压水平。

当特高压直流输电系统发生故障时，电容器及静态无功补偿器等补偿装置由于受工作原理的限制，不能及时地向输电系统提供满足需要的动态无功功率补偿，在一些特殊运行方式下可能会发生电压失稳等问题，进而对输电系统稳定造成一定的影响。故为保证电网系统能够安全稳定运行，必须加强电网系统的电压支撑能力和运行灵活性，且电网系统中应储备足够的动态无功容量。大型同步调相机具有容量更大、可靠性更高、动态维持电压能力强等特点，在电网系统受到干扰或波动时，能够通过强励磁及时为系统提供大容量动态无功。因此，大容量同步调相机在特高压输电系统上的应用被重视，特高压直流输电系统的换流站正在逐步加装 300Mvar 大容量隐极同步调相机。300Mvar 大型同步调相机除能够向特高压输电系统提供动态无功、改善电网系统功率因数、维持电网系统电压水平外，更加注重瞬态性能，具备快速电压支撑能力以及短时过电流和过电压保护能力，能够为特高压输电系统的安全稳定运行提供更强有力的保障。同步调相机作为旋转装置，与电容器、静态无功补偿器等基于电力电子技术的动态无功补偿装置相比，既能为电网系统提供短路容量，又能更好地输出无功，在降低直流送端暂态过电压、抑制直流受端换相失败、利用强励磁提高系统稳定性等方面具备独特优势。

相比常规大型电机，特高压输电系统用同步调相机具备更高的动态响应要求、更强的励磁需求及过载承受能力，其端部漏磁、热容量指标考核更为严格，并要求机组运行具备少人值守甚至无人值守条件，必须对不同动态工况下大型调相机组端部复杂结构的温升进行严格把关。调相机在额定工况运行时，由于其定子电流较大，故而定子电流在调相机端部产生较强的漏磁，端部漏磁场会在端部各导电构件中感应涡流进而产生涡流损耗，引起端部各导电构件发热。同步调相机端部各结构件过高的电磁负荷、发热严重及散热困难等诸多问题，不仅会使端部漏磁严重继而引起调相机端部结构的振动，最终会导致更为严重的调相机故障及

1

电网问题。所以研究特高压输电用大型同步调相机端部结构的多物理场对减少调相机端部漏磁、减少端部结构件涡流损耗及在有限空间约束的条件下提高调相机的散热能力、降低调相机端部最热区域范围具有重要意义。

发电机是将机械能转化为电能的装置，在能源供应方面起到了至关重要的作用。截至目前我国发电方式仍以火电为主，但火电发电量占比正处于逐渐下降的趋势。以水电、风电以及核电为主的清洁能源发电方式装机量与日俱增，占比逐渐增大。随着"双碳"目标的提出，对于清洁能源的需求越发增大，构成新型电力系统成为迫切需求。而在新型电力系统中，清洁能源发电作为电力系统的"源头"，处于最重要的位置。核电作为清洁低碳、安全高效的优质能源，成为新型非化石能源中最具有竞争力的组成部分，是实现"双碳"目标的重要支撑。

在核能发电系统中，发电机的稳定运行不仅决定了所发电能的质量，也为核电站安全起到了重要保障。在发电机运行过程中，发电机所产生的损耗主要以热能的形式出现，导致了发电机整体温度的升高。过高的温升不仅会严重影响发电机的稳定运行，甚至有可能造成发电机及电力系统的损坏。而对于核能发电来讲，保障发电机的温度运行，降低安全隐患显得尤为重要。故对核电汽轮发电机的通风冷却以及温度控制进行研究有着极其重要的作用和意义。

1.2　大型同步电机发展概况

1.2.1　大型同步调相机发展概况

同步调相机作为电网无功补偿装置的历史可以追溯到 20 世纪初。早期的调相机主要采用空气冷却（简称空冷）技术，其容量从 1913 年的 15MVA 逐步发展到 1931 年的 75MVA。随着电力系统的不断发展和电网负荷的增加，调相机的容量也在不断提升。20 世纪 30 年代，美国成功研制出多台氢冷调相机，这种调相机采用氢气作为冷却介质，具有更高的散热效果，使得调相机的容量得以进一步提升，最大容量达到 40MVA，为当时的电力系统提供了可靠的无功补偿能力。20 世纪 60 年代，调相机的容量等级已经发展到 150MVA。随着电力系统的进一步发展和对无功补偿需求的增加，同步调相机技术得到了迅速发展。20 世纪 70 和 80 年代，更高容量的同步调相机研制成功。1971 年，瑞典成功研制出了全水冷同步调相机，其容量达到了 345MVA。全水冷技术通过水冷却系统来降低调相机的温度，提高了散热效果，使得调相机能够承载更大的功率。此外，氢冷同步调相机也在这个时期得到了进一步的发展。160、250MVA 和 320MVA 的氢冷同步调相机先后研制成功，为电力系统的无功补偿提供了更高的容量和可靠性[1]。

在我国，同步调相机的研制工作始于 20 世纪 50 年代。这一时期，中国电力系统的发展迅速，对无功补偿装置的需求也日益增加，因此同步调相机的研制成为重要的任务。20 世纪 50 年代中后期，我国开始了空冷调相机的研制工作。经过不断的努力和改进，于 1956 年成功研制出了国产的 15MVA 空冷调相机。这标志着我国在调相机领域取得了重要的突破，为电力系统的无功补偿提供了可靠的装置[2]。

电力系统的发展和负荷的增加，对调相机容量的需求也不断提升。20 世纪 60 年代，我国电力工业继续加大对调相机技术的研发力度，经过多年的努力，1964 年成功研制出了

30MVA 的空冷调相机，填补了国内调相机容量的空白。

20 世纪 70 年代，我国进一步推进了调相机技术的发展，成功研制出了 60MVA 的氢冷调相机。氢冷技术的应用使得调相机的散热效果得到了显著提升，为电力系统提供了更高容量的无功补偿能力。到了 1988 年，上海电机厂制造了一台 125Mvar 的双水内冷调相机。这种调相机采用了双水冷却系统，通过水的循环来降低调相机的温度，提高了散热效果，使得调相机能够承载更大的功率。除了空冷、氢冷和水冷技术，我国还进行了其他冷却方式的尝试和研究：一台 50MVA 的蒸发冷却同步调相机试制成功，这种调相机通过蒸发冷却系统来降低温度，提高散热效果；同时，对 120MVA 和 250MVA 的同步调相机进行了改造，使其具备更高的容量和更先进的技术。同步调相机作为电网无功补偿装置的发展经历了多个阶段。早期主要采用空冷技术，容量逐步增加。随后，氢冷技术的引入使得调相机的容量得到了进一步提升。而全水冷和蒸发冷却技术的应用，则为调相机的性能和可靠性带来了显著的提升。

20 世纪 80 年代，中国的调相机机组容量普遍较小。1988 年上海黄渡变电站安装了一台容量为 125Mvar 的双水内冷调相机，这是当时我国调相机技术的一项重要突破，也标志着我国在调相机领域取得了重要的进展。调相机的安装对电力系统的稳定运行和供电质量的提高起到了重要的作用。它可以有效控制电网电压的波动，减少电力系统中的电压失真和电压暂降现象，提高电力系统的稳定性和可靠性。此外，调相机还可以减少输电线路的损耗，提高输电效率，降低能源消耗。

近年来，随着新能源的快速发展，如风力发电和光伏发电等，电力系统的运行面临着新的挑战。新能源发电具有不稳定性和间歇性的特点，其输出功率会受到天气条件和其他因素的影响，导致电力系统的频率和电压波动较大。为了解决这一问题，调相机被引入到电力系统中。调相机可以根据电力系统的需求，通过调节电压和电流的相位，来实现对电力系统的动态无功和惯量支撑。具体而言，调相机可以根据电力系统的频率和电压变化，自动调整其输出，以保持电力系统的稳定运行。通过调相机的应用，可以有效地改善新能源的频率和电压特性，提高电力系统的稳定性和可靠性。

（1）常规调相机。

在加拿大，有一些调相机对重要的电站和变电站电能的可靠生产、稳定传输和高效利用起到了关键的作用，如皮斯河叔姆水电站、勒格朗德水电站等。这些电站通过中间变电站和受端变电站的调相机，实现了电力的输送和供应。加拿大的皮斯河叔姆水电站位于不列颠哥伦比亚省，是北美洲最大的水电站之一。它利用皮斯河的水力资源，通过水轮发电机将水能转化为电能。然后，通过送出线将发电的电能输送到中间变电站。中间变电站起到了调相的作用，它通过调整电压和频率，使得输送的电能能够适应长线路的需求。勒格朗德水电站位于魁北克省，是加拿大最大的水电站之一。它利用圣劳伦斯河的水力资源，通过水轮发电机将水能转化为电能。勒格朗德水电站向蒙特利尔和魁北克市等地区输送电能，为这些地区的居民和工业提供稳定的电力供应。在输送过程中，受端变电站的调相机起到了关键的作用，它确保输送的电能能够在受端得到正确的调整和分配。这些电站和变电站的调相机是电力系统中的重要组成部分。调相机通过调整电压和频率，保证电能在长线路输送过程中的稳定性和可靠性。它们的运行需要精确的监测和控制，以确保电能的质量和安全。同时，这些电站和变电站也需要与其他设备和系统进行协调，以实现整个电力系统的高效运行。

在美国的赫格纳斯钢铁厂为了改善系统的谐波问题，安装了调相机，以提高电能质量和保障生产的稳定进行。赫格纳斯钢铁厂是一家重要的钢铁生产厂家，其生产过程中需要大量的电能供应。然而，生产设备的特性和电力系统的复杂性产生谐波问题，导致电能质量下降，甚至对设备和系统造成损坏。为了解决这个问题，赫格纳斯钢铁厂决定安装调相机。调相机的安装需要精确的调试和配置。首先，工程师们对电力系统进行了详细的分析和评估，确定了谐波问题的来源和严重程度。然后，他们设计了合适的调相机系统，并进行了安装和调试。调相机的工作原理是通过控制电力系统中的电容和电感元件，改变电压和电流的相位差。调相机可以实时监测电力系统中的谐波情况，并根据需要进行相位调整。通过调整相位差，调相机可以减少谐波的影响，提高电能质量。安装调相机后，赫格纳斯钢铁厂的电能质量得到了显著提高，谐波问题得到了有效控制，电力系统的稳定性和可靠性得到了提高。这不仅保障了生产的正常进行，还减少了设备的损坏和维修成本。其他工业和商业领域也广泛应用调相机来提高电能质量。

2016年澳大利业南部发生的大停电事故，澳大利亚南部地区的电力系统遭遇了一系列的问题。首先，由于新能源发电设备的波动性，电力系统的频率控制能力受到了挑战。当大量的新能源发电设备突然停止运行时，电力系统的频率迅速下降，导致系统崩溃。其次，由于系统惯量下降，电力系统对外部扰动的响应能力减弱，无法有效地应对突发的负荷变化或故障。为了解决这些问题，澳大利亚政府在2018年将惯性要求加入了国家电力规则。这一要求旨在增加电力系统的惯性，提高系统对外部扰动的响应能力。同时，为了更好地监测和控制电力系统的运行状态，两台调相机被安装在关键位置上。这些调相机能够实时监测电力系统的频率和相位，提供准确的数据支持，帮助运营商更好地管理和控制电力系统。

美国加利福尼亚州圣奥诺弗雷核电站的退役对电网稳定性提出了新的挑战。为了缓解这一问题，圣地亚哥天然气和电力公司（SDG&E）在2018年底完成了七台同步调相机的安装，以确保电力系统的稳定运行。圣奥诺弗雷核电站是加利福尼亚州最大的核电站之一，但由于安全和经济等原因，该核电站于2013年退役。这意味着加利福尼亚州电力系统失去了一大部分的基础负荷供应，对电网的稳定性造成了一定的影响。为了弥补这一缺口，SDG&E决定采取措施安装同步调相机。同步调相机是一种先进的电力设备，可以根据电力系统的需求，实时调整电压和电流的相位，以维持电力系统的稳定运行。通过安装七台同步调相机，SDG&E可以更好地控制电力系统的频率和电压波动，提高电网的稳定性。这些同步调相机的安装是一个复杂而庞大的工程。首先，SDG&E需要进行详细的规划和设计，确定调相机的数量、位置和参数等。然后，他们需要与供应商合作，采购合适的设备，并确保其符合相关的技术标准和要求。接下来，安装团队需要进行现场施工，包括电缆敷设、设备安装和调试等工作。最后，他们还需要进行全面的测试和验证，确保调相机的正常运行和与电力系统的良好配合。通过这一系列的工作，SDG&E成功地完成了七台同步调相机的安装。这些调相机可以实时监测电力系统的频率和电压变化，并根据需要进行调整。当电力系统出现波动时，调相机可以迅速响应并进行相应的调整，以保持电力系统的稳定性。这对于缓解圣奥诺弗雷核电站退役所带来的电网稳定性问题非常重要。

南澳大利亚州（SA）资源物矿丰富，其电力需求的一半以上来自可再生能源。然而，由于可再生能源的不稳定性，南澳电力系统面临着一定的稳定风险。为了解决这个问题，澳大利亚能源监管机构在2019年批准了南澳输电网公司的1.9亿澳元投资计划，用于购买四个同步调相机，以加强南澳电力系统的稳定性。同步调相机，可以实时监测电力系统的频率和相位信息，通过精确调整电力系统的频率和相位，可以帮助电力系统维持稳定运行。这对于南澳电力系统来说尤为重要，因为可再生能源的波动性可能导致电力系统频率和相位的不稳定。这些同步调相机被安装在关键的电力设施和节点上，以实时监测电力系统的运行状态。通过收集和分析大量的数据，同步调相机帮助电力系统运营人员及时发现并解决潜在的问题，从而减少系统故障和停电的风险。

2019 年，巴西美丽山里约换电站成功投运了两台福伊特 150Mvar 同步调相机。这标志着该电站在电力系统调度和控制方面迈出了重要的一步，为巴西电力行业的发展做出了积极贡献。福伊特 150Mvar 同步调能够实时监测电力系统的电压和相位，提供准确的数据支持，帮助运营商更好地管理和控制电力系统。调相机的引入提高了电力系统的稳定性和可靠性。通过实时监测电压和相位，调相机能够及时发现电力系统中的异常情况，并向运营商提供准确的数据。这使得运营商能够更快速地做出反应，采取相应的措施，防止潜在的故障和停电事故的发生。

2018 年，在加拿大曼尼托巴省的 Riel（瑞尔）换流站安装了四台大型 250Mvar 氢冷同步调相机。这些同步调相机在高压直流换流过程中发挥着重要的作用，为南方电力系统提供电压支撑并稳定系统运行。Riel 换流站作为南方电力系统的重要组成部分，承担着将交流电转换为直流电的关键任务。在这个过程中，同步调相机的作用是提供电压支撑，确保电力系统的稳定性。它们可以实时调整电压的相位角，以适应电力系统的需求，并通过控制无功功率的流动来维持电力系统的平衡。

（2）高惯量调相机。

自 2015 年开始，通用电气（GE）为意大利 Terna（意大利国家电网公司）的电力系统安装了 8 台同步调相机。这些同步调相机的安装为电网提供了高达 1820Mvar 的无功功率和 10500MW.s 的惯性支持，极大地提高了该地区居民用电质量和电网的稳定性。这些高惯量调相机通过调整电压的相位角来控制无功功率的流动，从而维持电力系统的平衡和稳定运行。它们提供了强大的惯性支持，即通过惯性能量的释放来稳定电力系统。惯性支持可以帮助电网应对突发负荷变化和短期功率波动，保持电力系统的频率稳定。同步调相机的安装对于该地区居民的用电质量有着显著的提升。稳定的电力供应意味着更少的停电和电压波动，使居民能够享受到更可靠和高质量的电力服务。这对于居民的日常生活和工业生产都有着积极的影响。

在 2021 年，ABB 为英格兰西北部利物浦的 Lister Drive Greener Grid（利斯特绿色驱动电网）项目研制了两个高惯性同步调相机系统。这个项目是英格兰首个采用高惯性配置的项目，它的引入标志着电力系统技术的一次重要突破。通过将 67Mvar 的同步调相机与 40t 的飞轮耦合，Lister Drive（利斯特驱动）项目实现了瞬时可用惯性的增加，可达到原来惯性的 3.5 倍。同步调相机通过调整电压的相位角来控制无功功率的流动，而飞轮则通过旋转惯性来存储和释放能量。这种耦合方式使得系统能够更快地响应负荷变化，提供更稳定的电力供应。通过引入高惯性同步调相机系统，Lister Drive 项目将确保电网频率和电压严格维持在标准范围内。

（3）大容量同步调相机。

2015 年，国家电网公司立项了新型大容量调相机的重要项目。这个项目的目标是在特高压直流换流站和关键变电站投运一批先进的调相机设备，以提高电力系统的稳定性和可靠性。经过两年的研发和测试，2017 年成功投运了 39 台新型大容量同步调相机。这些调相机采用了最新的技术和设计理念，具有更高的容量和更精确的调相功能。它们能够实时监测电力系统中的相位差异，并通过调整相位来保持电力系统的稳定运行。2019 年国家电网公司积极推进调相机项目，更好地解决了电力系统电压稳定及频率稳定存在的问题。

新型大容量同步调相机的投运对于电力系统的运行和管理具有重要的意义。它们可以帮助电力系统运营人员更好地监测和控制电力系统的运行状态，及时发现和解决潜在的问题，提高电力系统的可靠性和安全性。此外，新型大容量同步调相机还具有一些其他的优势。首先，它们采用了先进的数字化技术，能够实现高精度的相位测量和调整。其次，它们具有较高的容量，可以适应不同规模的电力系统需求。最后，它们还具有较小的体积和重量，便于安装和维护。

（4）分布式调相机。

新能源场站的电压支撑和故障穿越问题是在大规模新能源接入的背景下面临的挑战。传统的电力系统配置难以满足新能源场站的需求，因此，研究分布式调相机技术方案成为解决这一问题的重要途径。

分布式调相机可以在电力系统中实现分布式储能，从而提高电力系统的效率和质量。它通过在新能源场站中配置多个调相单元，实现对电压的支撑和故障的穿越。这种分布式的调相方式可以提高系统的可靠性和稳定性，有效解决新能源场站面临的电压问题。

2020 年，国家电网公司和黄河上游水电开发有限责任公司共同推动了分布式调相机在青海南新能源场站的工程落地，这标志着分布式调相机技术在实际应用中取得了重要突破。青海南新能源场站是我国重要的新能源基地之一，拥有丰富的风能和光能资源。然而，由于地理位置偏远、电力系统复杂等因素，该场站面临着电压支撑和故障穿越等问题。分布式调相机的应用为青海南新能源场站的电压支撑和故障穿越问题提供有效解决方案。通过将调相功能分散到多个节点，分布式调相机可以提高系统的可靠性和稳定性，确保电力系统的正常运行。

塞罕坝地区是我国重要的风能资源区之一，但由于地理环境和电力系统的限制，该地区的风电场送出能力一直受到电压稳定和短路比的制约。为了解决这一问题，国网冀北电力公司决定采用"分布式＋集中式"新能源调相机群项目。2022 年，位于承德市塞罕坝的轿顶山风电场，1 号调相机顺利并网带电，这标志着"分布式＋集中式"新能源调相机群项目在该地区的全部实施，有效解决塞罕坝地区送出能力受电压稳定和短路比制约的问题。此外，国网冀北电力公司计划在塞罕坝区域的 7 个站址建设 10 台分布式小容量调相机和两台集中式大容量调相机。这些调相机的部署将显著提升各新能源场站的平均送出能力，从目前的 40％提升至 70％以上，预计每年的增发电量将超过 2.7 亿 kWh。

未来，随着分布式调相机技术的不断发展和应用的推广，相信它将在更多的新能源场站中得到应用。国家电网公司和黄河上游水电开发有限责任公司的成功经验将为其他地区的工程落地提供宝贵的参考。分布式调相机作为一种创新的技术方案，将为我国新能源的大规模开发和能源结构转型升级提供重要支撑，推动我国能源事业的可持续发展。

（5）混合无功调节。

英国的 Phoenix（凤凰城）项目在苏格兰格拉斯哥附近的尼尔斯顿变电站中进行了一项

创新的技术安装，他们成功地将全球首个混合无功调节方案引入了现实应用。这个方案是通过将 STATCOM（Static Synchronous Compensator，静止同步补偿器）与同步调相机并联运行，通过三绕组变压器连接到高压母线，以维持电压水平的稳定性。尼尔斯顿变电站是苏格兰重要的电力供应中心之一，为周边地区提供稳定可靠的电力。然而，由于电力系统的复杂性和可再生能源的不稳定性，电压水平的波动成为一个挑战。为了解决这个问题，Phoenix 项目团队决定采用混合无功调节方案，将 STATCOM 和同步调相机结合起来，以实现更好的电压控制和稳定性。这项创新的技术安装对于尼尔斯顿变电站和周边地区的电力供应具有重要意义。它不仅可以提高电力系统的稳定性和可靠性，还可以减少电力系统的能耗和损耗。此外，这个混合无功调节方案还具有较高的灵活性和可扩展性，可以适应未来电力系统的发展需求。Phoenix 项目的成功实施为全球电力行业带来了新的启示。它证明了将不同的技术和设备结合起来，通过协同作用来解决电力系统的挑战是可行的。这将为其他地区和国家提供了借鉴和参考，促进电力系统的可持续发展和能源转型。

在该项目中，研究人员设计了一种名为混合同步调相机（H-SC）的系统，该系统结合了同步调相机和静态同步补偿器（STATCOM）的功能。而混合同步调相机（H-SC）系统的设计目的是将同步调相机和静态同步补偿器的优势结合起来，以提供更加灵活和高效的无功调节能力。通过将这两种设备同时连接到一个三绕组变压器上，H-SC 系统可以实现对电力系统中无功功率的精确控制。2018 年，H-SC 系统在苏格兰格拉斯哥附近的尼尔斯顿变电站进行了安装和测试。这是全球首个采用混合无功调节方案的实际应用案例。通过该系统的运行，研究人员可以评估其在实际电力系统中的性能和效果，并为未来的能源系统设计和优化提供有价值的经验和数据。

1.2.2 大型同步发电机发展概况

大型同步发电机是电力系统中不可或缺的重要组成部分，其发展历程与电力工业的发展息息相关。从最早的简单发电机到如今高效、可靠的大型同步发电机，经历了漫长的技术积累和不断创新。最早的同步发电机可以追溯到 19 世纪末。当时，发电机还相对简单，主要用于小规模的电力系统，其设计和制造技术较为落后。直到 20 世纪初，随着电力工业的迅速发展，对大型发电机的需求逐渐增加，推动了同步发电机技术的进步。20 世纪中叶，电力系统的规模不断扩大和电力负载的增加，对同步发电机的性能提出了更高的要求。这一时期，各国纷纷加大了对同步发电机技术的研发投入，并取得了显著的成果。

1951 年美国艾利斯—查默斯公司首先制成 60MW 直接通过转子铜线即转子氢内冷的汽轮发电机，并提高氢压到 0.2107MPa，有效地解决了汽轮发电机转子冷却问题，不久后西屋等制造厂定子也采用氢内冷。1955 年 GE 公司对定子绕组采用油内冷。1956 年英国茂伟（MV）公司首先制成定子水冷 30MW 汽轮发电机，使世界上各大公司所制造的汽轮发电机容量迅速提高到 200～300MW。德国在发电机领域也有着悠久的历史，其在发电机设计和生产方面处于领先地位。德国制造的同步发电机以其高效、稳定的性能享誉世界。日本作为技术创新的先锋，不断推动着同步发电机的技术发展。在电力系统高度可靠性和稳定性方面，日本同步发电机的设计和应用经验丰富。

随着电力行业的转型和智能化的发展，同步发电机也面临着新的挑战和机遇。随着可再生能源的不断发展，大型同步发电机需要与之整合，以支撑电力系统的稳定运行。同时，智能电网的建设将对同步发电机提出更高要求，其需要具备更灵活、更智能的特性以应对电网的需求变化。

（1）汽轮发电机功率与经济性。

20世纪初，电站汽轮机单机功率已达10MW。随着电力应用的日益广泛，美国纽约等大城市的电站尖峰负荷在20世纪20年代已接近1000MW，因此20年代时单机功率就已增大到60MW，30年代初又出现了165MW和208MW的汽轮机。50年代，电力需求突飞猛进，单机功率又开始不断增大，陆续出现了325～600MW的大型汽轮机；60年代制成了1000MW汽轮机；70年代，制成了1300MW汽轮机。现在许多国家常用的单机功率为300～600MW。

为了确保汽轮发电机各部件的温度保持在绝缘材料和金属材料允许的范围内，必须将发电机在运行过程中由能量转换、电磁作用以及机械转动摩擦所产生的损耗，以热的形式传递至周围运动的冷却介质（如空气、氢气、油、水或其他介质等）。大型汽轮发电机均为密闭式结构，冷却介质将吸收的热量传递至冷却器，再与冷却器内的另一冷却介质（通常为水）进行热交换，从而将热量转移至汽轮发电机外部。汽轮发电机内部的冷却介质循环方式，与损耗进行热交换的方式，以及所采用的冷却介质种类和循环方式，共同构成了汽轮发电机的冷却系统。汽轮发电机的冷却方式与其功率、设计尺寸、电磁负荷损耗密度相关，与选择的冷却介质及热性能参数、发热部件接触方式有关，与绝缘材料等级、金属材料的热性能变化以及发电机的效率、经济性和寿命密切相关[3]。

当汽轮发电机转速 n、磁通密度 B 和电流密度 J 不变时，若各尺寸按比例放大，则电动势 $E \propto WB_\delta F_{Fe}$、电流 $I \propto JF_{Cu}$、功率 $P \propto EI \propto B_\delta F_{Fe} F_{Cu} \propto l^4$、成本 $C \propto l^3$，其中：W 为电枢匝数；J 为电枢电流密度；B_δ 为气隙磁通密度；F_{Fe} 为定子铁心截面、F_{Cu} 为定子线圈铜截面；l 为铁心有效长度。综上所述：汽轮发电机材料消耗、成本与 l^3 成正比，而功率与 l^4 成正比。

在保持汽轮发电机电磁负荷不变且几何尺寸可无限制比例增大的情况下，随着发电机容量的增大，每单位散热面积散发的损耗也将增大，从而导致温升的升高。为了维持相同的温升，必须加强冷却措施，至少使散热能力与长度的增加相适应。然而，在实际设计中，汽轮发电机单机容量的提升受到定子运输尺寸、转子锻件及转子挠度的限制，因此，主要通过提高电磁参数来实现容量增加。然而，由于导磁材料的饱和问题，磁通密度仅能提高约10%。因此，增大线负荷成为提高汽轮发电机单机容量的主要途径。

相较于100MW发电机，600MW电机的容量提升了6倍，线负荷 AS_1 增加了约2倍。这意味着发电机内部损耗增至4倍，而其体积仅扩大2.8倍，散热面积也仅增加到2.48倍。为解决发电机绕组等部件的发热问题，必须采用更高效的冷却技术。因此可以说，汽轮发电机大容量化的实现很大程度上取决于冷却方式的优化。

（2）汽轮发电机最高容许温升发展概况。

汽轮发电机损耗寿命（L）与电机连续运行温度呈指数规律变化

$$L = A_0 e^{(-\ln2/m)T_{jy}} \tag{1-1}$$

式中：A_0 为温度为0℃时绝缘寿命；T_{jy} 为绝缘持续温度，℃；m 为常数。

在汽轮发电机的制造过程中，常用的材料包括铜、铝合金、银铜以及钎焊等。这些材料的强度和硬度均会随着温度的升高而降低。例如，电解铜在温度超过220℃后，其硬度会迅速下降，至280℃时，硬度将降至原始值的1/2。含银铜导线的最高使用温度也不得超过

300℃。锆铜在 600℃时的硬度降低至 70℃。另外，铜线在 160~170℃的温度下长时间作用，也可能导致金属软化。因此，在大型汽轮发电机的制造过程中，所采用的金属材料需充分考虑其热应力和热变形的影响。在汽轮发电机承受不平衡负载的情况下，转子表面会形成较大的涡流，从而导致局部高温现象，主要发生在转子表面以及转子槽楔两端附近。各结构件金属材料所允许的短期最高温度如下：转子钢为 450℃，护环钢为 400℃，硬铝槽楔为 200℃，铝青铜槽楔为 250℃。值得注意的是，硬铝槽楔的长期最高温度允许值在不同国家存在差异，我国原先定为 130℃，但 1996 年制定的 JB/T 8445—1996《三相同步发电机负序电流承受能力试验方法》规定为 100℃。

依据相关规定，电机的额定运行海拔为 1000m。当海拔超过或低于此标准时，每上升或下降 100m，温度极限应相应降低或提高 0.5℃。而 IEC 以及欧洲各国制定的标准则为：每上升 100m，温升极限值降低 1%，考虑到了不同绝缘等级的温升极限存在差异。值得注意的是，IEC 及部分国家对于海拔低于 1000m 的情况并未进行修订。

在海拔变化的情况下，铁心内部温度峰值以及绝缘层中的温度降低并未受到影响，这表明铁耗和铜耗实际上与海拔无关。同时，铁的导热系数和绝缘材料的导热系数也可认为与海拔（大气压力）无关。部分国家规定，在评估海拔对电机温升影响时，可以将环境温度的影响予以综合补偿计算。

（3）汽轮发电机冷却介质发展概况。

汽轮发电机的冷却方式包括空冷、氢冷、油冷及水冷，均是依赖流动的气体或液体冷却介质通过其比热容特性带走热量。在汽轮发电机内部密闭循环的气体中，压力越大、密度越高、容积比热容越大，所带走的热量也就越多。此外，液体介质在蒸发过程中所能吸收的热量远大于其比热容。冷却介质在发电机中的基本要求包括：比热容（或汽化热）大、黏度小、导热系数高、密度低、介电强度高，并且应无毒、无腐蚀性、化学稳定、价格低廉且易于获取。

汽轮发电机通常采用的冷却介质包括空气、氢气、油、水、氟利昂等，0.31MPa 表压氢气的相对散热能力是空气的 4 倍，水的相对散热能力是空气的 50 倍，而氟利昂（沸腾）的相对散热能力是水的 5~6 倍。然而，需要注意的是，尽管氟利昂无毒，但会对大气保护层产生破坏作用。现已研发出性能与氟利昂相当的替代冷却介质。

在气体冷却介质中，空气通风冷却结构简单、成本较低且维护便捷；然而，空气的气体成分复杂，氨会与水反应生成氨水，甲烷具有易燃性，二氧化碳和氮气的密度较大，因此氢气成为最适宜的选择。

氢气作为冷却介质的优势表现在以下几个方面：①其导热系数是空气的 7 倍，在相同的流速和温度下，相对传热系数是空气的 1.4~1.5 倍；②纯氢的密度仅为空气的 1/14，若氢纯度为 95%~96%，密度为空气的 1/10，因此通风和风摩损耗仅为空气的 1/10；③氢的体积比热容与空气相近，当加压后，将与绝对压力 P_a 呈正比增大，而氢的温升将呈反比减小；④虽然氢气中的起晕电压比空气低 40%，但在氢气中不会产生对绝缘有害的臭氧 O_3 和氮的氧化物；⑤氢气不助燃，有利于防火。然而，氢气作为冷却介质也存在一些缺点：首先，需要增设供氢装置和控制设备，导致发电机的结构复杂，投资和维修费用较大；其次，在特定条件下，可能发生爆炸。此外，气体的增压冷却特性值得关注。无论是空气还是氢气，在压力提高后，其散热性能都将显著提升。这是因为气体的体积比热容与绝对压力呈正比，因此气体的自身温升与绝对压力呈反比。

电机发热使表面温升 $\Delta\theta_n$ 随 $P_a^{0.8}$ 呈反比，绝缘温降 $\Delta\theta_i$ 随 P_a 增高而降低，但氢压提高，$\Delta\theta_i$ 降幅随绝缘工艺提升而逐渐可忽略。

液体冷却技术主要涉及介质在导体内部的循环，其优势在于：①液体（如水）具有较高的比热容和导热系数，相较于气体冷却，其散热能力显著提升；②液体介质所需的流量较小；③液体与发热体之间的温差较小。

水是一种理想的冷却介质，其具有较大的比热容和导热系数、价格低廉、无毒、不助燃等特点。然而，用于电机直接冷却的水并非普通自来水，而是对电导率、pH 值、含氧量、硬度等指标有严格要求的特殊水。火电厂通常使用汽轮机蒸汽凝结水，水电厂、变电站等其他场所使用的电机冷却水则是经过阴阳离子交换树脂处理的水。水流动摩擦导致的铜导线磨损主要由水流速决定，实验和运行实践证明，目前大部分水冷电机采用的水速不会对线圈使用寿命造成危害。

另一种常见的液体冷却介质是变压器油，它具有高介电系数，在 50Hz 工频电压下的击穿强度可达 18kV/cm。变压器油与廉价电缆纸制成的电机绝缘具有良好的相容性，且油层厚度可减薄，有利于提高槽满率。同时，变压器油具有优良的传热性能。然而，采用浸渍或油冷方式时，需考虑密封及机内着火可能引发的爆炸危险，因此结构相对复杂，且油质必须保持高度净化，维护工作较为繁琐。

蒸发冷却技术利用液体汽化潜热带走热量，与传统依靠对流散热的冷却方式截然不同。在发电机蒸发冷却中，所使用的冷却介质数量相对较少。直至 20 世纪 90 年代末，氟利昂作为常用的冷却介质，既可用于冰箱等家电，也可应用于电机蒸发冷却。氟利昂的主要特性包括：具有较高的介电强度，液态时大于 37kV/2.5mm，气态时不低于 28kV/2.5mm；汽化点适中，F11 汽化点为 24.5℃，F113 汽化点为 47℃；化学性质稳定；不助燃，无爆炸危险；无毒，无腐蚀性；在实现自循环时，无需外部功率。然而，氟利昂对大气保护层具有破坏作用，在密闭系统内损耗较小，仍有一定应用价值。

目前，电机蒸发冷却已采用 CFC－113 介质替代氟利昂，其沸腾温度为 40～46℃，蒸发潜能大于 115kJ/kg，击穿电压不低于 25kV/2.5mm，冰点低于 −35℃。水也可用于蒸发冷却，其汽化热远大于氟利昂。在压力为 0.1MPa、100℃ 蒸发时，水的汽化潜热达到 2259kJ/kg，而氟利昂 F11 的汽化潜热仅 182kJ/kg。然而，水沸点过高，介电强度相对较低，如何将水用作电机蒸发冷却介质仍在探讨阶段。

（4）汽轮发电机冷却发展概况。

自 20 世纪初，汽轮发电机冷却技术主要包括空气冷却、氢气表面冷却、导体内部直接氢冷、导体内部直接水冷、蒸发冷却以及超导冷却等。值得注意的是，蒸发冷却和超导冷却两种方式尚处于研发阶段，直至 20 世纪末，这两种冷却技术尚未实现工业化应用。

实际上，冷却技术的发展过程存在一定程度的交叉现象。以氢冷技术为例，在氢冷技术问世之前，研究者曾尝试过水冷（间接）转子。同时，氢内冷汽轮发电机转子的氢气压力也是逐步增加的。此外，液体冷却技术历经了导体外冷、导体旁侧冷却以及导体内部冷却等多种尝试。而关于液冷介质选用油还是水的问题，也曾引发了一段时期的争论。

由于各国和各公司专家的观点及传统存在差异，冷却技术发展的顺序和时间各有不同。在某些公司，甚至存在多种冷却方式并存的现象。

　　自 1884 年英国派生斯首次研制成功汽轮发电机以来，直至 1928 年的 44 年时间里，汽轮发电机主要采用空气冷却方式。然而，1914 年，英国派生斯公司便提出了转子水冷专利，该专利通过向转子的空心轴内注入水，并利用转子线槽底下的金属圆管进行转子铁心的冷却。然而，由于结构设计存在缺陷，水流通不畅，因此未能得到发展推广。

　　美国 GE 公司在 1915 年也尝试研制了一台具有水冷转子铁心的汽轮发电机，其容量为 7812kVA，转速为 1800rad/min。该发电机的转子绕组温升相较于空气冷却方式降低了 20K。然而，由于结构存在不足，水流速度仅为 3.174cm/s，水流不畅，因此 GE 公司最终放弃了这一方案。

　　在 1926 年，GE 成功试制了一台高电压汽轮发电机。该发电机的定子采用变压器油进行间接冷却，并在气隙中增设了一个绝缘圆筒。尽管试运行结果令人满意，但企业担忧变压器油可能引发火灾，因此并未继续生产。

　　到了 1928 年，美国成功研制出首台氢外冷 15MVA 同步调相机。然而，氢气的控制、二氧化碳置换以及轴氢密封等一系列问题尚未得到有效解决。直至 1937 年，美国 GE 公司制造出 25MW 氢外冷汽轮发电机，西屋公司也成功研发出 40MW 氢外冷汽轮发电机。这两台发电机的氢压均为 3.43kPa，转速为 3600rad/min。截至 1940 年，全球共生产了 37 台氢冷发电机，总容量约为 2000MW。

　　1947 年，美国工程师法赫海默在美国电机工程师学会发表论文，倡导汽轮发电机的定子和转子均采用液冷方式，并对蒸馏水和各类油进行了比较，得出水为最理想冷却剂的结论。1950 年，法赫海默的水力模型试验取得成功，他再次在论文中提倡汽轮发电机的定子和转子均用水冷却，尽管此举简化了结构，但仍为间接冷却。20 世纪 50 年代，汽轮发电机氢冷技术发展迅速，氢压（表压）已从 3.43kPa 提升至 0.1、0.2、0.3MPa。1951 年，美国阿里斯—查摩斯公司率先研发出一台转子氢内冷的 60MW 汽轮发电机，使用氢压（表压）为 0.206MPa，通过高速氢气流经转子线圈铜线内的通风沟，实现从间接冷却向直接冷却的转变，并提高氢气压力，从而有效冷却转子线圈，推动了汽轮发电机制造技术的发展。随后，各国各制造公司纷纷改进制造手段，起初研发出定子氢外冷和转子氢内冷汽轮发电机，随后，定子绕组采用氢内冷或油内冷，转子内冷则采用气隙取气和轴向径向通风等不同方式。1956 年，英国茂伟公司首次研发出一台 30MW 定子绕组水内冷汽轮发电机，打破了水不能长期维持高绝缘电阻的观念。

　　双水内冷汽轮发电机，即定子和转子绕组均采用水直接冷却的发电设备。我国向巴基斯坦出口的核电站主发电机为新型 310MW 双水内冷汽轮发电机，于 1998 年 12 月 13 日启动并成功达到 3000rad/min，各轴段振动幅值较小。2000 年 6 月 13 日开始并网发电。

　　近 30 年来，双水内冷汽轮发电机技术在国外取得了显著进步。已有 11 家外国公司制造出总容量超过 30GW 的双水内冷汽轮发电机，其中 500MW 以上容量设备超过 45 台。例如，ABB 公司生产的 14 台 500～825MVA、3000rad/min 全水冷汽轮发电机，在核电站运行 15 年中的平均可用率达到 99.8%；德国西门子公司制造的 900MW 以上容量电站用半速水水氢汽轮发电机已有近 20 台投运；俄罗斯电力工厂在两款 800MW、3000rad/min 全水冷汽轮发电机运行经验的基础上，继续批量生产 800MW 全水冷汽轮发电机；日本东芝公司近年研发成功 1800MW、3600rad/min 全水冷汽轮发电机的全尺寸模拟电机，以及 600MW 全水冷汽轮发电机；原 BBC 公司制造的 1635MVA、1308MW、27kV、1500rad/min 的定子铁心油冷的双水内冷汽轮发电机，在 20 世纪 80 年代已成功投运。此外，ABB 公司新一代 400MVA 及以上功率级的水水空型汽轮发电机已于 20 世纪 90 年代投入市场。

液体介质蒸发所吸收的热量远大于其比热容，这一特性使得蒸发冷却技术在 20 世纪 50 年代末开始被应用于汽轮发电机的研究。然而，尽管已取得一定进展，该技术在国内外的应用仍处于试验研究阶段，尚未正式推广。1960 年，上海电机厂进行了定子空心导线水蒸发的模型试验。1975 年，北京良乡电力设备总厂与中国科学院电工所联合研制出一台 1200kVA、3000rad/min 的全氟利昂 F113 自循环蒸发冷却汽轮发电机。该发电机的定、转子绕组及铁心均浸泡在氟利昂 F113 中，用玻璃胶密封氟利昂。1990 年 9 月，上海电机厂与中国科学院电工研究所及电力部科技司合作，设计、研究、制造出一台 50MW 定子全浸式氟利昂 F113 蒸发冷却、转子水内冷汽轮发电机。该发电机于 1991 年 3 月在上海西郊变电所作为调相机运行。此外，日本曾在 200MW 汽轮发电机转子上进行蒸发冷却试验，俄罗斯则进行了 20MVA 定子氟利昂蒸发冷却、转子超导电机试验研究工作。

1.3 大型电机发热与冷却技术概述

1.3.1 大型同步调相机冷却技术概述

近年电力需求持续增加促使了电网总容量的快速扩张。现有研究表明发电机功率越大，经济性越高。大容量发电机组兼具效率高、成本低和发电稳定等优点，成为建设现代化电网的主力。提高电机单机容量的方式主要有增大电机几何尺寸和提高电机电磁参数两种。由于电机损耗与铁心有效长度的立方呈正比，电机散热面积和铁心有效长度的平方呈正比，电机几何尺寸的增大其单位散热面积所散发的损耗势必会增加，进而对电机散热效果产生影响。另外，受工艺和转子挠度限制，电机尺寸难以无限制增大。因此，采用提高电磁参数提升电机容量是目前常用的方式。在大型隐极发电设备中，导磁材料通常工作在饱和状态，磁通密度难以大幅提升，故提升电机容量的主要措施之一是增大线负荷。

当电机容量从 100MW 增加到 1200MW 时，其体积增长到 4.4 倍，散热面积只增长到 3.5 倍，但线负荷却增加到 2.5 倍以上。这意味着电机损耗的增速要大于电机体积和散热面积的增长速度，如不能采取有效措施对电机温升进行控制，电机发热问题将更为严重。当电机在温度异常的工况下运行时，极有可能出现绝缘老化、铁心松动和机组振动等严重问题，轻则造成发电机非正常停机，重则威胁到电力系统的安全。电机冷却技术是抑制电机温升过高、保障保护电机及电力系统正常运行的关键技术。

随着电力系统的发展和需求的不断增加，大型调相机作为电力传输和分配的重要设备，其功率和容量也在不断提高。然而，发热问题日益突出。大型调相机在运行过程中会产生大量的热量，如果不能有效地进行冷却，将会对设备的正常运行和寿命造成严重影响。

为了解决大型调相机的发热问题，人们进行了长期的研究。首先，针对调相机的散热设计进行了优化。通过合理的散热结构和材料选择，提高散热效率，减少热量积聚。例如，采用高导热材料制作散热片和散热器，增加散热面积，提高热量的传导和散发能力。同时，通过增加风扇数量和调整风扇转速等方式，增强散热效果。另外，研究了调相机的冷却系统。冷却系统的设计和运行对于调相机的温度控制至关重要。常见的冷却方式是采用循环水冷却系统。通过将冷却水循环流动，带走调相机产生的热量，保持设备的温度在合理范围。为了提高冷却效果，还研究了冷却水的流速、温度和压力等参数的优化，以及冷却系统的管道布局和散热器的设计等方面。此外，还探索了一些新的冷却技术。例如，利用热管技术实现高效的热量传导和散发，将热量从调相机传递到散热器。同时，还有一些先进的冷却材料和技术被应用于调相机的散热设计中，如石墨烯材料和微通道散热器等。这些新技术的应用可以提高散热效率，减少能源消耗，进一步改善调相机的冷却效果。

早期的大型调相机在面临发热问题时，采取了一些简单但有效的防护措施，以提高散热效果和保护设备的正常运行，主要包括增加散热片、风扇等。

（1）散热片通常由高导热材料制成，如铝合金或铜。这些散热片被安装在调相机的散热区域，通过增加散热面积，提高热量的传导和散发能力。散热片的设计也考虑到了空气流动的因素，以便更好地促进热量的散热。

（2）风扇通过产生气流，将热空气从调相机内部排出，从而降低设备的温度。风扇的数量和位置通常根据调相机的功率和容量进行设计，以确保足够的风量和散热效果。此外，早期的风扇通常采用机械式结构，通过电机驱动叶片旋转，产生气流。这种简单而可靠的设计在早期的大型调相机中得到了广泛应用。

早期的大型调相机还采取了其他一些防护措施。例如，调相机的外壳通常采用金属材料制成，以提供良好的散热和保护设备的功能。此外，一些调相机还配备了温度传感器和保护装置，用于监测设备的温度，并在温度超过安全范围时触发报警或自动停机，以避免设备过热损坏。然而，随着大型调相机功率和容量的不断提高，早期的防护措施逐渐显现出一些局限性。散热片和风扇的散热效果有限，无法满足高功率调相机的散热需求。为了进一步提高大型调相机的散热效果，液冷技术被引入到调相机的设计中。液冷技术通过在调相机内部引入冷却介质，如水或氢气，吸收和带走热量，从而实现更高效的散热。

液冷技术能够提供更高的散热效率和更稳定的温度控制。液冷系统通过将冷却介质循环流动，将热量从调相机内部传递到散热器或冷却塔中。冷却介质在吸收热量后，通过冷却设备的散热表面与外界空气进行热交换，将热量散发出去。这种方式能够更有效地带走热量，降低调相机的温度。

液冷技术的应用形式多种多样。一种常见的方式是采用水冷系统。水冷系统通过将冷却水循环流动，将调相机产生的热量带走。水冷系统通常由水泵、冷却塔、散热器和管道组成。水泵将冷却水推送到调相机内部，吸收热量后，冷却水通过管道流回冷却塔或散热器，进行热交换，然后再次循环使用。这种方式具有散热效果好、稳定性高的特点。除了水冷系统，还有一些其他的液冷技术被应用于大型调相机中。

液冷技术的引入不仅提高了大型调相机的散热效果，还带来了其他一些优势：①减少噪声和空气污染。液冷系统的运行更加安静，不会产生噪声污染。同时，液冷系统也不会产生热空气排放，减少了对环境的影响。②提高设备的可靠性和寿命。通过更精确的温度控制，液冷系统可以保持调相机在较低的温度范围内运行，减少热应力对设备的损害，延长设备的使用寿命。

液冷技术也存在一些挑战和限制：①设计和安装相对复杂，需要考虑冷却介质的流动、泵的选择和管道的布局等因素；②需要进行定期的维护和检查，以确保其正常运行；③成本相对较高，包括设备的购买和安装成本，以及运行和维护的费用。因此，在应用液冷技术时，需要综合考虑成本效益和实际需求。

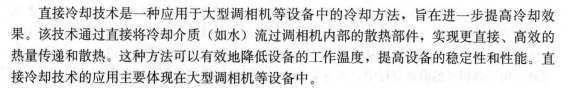

直接冷却技术是一种应用于大型调相机等设备中的冷却方法,旨在进一步提高冷却效果。该技术通过直接将冷却介质(如水)流过调相机内部的散热部件,实现更直接、高效的热量传递和散热。这种方法可以有效地降低设备的工作温度,提高设备的稳定性和性能。直接冷却技术的应用主要体现在大型调相机等设备中。

1.3.2 大型汽轮发电机冷却技术概述

汽轮发电机的冷却方式分为外部冷却和内部冷却,所使用的冷却介质包括空气、氢气、变压器油和水等。

(1)汽轮发电机空气冷却。

空冷汽轮发电机采用空气作为冷却介质,用以导散电机内定子绕组、转子绕组及铁心等部件的损耗发热。此类冷却方式简单、附加部件需求较少,主要部件如定子绕组和转子绕组的制造工艺相对便捷。电机机座、端盖无需满足防爆、防漏等特殊要求,质量轻且制作方便。空冷汽轮发电机使用便捷,运行可靠性高,维护工作量较小,机组检修流程简单,启动准备工作完成迅速。经适度改良,电机的综合经济指标相对优良。因此,在容量较小的汽轮发电机中,空气冷却成为一般选择。鉴于无需储备氢气,空冷汽轮发电机特别适用于燃气轮机传动或在易燃气体环境下运行,以及在边远地区、条件较差(如沙漠地带)的环境下运行。此外,空冷汽轮发电机常被用作事故备用电源。

相较于其他冷却介质,空气作为冷却介质其冷却效果相对较弱。尽管通过优化通风系统以及采用转子线圈钻孔实现直接内部冷却等方式,可以一定程度提升冷却效果,但由此带来的定子和转子绕组电流密度及线负荷的幅度提高仍存在局限。若增大电机几何尺寸,又会受到转子锻件及运输尺寸的约束。同时,转子长度的增加对电机振动及平衡也产生影响。空冷汽轮发电机中,定转子间的摩擦损耗、风扇通风损耗等机械损耗约占总损耗的40%,导致电机效率降低,尤其在低负荷状态下,效率更低。一般而言,空冷汽轮发电机中定子和转子绕组温度较高,对绝缘寿命产生影响。因此,空气冷却方式通常仅适用于中小容量汽轮发电机。空冷汽轮发电机普遍采用闭路循环通风系统。该系统内的冷却介质得以保持相对稳定,不受外部环境温度影响,同时具备一定的防尘和降噪隔离效果。电机整体通风系统的规划设计,应确保结构优化,并以最经济的风量实现电机内部热量的高效散发。因此:

1)电机各部分风量的分布需合理配置。在电机轴向、定子两端的散热性能优于中部;从径向来看,外圆的散热面积较大,内圆则较小。齿部除了本身单位体积的损耗外,还存在表面的附加损耗和热损耗,因此其热负荷高于其他部位。若在相同的冷却风量下,轴向长度温升曲线(两端通风时)在中部达到最高,径向温升曲线则在齿部呈现最高值。所以要增加温升高处的风量,使最高温升接近于平均温升,以充分利用材料,提高电机出力。

2)合理配置风路,力求优化风阻分配。

3)鉴于转子齿表面热负荷集中,散热面积相对较小,必须确保转子得到充分冷却。

4)整个通风系统的结构应力求简单,以便于加工制造,同时节省材料。

电机的通风系统主要依据定子铁心的风路进行分类,包括轴向通风系统、径向通风系统以及轴向—径向混合通风系统。在转子局部内冷的通风系统(转子内冷而定子外冷)方面,其分类也不超出上述三类。实际上,在转子局部内冷之后,通常采用后两类通风系统。转子通风方式,主要有转子本体表面冷却和转子绕组局部(或全部)内冷两种[5]。

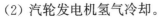

（2）汽轮发电机氢气冷却。

正如之前所述，氢气作为冷却介质有众多优势。例如，氢气的密度较低，导热系数较高，且不助燃。然而，当氢气与适量空气（主要是氧气）混合时，容易引发爆炸，这使得采用氢气作为冷却介质的汽轮发电机（简称氢冷电机）在防爆结构、密封以及安全监控等方面需要特殊考虑，从而增加了电机结构设计和运行的复杂性。

针对采用氢内冷的转子绕组，其主要优势如下：

1）通过消除绝缘温降（约占总温降的 40%），降低传热热阻，进而减小线圈的温升。

2）提高氢压后，散热系数得以增加，从而降低绕组表面温升。

3）氢压提升导致氢气体积热容量呈正比增加（氢气密度与氢压呈正比，而氢气比热容不变），进而降低氢气本身的温升。

当然，除上述优势外，氢外冷技术在氢内冷电机领域同样具备应用价值。转子绕组可划分为转子本体槽内与端部两大区域。在大部分氢内冷转子绕组的设计中，端部冷却主要依赖于轴向风沟进行。

（3）汽轮发电机水冷却。

水冷却方式被广泛应用于电机的热源集中部件，如定子线圈、转子线圈和定子铁心等，通过导热系数高、相对密度大、散热能力好的水介质进行冷却。然而，在水冷汽轮发电机中，又有多种冷却措施，如定子线圈水内冷或转子线圈水内冷，甚至定子线圈和转子线圈同时采用水内冷，以及除线圈水内冷外，再采取定子铁心水冷等。

水冷电机具有特点：①通水冷却的部件冷却效果显著，允许承受的电磁负荷较空冷、氢冷电机更高，从而提高材料利用率。②在结构上需要相应的冷却水流通路和水冷结构部件，并需采用某些新材料。③水冷电机还提高了对电机运行和维护的要求。

（4）混合冷却。

氢气与水均可作为冷却介质。选用氢气或水作为冷却介质的汽轮发电机具备诸多优势，然而，在全面考虑经济效益和结构设计方面，单独使用氢气或水往往无法实现最优效果。例如，在单机容量较大情况下，仅采用氢气作为冷却介质难以或无法满足电机冷却需求；若全面采用水作为冷却介质，则结构设计相对复杂。因此，结合两种介质及不同冷却方法，以冷却同一台电机的不同部分，逐渐成为一种发展趋势。如发电机的转子、铁心和定子分别采用氢气和水进行冷却，或采用油—水，油—氢混合冷却方式，既能满足冷却需求，又能提高经济效益。这种双介质冷却方式还能较为顺利地突破单一冷却介质汽轮发电机的容量极限。我国首次研制成功的双水内冷汽轮发电机，实际上是采用两种不同介质冷却同一台电机，即用水直接冷却定子和转子绕组，用空气冷却铁心。

相较于水—氢—氢冷却方式，水—水—氢冷却的汽轮发电机具备以下优势：

1）转子改为水内冷，相较于氢气，水的冷却效果更佳，因此转子绕组温升较低，且温度分布更为均匀。

2）转子绕组内部无通风损耗，维持水循环的功率微小，几乎可忽略不计。

3）机内氢气仅用于冷却定子铁心和转子表面等发热部位，从而降低氢压。通常，0.5 表压即可满足冷却需求，进而使风扇尺寸减小，通风损耗也相对较小。

4）机内氢冷却器可从铁心背部移至机座下方，有助于缩小机座外形尺寸。

5）降低了电机静止部分与转动部分的密封要求。

相较于水—水—空冷却方式，在电机机座内充入氢气替代空气，具备以下优势：

1) 降低了定子铁心端部叠片段及定子端部结构件（如压圈、压指等）的温升。

2) 减少了定子和转子之间的通风摩擦损耗。

3) 定子线圈不产生电晕，从而延长了绝缘使用寿命。

（5）国外汽轮发电机冷却方式。

在汽轮发电机的设计与制造技术不断发展的历程中，全球若干制造业大国形成了各自的技术流派，各自具备独特的技术专长。其中，汽轮发电机的冷却方式作为体现各技术流派特色的重要标识之一，在各个流派之间存在一定的交叉现象。也就是说，针对不同容量和转速的汽轮发电机，各流派常常采用特有的冷却方式。自 20 世纪 50 年代至 20 世纪末，除我国外，全球其他制造厂商在制造汽轮发电机时，其通风冷却系统的基本形式至今基本保持不变。总结而言，全球主要有六大技术流派，各自的冷却方式特点如下所述。

1) 美国 GE 公司生产电机冷却方式。在 20 世纪 80 年代以后，针对 300MW 及以上容量的大型汽轮发电机，均在定子上采用水内冷技术，转子则根据不同氢压实施氢内冷。而在 250MW 及以下容量的机型中，定子绕组采用氢气表面冷却，转子实施氢内冷。此外，2 极汽轮发电机的转子采用气隙取气方式，4 极汽轮发电机转子则采用副槽通风。自 20 世纪 90 年代起，300MW、2 极及以下容量汽轮发电机的转子也改为副槽通风冷却。

美国 GE 公司曾研发各类直接冷却定子绕组的汽轮发电机。最早的液体直接冷却汽轮发电机，于 1956 年 3 月投入运行，采用变压器油作为介质，容量为 291MVA。随后，GE 公司制造了定子绕组氢气直接冷却的发电机，并于 1958 年投入运行。首台采用净化水直接冷却的发电机，容量为 265MVA，于 1960 年 11 月投入运行。

GE 公司早期设计的发电机定子绕组采用两排空心导线，槽内部分作 360°罗贝尔换位。槽内上层与下层棒的横截面相等，水冷循环系统按串联（双流）水路安排，即自线圈一端进，仍自这一端出，水通过两个发电机线棒。

近年来，GE 公司对原有水冷循环系统进行改进，改为并联（单流）水路。进出水两个总汇流水管分别设在连接线端和汽机端，冷却水从上、下层线棒并联进出。此外，定子线棒从全部空心改为空心和实心导线混合组成，并采用沿宽度有 4~6 排导线的结构。

1953 年，GE 公司成功研制出一台径向—轴向式气隙取气的转子样机。试验结果显示，在 0.207MPa（表压）的氢压下，该转子的输出能力几乎立即达到间接冷却转子的两倍。随后，通过选择最优的轴向气流通道并消除转子齿上的钻孔等改进措施，进一步提升转子性能。1960 年，GE 公司对气隙取气系统进行了斜流优化，使其容量较初始转子气隙取气系统提高了 20%。为确保定子铁心背部冷热两区不相混，公司在两风区交界处设置了橡胶隔板。

1964 年，GE 公司继续优化气隙取气效果，在发电机转子表面进气与出气之间热套窄的非磁性钢环，堵住 70%的气隙长度。同时，公司在工厂环境下进行了转子有气体隔环及无气体隔环的对比温升试验。试验结果表明，装上气体隔环的转子沿铜线热点温度降低了30%，转子端部温度未降低，转子绕组平均温升降低了 13%。

随后，GE 公司在定子铁心内圆部加装气隙隔板，将冷气（进气）部分与热气（出气）部分隔离。试验证明，加装定子隔板的效果优于仅安装转子隔环。从 1967 年开始，GE 公司便开始采用仅在定子内圆加装隔板的设计。这些定子隔板由特制的耐油、耐电合成橡胶窄条制成，仅在定子铁心内圆周上方 300 处安装隔板，下方空余 60，以便于安装转子。

至 1978 年，GE 公司成功研发并生产了 394 台定子水内冷转子氢内冷发电机，以及 58 台定子油内冷、转子氢内冷汽轮发电机。值得注意的是，20 世纪 70 年代后，定子油内冷发电机的生产并未延续。针对更大容量的发电机，GE 公司为了强化转子本体边端和定子铁心端部的冷却，引入了一种"反流式"（Reverse flow ventilation）或称抽风式通风系统。这种通风系统中，风扇的风向与以往相反，从而使得定子铁心端部和转子绕组端部部分风路的通风方向也与以往相反，实现了有效的冷却。GE 公司对打风和抽风两种通风系统的温升进行了比较试验，结果表明，抽风式通风系统在气隙取气转子铜线的最高温升方面，优于打风式通风系统。

1964 年，大直径、4 极转子的核电站发电机投入运行。该发电机采用了与小容量 2 极发电机相同的转子通风冷却系统，既简便又成效显著。其冷却原理如下：气体从转子两端进入转子线槽下的副槽，然后沿整个转子长度，通过转子线圈铜线的径向逸出。

2）美国西屋公司生产电机冷却方式。西屋公司汽轮发电机的冷却方式技术特点包括：中小型汽轮发电机曾采用空气冷却，30～200MW 容量发电机定子采用氢气表面冷却。起初，西屋公司在 250～900MW 容量汽轮发电机中均采用全氢冷，即发电机转子上装设多级压气机式轴流风扇，产生高风压驱动氢气通过定子绕组和转子绕组中的冷却通道直接冷却定、转子绕组。通风管送风至各风区，并用控板调节各路通风流量，包括控制冷却定子铁心等各部件流量。

以 1980 年西屋公司技术转让给我国的 300MW 全氢冷汽轮发电机为例，热氢由装在汽轮机侧的六级压气机式轴流风扇抽出（额定工况下风扇的静压头为 43.59kPa，总风量 24.5m³/s），进入装在汽轮机侧的氢气冷却器，冷却后，分为三路进入发电机。第一路经机座上通风管，将冷风送至励磁机端，经定子线圈、定子线圈连接线及主出线和励磁机侧转子线圈（经线圈端部和槽部排至定、转子间气隙）流至汽轮机侧。第二路经不同通风管至定子铁心外圆，进入定子径向通风道，经定、转子间气隙流至汽轮机侧。第三路进入汽轮机侧转子线圈端部和槽部排入定、转子间气隙，流回汽轮机侧（风扇前）形成闭路循环。定子铁心内圆与转子之间在励磁机侧装有挡风环。

定子线圈通风：冷氢气从励磁机端每根上、下层线棒鼻端露开的通风孔进入，流经定子线棒中贯穿线棒整个长度的通风管，自汽机端出，定子线棒通风全部是并联。

定子绕组的三根相间连接线两端各设有一个冷氢气入口，它们通过绝缘连接管与机座内自励磁机端至汽轮机端的三个风管相连，热氢气由此排出。六根出线连接线端口设有冷氢气进入口，高压氢气经过连接线导入主出线导杆内的通风道，并由此向下引导至出线套管端头。随后，通过通道与瓷套管载流导体之间的空间，氢气返回出线盒并流向发电机的低压区域，即通过机座中的管道输送至汽机侧。

转子绕组通风依赖于转子每匝线圈的两根∩形铜排并联，其间形成通风风道。发电机汽、励两端转子绕组端部由挡板和中心环下的绝缘挡块间隔构成四个风区。位于两个磁极大齿部分的风区为绕组端部的出风区，其余两个风区则为转子绕组端部和槽部的进风区。冷氢气从转子线圈直接进入端部圆弧连接点附近的外侧面开孔，一路经过端部直线部分在槽楔出风孔出风。另一路氢气流向绕组端部极中心处出风，随后通过转子本体边端大齿表面到达气隙处出风。

西屋公司在转子绕组端部设计了双路通风，由于风扇压头较高，使得转子绕组端部的冷却效果优于其他冷却方式。但同时，转子线圈中部与端部的温差较大。这种全氢冷发电机无水系统，因而系统较为简单。然而，由于定子绕组采用氢内冷，通氢管道占据了很大一部分定子槽截面，导致600MW级以上全氢冷发电机定子故障率较高。因此，自20世纪70年代起，将600MW及以上容量发电机的定子绕组改为水内冷，即采用水氢氢冷却方式。转子部分仍装有多级压气机式轴流风扇。

600MW水氢冷与300MW全氢冷汽轮发电机的通风循环系统相近，皆采用五级压气机式轴流风扇（在额定工况下，风扇静压头为34.62kPa，总风量为31.5m³/s）装置于转子汽端。该风扇抽取的热氢气首先进入发电机汽端的冷却器，随后分为两路进入发电机。一路通过定子铁心背部流向励端，其中一部分进入定子铁心的轴向通风孔以冷却定子铁心，另一部分进入励端转子线圈端部进风孔，用以冷却转子绕组端部及一半槽部，之后进入定、转子间气隙，再流至汽轮机侧。另一路冷风则经过风路隔板与汽端端盖间的风路，进入汽机侧转子线圈端部和槽部，排入定、转子间气隙，最后流回汽机侧（风扇前），形成闭路循环。

与300MW全氢冷发电机通风冷却系统不同的是，除定子绕组水冷却外，600MW水氢冷发电机的定子铁心采用轴向通风冷却。具体来说，主铁心段及端部磁屏蔽的主风路为轴向通风，铁心中冲片的轭部及齿部共有3种孔径的孔420个，铁心叠装后构成轴向通风道。为进一步强化端部磁屏蔽及主铁心的边端铁心冷却，除轴向通风道外，每端磁屏蔽处和边段铁心分别设有3个和2个径向通风道。这些通风道的宽度与300MW全氢冷发电机相同，均为0.32cm。冷氢从定子铁心背部进入径向风道（与轴向风道隔开）冷却磁屏蔽和边段铁心，随后进入气隙，最后被抽取至汽端冷却器进行冷却循环。

铁心轴向通风冷却技术的应用，有效减少了径向风道占据的轴向空间，有利于将发电机定子铁心外径设计得更为紧凑，从而提高发电机的工作效率。然而，鉴于发电机氢压已达到0.4~0.5MPa，进一步提升氢气压力以增强冷却效果的空间相对有限。为避免转子过长导致冷却困难，该公司在500MW及以上容量的大型汽轮发电机中，设计制造了一种加气隙隔环（气隙增压）冷却系统，将发电机转子的冷却划分为多个区域，实现出风冷却。尽管这种方法确实能提升冷却效果，但加工和维修过程较为复杂。

3）瑞典ABB公司生产电机冷却方式。ABB公司成立于20世纪80年代后期，由瑞典通用电气公司ASEA与瑞士勃朗·鲍威利公司BBC合并而成。

20世纪50年代，BBC公司制造了260MVA定子全油冷转子氢内冷方式汽轮发电机，该机于1960年11月投入运行。从1960年起，BBC公司制造的300MW以上容量汽轮发电机绝大多数采用定子水内冷、转子氢内冷方式。该系统采用气体冷却器置于中部设计，也有将其放置在两端部的设计，定、转子氢气循环系统相同。

在定子绕组水冷方面，BBC公司采用1根空心导线与8根或10根实心导线组合，离空心导线最远处的温升最高，可比空心导线温升高14℃。汽轮发电机定子铁心的冷却系统采用氢气轴向流至铁心中部通风道，再由径向自铁心背部流出至氢气冷却器。

在定子压圈及冲片上，设有众多通风孔。氢气从两端进入这些通风孔，以及在定子和转子之间的气隙，形成温度分布：两端铁心温度较低，中部较高，铁心轭部的温度要高于齿部。转子氢内冷采用二路进风式，氢气从端部转子绕组侧面孔进入空心导线，沿轴向流动至转子本体中部实心导线部分，然后从径向孔排出。在定子气隙两端装有挡风板，以引导更多风量进入转子绕组。此外，大齿部分的边端也出风。转子两端装有离心式高压风扇，可将转子内通风压头增加 100%。转子线圈温升最高处在槽部中间约为 90℃，温升最低处在槽部两端为 20℃。

BBC 公司的大容量 2 极汽轮发电机在一端装有两级径向风扇。此外，该公司还试制了一台 330MVA 全液冷汽轮发电机。该发电机的定子和转子绕组采用水冷，定子铁心及压圈原先也采用水冷。水通过压圈进入铁心的不锈钢管以冷却铁心，钢管与铁心相互绝缘。然而，运行后发现散热效果不佳，因此在检修时拆除了不锈钢管，并将定子铁心及压圈改为油冷。绝缘材料制成的气隙圆筒将定、转子隔开，筒内埋置冷却水管，以冷却气隙中由转子与空气摩擦所产生的热量。机座内充满氮气以抑制绕组电晕，端盖与轴之间设有迷宫密封，气隙中抽成部分真空。

依据改进后的 330MVA 全液冷汽轮发电机在电站运行的经验，BBC 公司采纳了相同的冷却方式，即定、转子绕组采用水内冷，定子铁心采用油冷；利用这种全液冷方式，于 1977 年制造完成了一台 1635MVA、4 极汽轮发电机，并在工厂内进行了全面试验，在 20 世纪 80 年代安装并投入运营。BBC 公司认为，当前生产的大型汽轮发电机可采用水—氢—氢及水—水—油冷却方式，新系列又提出了水—水—空冷却方式供用户选择，且 1500MW 以上发电机转子需采用水冷。BBC 公司还指出，转子绕组均采用水内冷，铁心可采用油冷或空冷，电机内无需再采用氢气。1998 年初，ABB 公司发表文章介绍其 400MVA 及以上新系列汽轮发电机，定子、转子绕组采用水冷却，定子铁心采用空气冷却，可达到最高的可用率和较低的维护工作量。

自 20 世纪 80 年代起，BBC 公司逐步在其大型汽轮发电机定子线棒设计中采用仅通水不导电的不锈钢矩形管，替代空心铜导线。ABB 公司在 1993 年制造了 255MVA 的发电机，1995 年进一步提升至 300MVA，功率因数为 0.8，电压为 19kV 的空冷发电机。1998 年，该公司成功研发空冷 480MVA，功率因数 0.85，23kV，H 级绝缘（F 级应用）空气冷却汽轮发电机，总质量 429t，总长度 14.1m，均为静态励磁。

此外，ABB 公司在 20 世纪 90 年代末设计制造的 TOPAIR25 型 500MVA 空气冷却汽轮发电机采用抽风式通风冷却系统。冷风分为三路进入发电机内部。第一路冷风经过带孔控制隔板，首先冷却定子绕组端部，然后径向进入气隙，从定子铁心边端第一出风区排出。第二路冷风则从第一路分出，直接首先通过转子导风叶板，冷却转子绕组后与气隙中从定子铁心进风道径向进入的冷却介质混合，再径向从定子铁心出风道排出。第三路冷空气则为定子中部提供，从定子铁心背部进入径向通风道向内流动。一部分最终到达定、转子气隙内，另一部分流向定子槽楔，在定子槽内呈 U 形流动，转入邻近的一个铁心通风道内排出，这部分空气未与气隙中空气发生热交换，从而确保了靠近转子热风出风道处的铁心冷却。

4）德国西门子公司生产电机冷却方式。4 极 1500rad/min 发电机转子导线和绝缘管内部的水压要比 3000rad/min 发电机低得多，因为 4 极发电机转子轴径大，进出水的引水管及绝缘水管布置比较方便，从励磁机端轴中心孔和偏心孔内安排进水、出水管路及励磁引线，也就可以实现。由安装在励磁机端末端的同轴水泵与外部水系统的水冷却器、离子交换树脂阀门等组成发电机定子绕组和转子绕组的冷却水循环系统。冷却转子绕组的高压水流从励磁机端端头中心孔进入冷却转子绕组后再回到励磁机端端头。发电机每个转子线圈有5~8匝，空心导线外形为矩形，内孔为圆形，每槽单排导线，每1~3匝为一个水流支路。水进入转子流至励磁引线附近引离轴中心，经过各个径向的管子流入水箱，再通过许多根（每一水支路一根）钢丝编织的绝缘水管和不锈钢弯制的引水管，被引入转子线圈，在冷却转子线圈后再经过不锈钢引水管和绝缘引水管至水箱（出水区）沿径向流入靠近中心的偏心孔中轴向流至轴端头。绝缘水管和不锈钢引水管的直线部分嵌入到转子轴柄上所开的槽内，用槽楔固定。

转子装置采用同轴水泵供水模式，该结构将进出水导水机构、同轴水泵与发电机轴承整合为一个固定单元。在此单元中，转轴出水室借助密封环与轴之间的环形间隙中微量漏水实现密封。为确保防止腐蚀，冷却水与大气隔离至关重要。储水器和进出水结构内均充满保护气体，保持压力与大气压相等，从而使转子进出水系统始终处于同一压力状态，避免气蚀现象。保护气填充室采用常规结构的轴润滑油密封。

5）苏联"电力"工厂生产电机冷却方式。自1923年起，位于苏联圣彼得堡的名为"电力"的汽轮发电机生产工厂开始生产汽轮发电机。初期，该厂制造的汽轮发电机容量为750~2500kW，采用空气冷却技术。1937年，工厂成功研制出容量为100MW、转速为3000rad/min的空气冷却汽轮发电机。1946年和1952年，工厂分别生产了首台100MW和150MW的氢外冷汽轮发电机。1957年、1964年和1969年，"电力"工厂进一步研发出200、500MW和800MW的定子绕组水内冷转子气隙取气氢内冷汽轮发电机。1975年，工厂研制出世界上最大的1200MW、3000rad/min、6相、定子绕组水内冷转子氢内冷汽轮发电机。

1959年，工厂成功试制出首台3MW定子、转子绕组均采用水内冷的汽轮发电机。20世纪80年代，在设计63~800MW统一系列汽轮发电机时，"电力"工厂主要生产容量在165~800MW范围内的汽轮发电机，其冷却方式分为两种：一种是定子绕组水内冷、转子绕组气隙取气氢气内冷；另一种为定子绕组和转子绕组水内冷，定子铁心也采用水内冷，即全水冷汽轮发电机。在首两台T3B800－2型800MW、22kV全水冷汽轮发电机的设计制造及运行经验基础上，工厂批量生产了该款800MW全水冷汽轮发电机，并设计了功率为220MW、320MW的T3B型全水冷汽轮发电机。此外，还确认63~200MW的汽轮发电机也可采用全水冷冷却方式。

相较于氢气通过占有的铜线面积，转子绕组水内冷通水所占有的铜线面积较小，因此全水冷汽轮发电机具有较高的效率。在发展汽轮发电机制造业过程中，电机的防火、防爆是关键因素，在润滑系统和密封结构中不宜使用氢气和可燃油。

自20世纪80年代起，一些发电机制造厂商开发大容量空气冷却汽轮发电机，这也使得"电力"工厂重新关注空冷汽轮发电机。1980年末，TB－160－2型160MW空冷汽轮发电机研发成功，其定子绕组采用空气表面冷却，转子副槽通风。

1000MW级核电站用1500rad/min半速发电机的冷却方式仍为定子水内冷、转子氢内冷（近似气隙取气方式）。

T3B800－2型800MW全水冷汽轮发电机具备以下特性。

a. 转子水冷却系统：该系统采用自水泵作用，使水通过转子线圈以下的全部引水管，流经空心导线，并从上层引水管流出。进水箱由安装在中心环的异形环组成，水自由地进入朝向转轴的开启式环形进水箱。此种结构简化了转子线圈的供水部件，且水路与转轴无机械連接。

    b. 转子水冷结构：护环的中心环同时作为水箱部件，进水箱和出水箱的紧圈均装在中心环上。转子槽为阶梯形，每一对槽内放置两组线圈，上层线圈嵌在阶梯形槽上部，下层线圈嵌在阶梯形下部。转子线圈和阻尼绕组采用矩形圆孔空心导线。所有电气连接和水路连接均位于沿轴向伸出的线圈端部。线圈的水电接头焊接有轴向布置的不锈钢管，这些不锈钢管插入中心环内的绝缘套管，并使用自动密封环作为密封，无需螺母夹紧。

    c. 定子铁心冷却：T3B800-2型800MW全水冷汽轮发电机的定子铁心采用装在有效铁心段内的铁心冷却片进行冷却。铁心冷却片由厚7mm的硅铝合金按照定子扇形冲片的形状铸成，并与冷却片内的蛇形水管（由不锈钢管制成）埋设。有效铁心每6.8cm安装一环形冷却片，定子铁心两端各有四档铁心冷却片，每档铁心长度从4.3cm至1.6cm逐档缩短，并设计成阶梯形，以绝缘漆黏结成整体。定子压圈由非磁性钢焊成，用水冷却的管状铜母线从外侧进行屏蔽。每环形冷却片分为4条冷却回路，每条冷却回路由5~6个双齿冷却片串联组成，上下冷却管进水，左右冷却管出水。

    自1958年起，新西伯利亚重型电机厂开始研发TBM型定子全油冷、转子水内冷汽轮发电机。该型发电机采用气隙绝缘筒隔离定、转子，并在整个定子空间内充满绝缘油。定子绕组和铁心实现全油冷。1962年，成功研制出60MW（100MVA）的试验性TBM型汽轮发电机。1967年，制造出300MVA的TBM汽轮发电机，并于1968年在电站投入运行。1978年，该厂研制出第一台TBM500-2型500MVA定子全油冷、转子水内冷汽轮发电机，并已在电站运行。随后，该厂大规模生产TBM型165~500MVA定子全油冷、转子水内冷汽轮发电机。

    TBM型发电机的定子线棒全采用实心导线，实心导线之间设有绝缘垫块，形成油循环冷却通道。股线在直线部分和端部均进行了换位。定子线棒采用耐热绝缘纸绝缘。定子冲片设有矩形截面的通油孔。冷却油在油泵驱动下，从定子一端平行流过定子线棒和铁心中的油道，至定子另一端，然后经过油冷却器形成闭路循环系统。

    充油定子与转子隔开，使用浸塑料的玻璃纤维布压制的圆筒。绝缘筒厚度为3~4cm，长度为6~7m，端部固定在端盖上，并连接处密封。

    鉴于整个定子绕组均置于冷却油中，油作为一种优良的绝缘介质，使得在无需增加绝缘厚度的前提下，有望提高额定电压。此类油冷定子无需复杂的引水管路及密封元件。定子铁心置于油中，其端部冷却效果显著。至于电机转子，其采用水内冷方式，与常规水冷转子大致无异。

    6）法国阿尔斯通公司生产电机冷却方式。自1960年起，阿尔斯通公司开始生产250MW及以上容量、定子绕组水冷、转子氢内冷汽轮发电机。该公司采用氢冷定子铁心，并设置径向通风道，以实现整个电机长度内的均匀冷却。阿尔斯通公司在转子氢内冷方式上与其他公司有所不同，其经过热传导研究及模型试验，选定了两种通风冷却方式：轴向径向系统和气隙取气系统。

    轴向径向系统是一种在转子嵌线槽底部开设副槽，并在转子导线上冲制单排长孔，或者将单排长孔与双排孔隔线匝交叉放置的系统。这种交叉孔的设计有助于提高传热效果。氢气从转子两端进入副槽，然后径向流出。此外，端部铜线铣出通风沟以实现冷却。阿尔斯通公司已在数十台发电机上应用此通风系统，适用于容量至800MVA、转速为3000rad/min的发电机以及大型半速发电机。

阿尔斯通公司另一种大容量2极汽轮发电机的冷却方式为气隙取气。这种结构的转子导线下方开设弧形通风沟，并将气体引导至气隙。这种方式，被称为横向气隙取气系统。在此基础上，阿尔斯通公司将导线两边的凸齿改为由槽绝缘压出，使导线易于成型，工艺更为简单。这种冷却方式具有优良的冷却效果，轴向温度分布均匀。其端部导线也设有通风沟，端部温度得以均匀分布。在端部线圈下方的转轴部分，交替铣出进风槽和出风槽，借助中心环上的风扇叶片将端部气体抽出。

阿尔斯通公司基于其850MW、3600rad/min的模型试验和产品制造经验，确认横向气隙取气转子冷却系统能够安全应用于从3000~3600rad/min至受机械限制的最大容量汽轮发电机。同时，定子绕组水冷却技术也可应用于大型机组，无需进行主要更改。通过氢气冷却（除定子绕组外），可以带走定子绕组端部区域所有零件（包括定子压圈、绕组支架上的零件、端盖、挡风板、机座等）损耗产生的热量。

该公司为中国大业湾核电站制造900MW、3000rad/min发电机时，采用了轴向径向型的副槽通风方式进行转子氢内冷。转子端部冷氢从绕组端部端头进入进风孔，在本体端头处排入气隙。直线部分冷氢从转子线槽下部的副槽口进入，在每槽槽底进入线圈，然后转为轴向，在转子每匝线圈通风孔内行走一段路程后，再转为径向排入气隙。相较于纯径向副槽通风，轴向径向副槽通风增加了通风路径散热面积，并采用离心式风扇提高通风压头，从而提升冷却效果。因此，可以适当减少径向通风孔数目及风量，使副槽入口风速控制在合理范围内。

GEC公司在其900MW大亚湾核电站全速发电机中采用了抽风式通风系统和离心式风扇。1990年1月，在进行不同氢压和励磁电流温升试验时，发现转子平均温度虽低于规定值，但在不同氢压下最热点均超过规定值80K。该热点位于8号线圈第一匝的第二出风区，即端部进风由直线部分出风的出风区部位。随后，GEC公司采纳了我国专家关于改进转子端部和增加进风口的建议。GEC公司还将最热点线圈处第一匝下半匝铜线的宽度予以放宽，1990年8月重新进行试验，原温度测量的最高点温升下降了9K和13K，达到了预期目标。然而，1990年8月9日试验中另一风区点（直线部分）温度达到124.5℃，1990年8月29日试验中降至121.8℃。从上述试验结果来看，直线部分的最热点温度与限值也相当接近。

该公司还设计将转子线圈上两排通风孔内的冷热风对流，从A到B处，左风道的风是从A到B，而右风道的风是从B到A。因此在A处，左风道为冷风，右风道为热风；在B处，左风道为热风，右风道为冷风。这种设计使得铜导线每一段的温度相对均匀。

7）中国公司冷却方式。在我国，具备制造大型汽轮发电机的主要厂家包括上海电机厂、哈尔滨电机有限责任公司、东方电机股份有限公司以及北京重型电机厂。此外，南京汽轮电机厂、武汉汽轮发电机厂、杭州发电设备厂和济南生建电机厂等企业专注于中小型汽轮发电机的生产。

a. 上海电机厂冷却方式。

自1958年10月成功研发全球首台12MW水内冷汽轮发电机以来，上海电机厂至2006年底，累计生产了570台、总容量达58560MW的双水内冷汽轮发电机。其中，532台总计56440MW的设备已投入电站运行。双水内冷汽轮发电机在电站中表现出满发、稳定、连续正常运行的特性，年运行时间通常在 7000h 以上。

上海电机厂的双水内冷汽轮发电机定子铁心采用空气冷却，而定子绕组和转子绕组则直接水冷。在研发和优化双水内冷汽轮发电机的过程中，攻克了以下关键技术难题：

a）转子绕组冷却水进水与出水密封结构。

b）利用转子高速旋转的自身水泵作用，实现大流量水系统结构。

c）转子绕组的合理水路、电路及相应结构设计。

d）转子绕组冷却水的分配与汇集结构。

e）转子绕组引水管（即引水拐脚）的设计结构和制造工艺。

f）转子绕组内部水压、水阻和水流量的计算研究及验证。

g）冲蚀、电解腐蚀及水系统抗腐蚀研究。

h）定、转子线圈空心导线尺寸的优选与线材制造。

i）定子绝缘水管材质与尺寸的优选和制造。

j）转子绝缘水管的耐水压、电压、冷热工况、振动离心力及弯曲疲劳影响研究，以确保选材及结构工艺的合理性与寿命长久。

k）转子通水与不通水、断水与恢复供水对转子平衡与振动影响的分析验证。

电机定子、转子绕组水内冷以及不使用氢气的发电机铁心与端部结构设计，实现损耗降低、冷却效果优良的目标。

我国双水内冷汽轮发电机的发展概况如下。

a）长期运行经验表明，双水内冷汽轮发电机具有以下优势：发电机线圈温度较低，绝缘寿命较长，转子线圈不易变形，转子线圈匝间绝缘不与冷却介质接触，运行稳定可靠。此外，转子平衡，振动稳定，制造、安装、检修均较氢冷电机便捷。

b）双水内冷汽轮发电机曾面临诸如转子引水拐脚疲劳断裂、转子绝缘水管寿命短暂以及 300MW 发电机定子端部压板热点等问题，但这些已得到有效解决。经过理论分析、模型试验以及在产品上的运行验证，双水内冷汽轮发电机在近年来未发生因发电机原因导致的强迫停机事故。这证明，只要在制造和运行过程中严格质量管理、加强工艺稳定性，双水内冷汽轮发电机的可靠性较高。

c）针对中大容量水—水—空型双水内冷汽轮发电机存在的问题，如定子端部压板易出现热点、发电机效率偏低以及噪声较大等，国内部分专家曾建议在大型双水内冷汽轮发电机上采用氢气冷却铁心。然而，经过试验，效果并不理想，部分专家改变了原先的观点。铁心不用氢冷的双水内冷汽轮发电机内部无氢气，无需防止氢气爆炸的外壳，具有用料节省、定子尺寸较小、质量较轻、制造周期较短、便于运输等优点。同时，这类发电机消除了氢气爆炸的危险和发电机轴的氢油密封系统导致的油污定子绕组及影响轴振动等问题，安装和运行维修更为便捷。

d）上海电机厂致力于研究设计 600MW 双水内冷汽轮发电机。受我国铁路、公路基础设施现状限制，运输 350t 的 600MW 水氢冷汽轮发电机定子颇具困难。我国核电和火电 1000MW 级机组发展时，若汽轮发电机的定子、转子绕组均采用水冷却，其优势将不言而喻，因此双水内冷汽轮发电机的发展前景广阔。

在 1981 年，我国的中国机械对外经济技术合作公司（CMIC）与中国电工设备总公司（CNEEC）与美国西屋公司签署了 CMU - 80001EQ 合同。据此合同，西屋公司向我国转让了 300MW 发电机的技术，该发电机采用氢内冷定、转子绕组以及氢冷铁心，即全氢冷汽轮发电机。上海电机厂负责试制生产，并于 1985 年 12 月完成试制。由于定子重量达 256t，需用钳夹车运输，于 1987 年 3 月启运至山东石横电厂，并于 1987 年 7 月正式发电。此后，上海电机厂又生产了 3 台同样设计的全氢冷汽轮发电机，分别安装在石横电厂及广东沙角 A 电厂（2 台）。全氢冷汽轮发电机的通风冷却系统与美国西屋公司制造的同类产品完全一致。其优势在于仅有氢、油密封系统，而无水系统，使得冷却系统相对简化。然而，其局限性在于定子绕组采用氢内冷，必须配备多级压气机式风扇高风压系统，通风风磨耗较大，发电机效率相对较低，制造过程也较为复杂。1996 年，上海电机厂在设计制造汽轮发电机部分与美国西屋公司展开合资（中方控股），后者承接的禹州 350MW 发电机项目仍采用全氢冷。虽然设计尺寸结构已由西屋公司更新，但通风冷却系统未变。该发电机严格按照西屋公司的设计、工艺和材料由上海汽轮发电机有限公司制造。

在 1980 年，西屋公司与中国签订的 CMU-80001EQ 合同附件 3 中，涉及关于未来设计 300MW 定子水冷发电机的事宜。1983 年，西屋公司在研究了定子水冷 300MW 发电机的二种通风系统设计方案后，认为转子带副槽的轴向径向通风系统设计的电机制造成本较低，转子结构简洁。我国与西屋公司联合开发的 300MW 水氢冷汽轮发电机采用转子带副槽的轴向径向通风系统。在此基础上，由上海电机厂主导，哈尔滨电机厂派员参与，组建了联合设计的中方设计组，在美国奥兰多与西屋公司共同开发 300MW 水氢冷汽轮发电机。该联合开发的 300MW 优化设计汽轮发电机由上海电机厂于 1989 年试制成功，效率高达 99.01％（试验值）。截至 2009 年底，上海已生产经过优化设计的 QFSN 型 300MW 水氢冷汽轮发电机178 台。

由上海电机厂与哈尔滨电机厂的工程师联合组成的技术团队于 1987—1988 年在美国西屋公司完成了 600MW 汽轮发电机的初步设计和技术设计阶段的工作。在初步设计准备阶段及初步设计过程中，根据西屋公司原始通风系统的改进方案，以及转子副槽通风系统和转子气隙取气通风系统等多种通风冷却系统进行计算，最终确定 600MW 优化设计水氢冷汽轮发电机转子采用气隙取气通风系统。

虽然上海电机厂在制造转子气隙取气通风系统发电机方面并无经验，但在深入研究并分析国内外转子气隙取气斜流通风系统的制造、试验及运行经验后，针对影响气隙取气吸风系数的转子槽楔进出风口结构尺寸形状，专门设立课题并与上海理工大学展开合作，进行静态和动态模拟试验。试验结果得出，槽楔突出转子表面过高将严重影响后排吸风效果的重要数据。

上海汽轮发电机有限公司（原上海电机厂）在 1999 年 2 月完成我国首台优化设计 600MW 水氢冷汽轮发电机的工程性能试验。试验结果显示，发电机的风压风量、温升与设计值相当接近，转子温升较低。截至 2009 年底，上海已生产 123 台优化设计 QFSN 型 600MW、660MW 等级水氢冷汽轮发电机。

在 21 世纪初，我国上海发电机厂引进了西门子的技术，设计并制造了单轴 1000MW 3000rad/min 的 QFSN1000-2 型汽轮发电机。该发电机的定子线圈采用水内冷；转子绕组采用两端进风、中间出风式的氢内冷；定子铁心的轴向多路通风式氢内冷，以及定子极间连接线和出线绝缘套管的氢内冷。定子铁心端部设有磁屏蔽，齿压板、压圈以及磁屏蔽都设计有风道。定子铁心只有一个径向通风道，宽度为 3mm，位于汽端端部。氢冷却器垂直布置在汽端的独立冷却器室内,左右各一组,每组在水路上独立地分成两个并联水路。转子绕组直线部分由带有双通风风孔、端部由带有单通风风孔的含银脱氧空心铜导线制造。转子线圈直线部分与端部为直角平面对接,焊接方式为中频焊。转子线圈直线部分与端部分成两个风路,直线部分两端从连接端部直角处内侧与槽口处外侧进风至槽中部出风,端部靠近与直线部分连接处进风,从转子大齿上出风。发电机内冷却气体由位于汽端的四级轴流式风扇驱动,风路系统为抽风式。

此外,上海电机厂还引进了西门子技术,设计并制造了单轴 400MW 级燃气轮发电机。该发电机的定子绕组采用水内冷,转子绕组采用轴向—径向式氢内冷,定子铁心的轴向—径向多路通风(径向 74×3＋1×8)、定子相间连接线和出线绝缘套管采用氢气冷却。氢冷却器水平安装在发电机机座内的顶部,共 2 组,每组在水路上独立地分成两个并联水路。发电机采用向上出线方式,定子绕组连接到发电机汽端顶部 6 个绝缘出线套管上。转子绕组采用轴向通风方式,直线部分采用双通风孔的空心铜线。发电机内冷却气体由励端转轴上的径向离心式风扇进行打风式循环。转子风扇及滑环风扇均为进口铸件。

上海电机厂还引进了西门子西屋公司的技术,设计并制造了核电站水氢氢 1100MW、1500rad/min 的汽轮发电机。这些汽轮发电机的通风冷却系统与西屋公司水氢冷发电机的通风系统相似,转子也采用多级风扇。

b. 哈尔滨电机厂冷却方式。

哈尔滨电机厂于 1958 年成功研制出仿苏 TQ 型的 25MW 空气冷却汽轮发电机,并在 1958—1960 年,大量生产了 TQ 型 25MW 空气冷却汽轮发电机。1961 年,哈尔滨电机厂作为主要成员之一,参与了全国 QF 型空气冷却汽轮发电机的统一系列设计。然而,由于 3～25MW 空气冷却汽轮发电机的生产后来转移到北京重型电机厂、济南生建电机厂和南京汽轮发电机厂,哈尔滨电机厂自 1961 年起,仅生产了少量空气冷却汽轮发电机。

自 1959 年至 1960 年,我国曾设计并试制了 50、100、200、400MW 双水内冷汽轮发电机,但多数未能正式投入电厂使用。1972 年,制造的 2 台 QFSS 型 200MW、15.75kV 双水内冷汽轮发电机以及 4 台 QFSS 型 60MW、60Hz、6.3kV 双水内冷汽轮发电机均正式在电厂长期使用。至 1990 年,50～60MW 双水内冷汽轮发电机哈尔滨电机厂已制造了 10 台。值得提及的是,哈尔滨电机厂与大电机研究所对电机采用水冷技术所遇到的问题,如水处理、水磨损、水电接头、铁心端部发热、水冷转子引水拐脚等,进行了大量的研究、分析和试验工作,为我国电机采用水冷技术的发展作出了积极贡献,这些技术研究成果均被应用于双水内冷和水—氢—氢汽轮发电机。

1958 年,我国自行设计开发了 50MW 转子斜流气隙取气氢内冷汽轮发电机,并于 1959 年完成了 3 台这种 TQQ 型 50MW 定子氢气表面冷却、转子氢内冷汽轮发电机,安装在辽宁电厂;1965 年,试制出 QFN 型 100MW、10.5kV 定子氢气表面冷却、转子氢内冷汽轮发电机;1966 年,试制出 QFQ 型新 50MW 氢外冷汽轮发电机。

1973 年,试制出 200MW 水氢氢气隙取气型汽轮发电机,并于 1975 年在京西电厂并网发电。在我国引进美国西屋公司 300MW、600MW 汽轮发电机制造技术后,哈尔滨电机厂承担制造了第一台 600MW、20kV 水—氢—氢汽轮发电机,于 1986 年 12 月制成,1987 年 4 月完成考核试验,1988 年 12 月 15 日在安徽平圩电厂并网发电。该型发电机仅生产了 2 台。哈尔滨电机厂生产的第 3 台 600MW 汽轮发电机是按优化设计的转子气隙取气 QFSN 型制造的，1994 年制成第一台并在工厂内进行了全面性能试验，于 1996 年在哈尔滨第三热电厂并网发电。

哈尔滨电机厂制造的 QFSN 型 300MW、20kV 水氢氢型汽轮发电机是在我国与西屋公司联合开发的 300MW 副槽通风机组的基础上，将转子副槽通风改为气隙取气的。第一台 300MW 发电机于 1990 年制造完成，安装在珠江电厂并网发电。哈尔滨电机厂引进日本东芝公司技术设计制造的单轴 1000MW、3000rad/min 汽轮发电机，定子线圈采用水内冷，转子气隙取气通风冷却系统。

c. 东方电机厂冷却方式。

自 20 世纪 60 年代起，我国东方电机厂开始投入汽轮发电机的生产。在初期，该厂研发了 QF 系列 6～35MW 空气冷却汽轮发电机，以及 QF - 50MW、QFQ - 50MW、QFQ - 65MW 定子、转子绕组均采用氢外冷的汽轮发电机，以及 QFN - 125MW 定子绕组外冷、转子绕组氢内冷的汽轮发电机。从 20 世纪 70 年代中期起，基于哈尔滨电机厂制造的 QFSN 型 200MW 水氢氢转子斜流气隙取气发电机设计，东方电机厂开始批量生产该型发电机。

进入 80 年代，东方电机厂独立设计出 QFSN - 300MW、18kV 水氢氢转子斜流气隙取气发电机。1985 年，成功研发出第一台 20kV 发电机。90 年代，东方电机厂与日本日立公司展开合作。1997 年 3 月，双方联合制造出第二台 600MW 水氢氢转子斜流气隙取气发电机（第一台也为合作生产，主要涉及次要部件）。该发电机在工厂内完成了全面性能试验，并于 1997 年 11 月运抵山东邹县电厂投入发电。其通风冷却系统完全遵循日本日立公司，即与 GE 公司相同的设计。

此外，东方电机厂引进日本日立公司技术，设计制造了单轴 1000MW、3000rad/min 汽轮发电机。该发电机定子线圈采用水内冷，转子气隙取气通风冷却系统。

d. 北京重型电机厂冷却方式。

自 20 世纪 60 年代起，北京重型电机厂开始量产 QF 系列 3～25MW 空气冷却汽轮发电机。在 20 世纪 70 年代，基于上海电机厂 50MW 双水内冷汽轮发电机的设计，北京重型电机厂自主设计了 QFS 型 50MW 和 100MW 定子、转子绕组水内冷、铁心空气冷却的水水空型双水内冷汽轮发电机。其通风冷却系统与上海电机厂的产品基本一致，但部分结构有所不同，如转子护环的固定方式等。至 1998 年底，北京重型电机厂已生产了 70 多台 100MW 双水内冷汽轮发电机。在 20 世纪 80 年代，北京重型电机厂在 QFSN 型 200MW 水氢氢转子斜流气隙取气发电机设计基础上，研发并生产了型号为 200MW 的水氢氢发电机。同期，北京重型电机厂还与法国阿尔斯通公司携手生产了 330MW、24kV 转子副槽通风的水氢氢汽轮发电机，其结构与通风冷却系统完全遵循法国阿尔斯通公司的设计。进入 20 世纪 90 年代，北京重型电机厂再度发挥自主研发能力，设计了 QFSN 型 300MW、20kV 水氢氢转子斜流气隙取气发电机。

1.4 冷却系统设计与智能分析方法概述

冷却系统的高性能和高准确性设计一直是大型电机设计的关键性难点问题。对于大型电机冷却系统的设计，最初是人工设计、手工绘图，人工描图、硫酸纸晒图；随着计算机技术的应用，计算软件的使用，计算机绘图 CAD，计算机辅助设计广泛使用。各种设计软件、辅助工具趋于完善，设计工具几近完备，CDA 设计、辅助设计、ANSYS、PROE 等电机设计、分析软件层出不穷，减轻了设计人员的工作量，也解决很多人工无法完成的工作和技术问题。近几年来，随着人工智能（AI）技术的高速发展，AI 技术的应用在电机设计领域越来越多，特别是在电机控制和状态监测方面，可以用于优化电机的性能，提高其效率和可靠性。并且在电机设计领域中，AI 技术也逐渐发挥着不可或缺的作用，通过 AI 技术代替电机设计师完成初步的整体结构、电磁设计；AI 技术通过对现有产品的分析，结合存在的问题，找出症结所在，给出改进方案，方便设计人员对现有产品进行升级、改进。计算机通过大量数据的学习，逐渐了解、掌握电机产品及工艺设计的方法。计算机人工智能参与产品、工艺改进设计，利用人工智能找到设计人员、工艺人员、操作人员忽视的环节，提高产品性能，减少成品电机的故障及质量问题，并以此积累人工智能系统的数据。通过反复迭代设计和大量数据积累、学习，人工智能系统逐渐具备初步的逻辑思维能力，初步参与产品、工艺的全新设计以及现有成熟产品的改进设计。通过设计产品量的积累，人工智能系统可以具备独立的思维能力，可以担当电机产品的设计工作以及现有成熟产品的升级换代改进设计。

将 AI 技术引入电机设计领域中，可以避免设计人员设计的缺陷，更加优化的设计；可以替代设计人员完成电机最初的电磁结构的方案设计，把设计人员从繁杂的、太费脑力的工作中解放出来，方便设计人员更多的精力可以放在新产品的构思、生产过程中的设计技术改进。目前在电机设计领域中典型应用的 AI 方法如下。

（1）机器学习算法：可以分析大量数据，找到最佳的设计参数组合，如冷却通道的布局、冷却液的流速等。

（2）深度学习模型：利用深度学习模型预测电机在各种工作条件下的热性能，帮助工程师进行针对性的冷却设计优化。

（3）自动化设计工具：AI 可以自动完成一些繁琐的设计任务，如绘制冷却系统图纸、计算热负载等。

（4）跨学科优化设计：AI 可以综合电磁学、热力学、流体力学等学科的知识，进行跨学科的优化设计。

（5）预测性维护：基于大数据和机器学习，AI 可以预测电机的潜在故障，实现预测性维护，降低维修成本。

目前仅三菱电机和宝马集团在电机制造过程中利用了 AI 技术。

AI 技术与电机设计结合没有可以借鉴的先例。AI 设计系统需要大量的电机基础参数、材料、工艺等数据，目前业内还没有这些公开的数据来让 AI 来学习。如果仅依靠一家高校、研究所和企业的信息资源是远远不够的，需要整个电机行业来共同完成；但是，这些数据恰恰又是企业的技术机密，所以 AI 技术应用在电机行业，难度是非常大的。这项研究应用，投资巨大，需要人力、物力的巨大投入以及时间的等待。

总的来说，人工智能为电机设计和控制方面提供了许多创新的可能性，尽管在实际应用中还面临一些挑战，如数据质量、训练时间和模型解释性等问题。随着技术的进步，预计 AI 将在电机设计领域扮演越来越重要的角色。

1.5　本书主要内容

本书第1章介绍了大型同步电机的战略意义和发展概况。第2章介绍了大型同步电机的传热分析方法。第3章至第6章以大型同步调相机和大型同步汽轮发电机为例，分别介绍了电磁和传热计算操作方法和分析方法。第7至第8章介绍了基于数据驱动与机器学习的大型调相机和大型发电机的传热预测。本书理论与实践相结合，理论部分主要为基础性、通用性较强的内容，为读者提供一些借鉴和理论指导；实际操作部分包含模型建立、网格剖分和调试计算全部流程，着重于关键步骤和重点参数设置，使读者能够快速掌握大型电机CFD数值计算核心操作方法，并能够使用这些方法解决同类相关的问题。结果分析主要为大型电机数值计算结果的分析思路和方法，使读者在设计和分析大型同步电机时，能够明确关键问题，抓住主要矛盾。

第 2 章　大型同步电机传热分析方法

在电力系统中，大型隐极发电设备承担着生产电能、调节无功等重要作用。现有研究表明，发电机功率的提升可以增加效益，大容量发电机成为建设现代化电网的主力。提升大型电机单机容量的方式主要包括增大电机几何尺寸和提高电机电磁参数[6]。大型电机电磁损耗与结构尺寸立方呈正相关，散热面积与结构尺寸平方呈正相关，大型电机体积增大将导致单位散热面积所散发的热量难度增大，因此亟须提升大型发电设备热管理系统冷却能力。此外，受工艺和转子挠度限制，大型电机尺寸无法无限制增大。因此，通过提高电磁参数来提升大型电机容量是目前常用的手段。在大型隐极发电设备中，导磁材料通常处于饱和状态，磁通密度难以大幅提升，因此，提高大型电机容量的主要方式是增加线负荷。

当大型电机容量从 100MW 增加到 1200MW 时，其体积同步扩增至原尺寸的 4.4 倍，散热面积仅增长到 3.5 倍，但线负荷却增加到 2.5 倍以上[7]，这意味着大型电机损耗的增速要远高于其体积和散热面积的增长速度，若未能采取有效措施对大型电机温升进行控制，大型电机的发热将导致严重后果。当大型电机在温度异常的工况下运行时，极有可能发生绝缘加速老化、铁心松动和机组振动等重大问题，轻则造成发电机非正常停机，重则威胁到电力系统的安全[8]。大型电机先进冷却技术的研发与应用是抑制电机局部过热，保障电机及电力系统安全运行的关键。汽轮发电机诞生至今经历了大型化、现代化等发展历程，同时也促进了大型电机冷却技术的发展。大型隐极发电设备通风冷却方式受制于以下因素：

（1）大型电机的容量、尺寸以及电磁负荷的损耗密度[9]。

（2）冷却介质的热力特性和其与发热部件的接触方式[10]。

（3）大型电机绝缘等级、材料受热性能。

（4）大型电机效率、经济性和寿命。

针对不同类型的大型隐极发电设备，为了满足其单机容量不断提升的需求，国内外专家学者先后设计研发了多种冷却结构。伴随着科研、制造水平的逐步提升，冷却结构也在不断进行优化改进[11]。

2.1　流体网络法

风路计算的核心目标是确保系统所需的流量循环，或在已知阻力系统条件下选择一个或多个适宜的压头元件。与电路相似，风路计算涉及三个基本参数：压力、风阻和流量，分别对应电路中的电压、电阻和电流。

风路系统的压力与流量呈平方正比，而电路则为一次线性关系。这正是为何不能采用简单电路参数进行风路模拟计算的根本原因。

风路系统中的压力、风阻和流量之间的关系与电路中的电压、电阻和电流的关系有许多相似之处，但也有显著的不同。在风路系统中，压力与流量之间的关系呈平方正比，这意味着当压力增加时，流量增加的速率更快。而在电路中，电压与电流之间的关系是一次线性关系，即当电压增加时，电流以恒定的速率增加。所以，不能简单地使用电路参数来模拟风路系统的行为。因此，在进行风路计算时，需要仔细考虑风路系统的特性和参数，以获得准确的模拟结果。

风路系统的阻力并非严格恒定，而受多个因素影响，包括尺寸、几何形状，以及各支路流量分配和流动形态。阻力 Z 与流量 Q 之间存在一定的相依关系。更为严谨地说，沿程阻力系数 λ 与流量 Q 也存在一定关系。这使通风系统计算变得更加复杂。

在电机通风计算中，基本要求是了解给定压力元件和阻力系统中的总流量，或者已知所需的流量，从而选择适当的压头元件。在此情况下，可以使用简化的近似计算方法，忽略阻力与流量之间的相互依赖关系，将系统中的阻力简化为几个单独的组件进行合并。

流体的特性在于其易于变形，导致流动过程非常复杂。数学方程组用于描述流体流动过程，构成了流体力学的理论基础。然而，求解这些方程组需要进行大量的简化和假设。流体网络的构建基于流体流动基础方程的简化，其建模过程简洁，求解方便，适用于工程实践。

流体流动的基本方程包括质量守恒、动量守恒和能量守恒方程。

（1）质量守恒定律。该定律表述为：控制体质量的变化等于该控制体从其包围的封闭曲面所流入的质量减去流出的质量。以直角坐标系描述此定律的方程为

$$\frac{\partial \rho}{\partial t} + \frac{\partial(\rho u)}{\partial x} + \frac{\partial(\rho v)}{\partial y} + \frac{\partial(\rho w)}{\partial z} = 0 \qquad (2-1)$$

式中：ρ 为密度，kg/m^3；t 为时间，s；u、v 和 w 分别为速度矢量 v 在 x、y 和 z 方向的分量，m/s。

（2）动量守恒定律。任何控制体，其在各个方向上所受到的外部作用力总和，等于该控制体的质量与该方向上流体速度对时间的变化率之间的乘积。在直角坐标系中，动量守恒定律的数学表达式为

$$\frac{\partial(\rho u)}{\partial t} + u\frac{\partial(\rho u)}{\partial x} + v\frac{\partial(\rho u)}{\partial y} + w\frac{\partial(\rho u)}{\partial z} = -\frac{\partial p}{\partial x} + \frac{\partial \tau_{xx}}{\partial x} + \frac{\partial \tau_{yx}}{\partial y} + \frac{\partial \tau_{zx}}{\partial z} + f_x$$

$$\frac{\partial(\rho v)}{\partial t} + u\frac{\partial(\rho v)}{\partial x} + v\frac{\partial(\rho v)}{\partial y} + w\frac{\partial(\rho v)}{\partial z} = -\frac{\partial p}{\partial y} + \frac{\partial \tau_{xy}}{\partial x} + \frac{\partial \tau_{yy}}{\partial y} + \frac{\partial \tau_{zy}}{\partial z} + f_y \qquad (2-2)$$

$$\frac{\partial(\rho w)}{\partial t} + u\frac{\partial(\rho w)}{\partial x} + v\frac{\partial(\rho w)}{\partial y} + w\frac{\partial(\rho w)}{\partial z} = -\frac{\partial p}{\partial z} + \frac{\partial \tau_{xz}}{\partial x} + \frac{\partial \tau_{yz}}{\partial y} + \frac{\partial \tau_{zz}}{\partial z} + f_z$$

式中：p 为压强，Pa；τ_{xx}、τ_{xy}、τ_{xz} 分别为表面黏性应力 τ_x 沿 x、y 和 z 方向的分量，Pa；τ_{yx}、τ_{yy}、τ_{yz} 分别为表面黏性应力 τ_y 沿 x、y 和 z 方向的分量，Pa；τ_{zx}、τ_{zy}、τ_{zz} 分别为表面黏性应力 τ_z 沿 x、y 和 z 方向的分量，Pa；f_x、f_y、f_z 分别为体积力沿 x、y 和 z 方向的分量，Pa。

在式（2-3）所描述的黏性流体的流动过程中，由于黏性应力的存在，其内部状态极其复杂。边界层理论的提出极大地简化了这一过程的分析。在流固界面处，由于流体的黏性应力作用，形成了一层速度边界层。在这一层内，流体的速度梯度很大，这表明黏性应力对这一区域的流体产生了显著影响。而在这一层之外，流体的速度基本保持一致，流体之间几乎不受黏性应力的影响，因此可被视为理想流体。因此，动量守恒方程在这一区域得到了

简化。

$$u\frac{\partial u}{\partial x}+v\frac{\partial u}{\partial y}+w\frac{\partial u}{\partial z}=-\frac{1}{\rho}\frac{\partial p}{\partial x}+\frac{1}{\rho}f_x$$

$$u\frac{\partial v}{\partial x}+v\frac{\partial v}{\partial y}+w\frac{\partial v}{\partial z}=-\frac{1}{\rho}\frac{\partial p}{\partial y}+\frac{1}{\rho}f_y \qquad (2-3)$$

$$u\frac{\partial w}{\partial x}+v\frac{\partial w}{\partial y}+w\frac{\partial w}{\partial z}=-\frac{1}{\rho}\frac{\partial p}{\partial z}+\frac{1}{\rho}f_z$$

因此，在速度边界层之外，可以认为压强和速度分布是已知的。而对于边界层内部，由于速度边界层的厚度相对较小，可以忽略该区域体积力对流体的影响，同时也可以认为该区域沿流固界面法线方向的压强是均匀的。通过求解速度边界层之外的流体压强分布，可以确定速度边界层内的压强分布，这可以降低方程的变量，使数值计算变得更加简便。

（3）能量守恒定律。在控制体内的能量变化率应该等于该控制体流入的净热功率与外部作用力对其做功的功率之和。如果使用直角坐标系来描述这个方程，可以得到

$$\frac{\partial(\rho e)}{\partial t}+u\frac{\partial(\rho e)}{\partial x}+v\frac{\partial(\rho e)}{\partial y}+w\frac{\partial(\rho e)}{\partial z}=P_q+\frac{\partial}{\partial x}\left(\lambda\frac{\partial T}{\partial x}\right)+\frac{\partial}{\partial y}\left(\lambda\frac{\partial T}{\partial y}\right)+$$

$$\frac{\partial}{\partial z}\left(\lambda\frac{\partial T}{\partial z}\right)-p\frac{\partial u}{\partial x}+\tau_{xx}\frac{\partial u}{\partial x}+\tau_{yx}\frac{\partial u}{\partial y}+\tau_{zx}\frac{\partial u}{\partial z}-p\frac{\partial v}{\partial y}+\tau_{xy}\frac{\partial v}{\partial x}+\tau_{yy}\frac{\partial v}{\partial y}+ \qquad (2-4)$$

$$\tau_{zy}\frac{\partial v}{\partial z}-p\frac{\partial w}{\partial z}+\tau_{xz}\frac{\partial w}{\partial x}+\tau_{yz}\frac{\partial w}{\partial y}+\tau_{zz}\frac{\partial w}{\partial z}$$

式中：e 为能量密度，J/kg；λ 为导热系数，W/（m·K）；P_q 为发热率，W。

从式（2-4）可知，流体流动受温度分布的制约，而温度分布对流体流动产生影响。流体场与温度场相互关联，形成耦合效应，因此，相关方程组的求解极具挑战性。然而，通过采用集总参数网络方法，可以显著提升求解效率。

为了简化流体网络模型的构建过程，本书结合电机内部流体流动的广泛研究，提出以下基本假设：

1）在电机稳定运行时，冷却气体的流动状态保持稳定，因此可以将其视为稳态流动，即各位置的流体流动不受时间影响。

2）可以将冷却气体流动简化为一个一维管道流动，并计算通风道横截面上的平均流量。

3）由于冷却气体的流速远低于声速，可以将其视为不可压缩流体，其密度不受温度和压力变化的影响，且不随时间和空间变化。

4）假设冷却气体的密度为常数 1.1kg/m³，由于该值较小，重力对流动的影响可以忽略不计。

5）假设冷却气体的比热容为 1.013kJ/（kg·K），导热系数为 0.026W/（m·K），不考虑其物理性质随温度和压力的变化。

6）冷却气体的运动黏度受温度影响较大，因此不能忽略温度变化对其影响。

以上假设简化构建流体网络模型过程，为电动机内流体流动研究提供基础。

流体的流动需遵循质量守恒方程与能量守恒方程的基本原则。在本节假设的 1）～3）基础上，电动机冷却气体的节点流量守恒方程可表示为

$$\sum_{k=1}^{n}Q_k=0 \qquad (2-5)$$

式中：Q_k 为节点相关支路冷却介质流量，m³/s。

在流体网络闭合回路中，冷却介质压力守恒方程为

$$\sum_{k=1}^{n} H_k = 0 \tag{2-6}$$

式中：H_k 为回路中各支路冷却介质压降，Pa。

依据本节假设的 1）～4），电动机内部冷却气体的能量守恒方程可简化为式（2-7），此式为伯努利方程的特殊形式。

$$p_1 + \frac{1}{2}\rho v_1^2 = p_2 + \frac{1}{2}\rho v_2^2 + \Delta p \tag{2-7}$$

式中：ρ 为冷却介质密度；v_1 和 v_2 分别为冷却介质在位置 1 和位置 2 时的速度；p_1 和 p_2 为位置 1 和位置 2 的压力；Δp 为压力损耗值。

由于冷却介质存在黏性，在流道内流动时会产生摩擦阻力，进而导致能量损失，这种损失称为沿程损耗。除摩擦损失外，流道尺寸或形状变化同样会导致冷却介质产生能量损失，这种损失称为局部损耗。在核电汽轮发电机通风系统内，沿程损耗可表示为

$$\Delta P_v = \sum_{i=1}^{n} \lambda_i \frac{l_{Si}}{d_{Si}} \frac{\rho}{2} v_i^2 \tag{2-8}$$

式中：λ_i 为第 i 区段的沿程阻力系数，其值与管道粗糙度和冷却介质流态有关；l_{Si} 和 d_{Si} 分别为第 i 区段的长度和水力直径；v_i 为第 i 区段冷却介质流速。

除沿程损耗外，冷却介质的局部损耗会带来大量的能量损失。局部损耗可表示为

$$\Delta P_j = \sum_{i=1}^{n} \zeta_i \frac{\rho}{2} v_i^2 \tag{2-9}$$

式中：ζ_i 为 i 处的流体局部阻力系数，与电机内流道变化有关，电机内流道突扩或突缩会导致冷却介质形成涡流，进而造成能量损失。

根据核电发电机实际结构，给出常用局部阻力系数计算方法。

1）流道截面突扩或突缩

$$\zeta = \begin{cases} \left(1 - \dfrac{A_1}{A_2}\right)^2 & \dfrac{A_1}{A_2} \leqslant 1 \\ \dfrac{1}{2}\left(1 - \dfrac{A_2}{A_1}\right) & \dfrac{A_1}{A_2} > 1 \end{cases} \tag{2-10}$$

式中：A_1 和 A_2 分别为流道小截面和大截面对应面积，电机通风道出口是截面突扩的特例，此时 $A_2 = \infty$，因此 $\zeta = 1$。

2）流道弯曲

$$\zeta = \frac{\theta}{90}\left[0.031 + 0.163\left(\frac{d_e}{r}\right)^{3.5}\right] \tag{2-11}$$

式中：θ 为弯管的弯角度数；r 为弯管的曲率半径。

鉴于流阻的非线性特性，确定压头元件的工作点需在其 $p\text{-}Q$ 特性曲线上进行。$p\text{-}Q$ 特性曲线描述了压头元件的压头与流量之间的关系，该关系由元件尺寸和转速所决定。压头与空载静压和流量比之间的关系为

$$p = p_0\left[1 - \left(\frac{Q}{Q_m}\right)^2\right] \tag{2-12}$$

式中：p_0 为空载静压，Pa；Q_m 为短路最大风量，$3\mathrm{m}^3/\mathrm{s}$。

电动机内、外风路风扇和转子支撑辐板等效的风扇均可以按照径向离心风扇去计算相应的 p_0 和 Q_m，其对应的 p-Q 特性曲线为

$$p_0 = 0.6\rho \left(\frac{\pi n}{30}\right)^2 \frac{d_{f2}^2 - d_{f1}^2}{4}$$

$$Q_m = 0.45\pi d_{f2}^2 b_f \frac{\pi n}{30} \tag{2-13}$$

式中：d_{f2} 为风扇外径，m；d_{f1} 为风扇内径，m；b_f 为风扇叶片轴向宽度，m；n 为风扇的工作转速，rad/min。

在流体流动的过程中，流体自身会产生压降损失。压降损失的原因导致的流阻分为两类：沿程压降流阻和局部压降流阻。这两种流阻对应的阻力系数产生的机理各有特点。

沿程能量损失系数 $\xi = \xi'(l/d_e)$ 沿程阻力系数 ξ' 与冷却气体流动状态及管道粗糙度密切相关，其数值通常通过查阅尼古拉兹实验曲线与莫迪图来确定。为进一步简化计算，可根据雷诺数采用相应经验公式。

当雷诺数 $Re \leqslant 2300$ 时，流体处于层流状态，此时 ξ' 只与 Re 有关

$$\xi' = \frac{64}{Re} \tag{2-14}$$

雷诺数在 2300～4000，属于过渡区，ξ' 一般采用湍流区的延长线来计算。当 $Re \geqslant 4000$ 时，流体处于湍流状态，此时 ξ' 与 Re 和管壁相对粗糙度 ε/d_e 有关。

$$\frac{1}{\sqrt{\xi'}} = \begin{cases} 2\lg\left(\dfrac{Re}{\sqrt{\xi'}}\right) - 0.8 & 4000 < Re \leqslant 26.98\left(\dfrac{d_e}{\varepsilon}\right)^{8/7} \\ 0.84\lg\left(Re\,\dfrac{d_e}{\varepsilon}\right) & 26.98\left(\dfrac{d_e}{\varepsilon}\right)^{8/7} < Re \leqslant 4160\left(\dfrac{d_e}{2\varepsilon}\right)^{0.85} \\ 2\lg\left(\dfrac{d_e}{2\varepsilon}\right) + 1.74 & Re > 4160\left(\dfrac{d_e}{2\varepsilon}\right)^{0.85} \end{cases} \tag{2-15}$$

局部能量损失系数 $\xi = \xi'$，局部阻力系数与冷却气体流经路径中的管道形状变化密切相关，这主要源于气体间的碰撞导致的压降损失。在电动机内部，常见的局部阻力类型包括横截面突扩阻力、横截面突缩阻力以及管道弯曲阻力。

式（2-16）阐述了在冷却气体遭遇管道截面突然变化时，阻力系数与面积变化率之间的关联。在 A_2 趋于无穷大时，可得出口阻力系数为 1；而在 A_1 趋于无穷大时，可得入口阻力系数为 0.5。

$$\xi' = \begin{cases} \left(1 - \dfrac{A_1}{A_2}\right)^2 & \dfrac{A_1}{A_2} \leqslant 1 \\ \dfrac{1}{2}\left(1 - \dfrac{A_2}{A_1}\right) & \dfrac{A_1}{A_2} > 1 \end{cases} \tag{2-16}$$

关于冷却气体掠过管道内圆柱体表面的现象，可根据式（2-17）进行描述。在分析过程中，为简化计算，考虑各截面面积的连续变化，采用圆柱体直径位置的截面积进行替代。

$$\xi' = 0.2\left(1 - \frac{A_2}{A_1}\right) \tag{2-17}$$

式（2-18）提供了冷却气体在遇到管道弯曲时阻力系数的计算方法，电机领域常见的为直角弯曲。

$$\xi' = \frac{\theta}{90}\left[0.031 + 0.163\left(\frac{d_e}{r}\right)^{3.5}\right] \tag{2-18}$$

式中：θ 为弯管的弯角，度；r 为弯管的曲率半径，m。

流体网络参数具有非线性特征，可通过网络矩阵法进行迭代求解。在流体网络中，各支路产生的压降 Δp 为流量 Q 的二次函数。对其进行泰勒展开并忽略高阶项，可得到

$$\Delta p = \Delta p\big|_{Q=Q_0} + \frac{\partial(\Delta p)}{\partial Q}\bigg|_{Q=Q_0}(Q-Q_0) \tag{2-19}$$

因此，整个流体网络所形成的支路压降矩阵可表述为

$$\Delta p = \boldsymbol{D}Q + \boldsymbol{C} \tag{2-20}$$

式中：$\boldsymbol{D}$ 和 $\boldsymbol{C}$ 分别为式（2-19）的系数矩阵和常数矩阵。

根据网络理论，流体网络中的各支路流量及节点压强均符合式（2-21）与式（2-22）所表述的平衡关系

$$\boldsymbol{A}Q = \boldsymbol{O} \tag{2-21}$$

$$\boldsymbol{A}^{\mathrm{T}}p = \Delta p \tag{2-22}$$

式中：$\boldsymbol{A}$ 为节点—支路关联矩阵；$\boldsymbol{O}$ 为零流量，即该节点或支路的流量为零。

合并式（2-20）式（2-22）可得

$$\begin{bmatrix} \boldsymbol{A} & \boldsymbol{O} \\ -\boldsymbol{D} & \boldsymbol{A}^{\mathrm{T}} \end{bmatrix}\begin{bmatrix} Q \\ p \end{bmatrix} = \begin{bmatrix} \boldsymbol{O} \\ \boldsymbol{C} \end{bmatrix} \tag{2-23}$$

假定流体网络各支路流量初值矩阵为 Q_0，通过计算可得初始系数矩阵 $\boldsymbol{D}$ 和 $\boldsymbol{C}$。将所得矩阵代入式（2-23），可求得新的各支路流量矩阵 Q。不断迭代此过程，直至满足计算残差，可实现流体网络中各支路流量的求解。

2.2 热 网 络 法

以热量传递的基本理论为基础，深入探讨热网络模型所需满足的基本方程。热量传递是由于物体间的温度分布不均，热量会自发地从高温物体传导至低温物体，或者从物体的热端传递至冷端而发生的。

当电动机在平衡状态下运行时，机械能和电能之间的转换必然会产生损耗。这些损耗以热量的形式全部释放到电动机外部。电动机的定子和转子之间不存在直接接触，并且转子部件高速旋转，因此电机内部存在着复杂的热量传递过程。

热量传递的基本形式包括热传导、对流换热和辐射换热。在研究电动机的散热过程中，通常不考虑辐射换热。为了更好地理解电动机各部件在热量传递中的作用，将详细介绍热传导和对流换热的基本理论。

根据热传导定律来描述。在一维情况下，热流密度矢量的公式为

$$\boldsymbol{q} = -\lambda\mathrm{grad}T \tag{2-24}$$

式中：$\boldsymbol{q}$ 为热流密度矢量，W/m³；$\mathrm{grad}T$ 为温度梯度，其值为 ∇T。

热传导现象遵循能量守恒定律。根据式（2-24），可以导出热传导所满足的导热微分方程，表述为

$$\frac{\partial(\alpha_v T)}{\partial t} = \frac{\partial}{\partial x}\left(\lambda\frac{\partial T}{\partial x}\right) + \frac{\partial}{\partial y}\left(\lambda\frac{\partial T}{\partial y}\right) + \frac{\partial}{\partial z}\left(\lambda\frac{\partial T}{\partial z}\right) + P_q \tag{2-25}$$

式中：c_V 为定容比热容，J/（kg·K）。

对于处于热平衡状态的固体，其能量变化率为零。在不考虑自身发热率的前提下，热传导的导热微分方程可得以简化

$$\frac{\partial}{\partial x}\left(\lambda\frac{\partial T}{\partial x}\right)+\frac{\partial}{\partial y}\left(\lambda\frac{\partial T}{\partial y}\right)+\frac{\partial}{\partial z}\left(\lambda\frac{\partial T}{\partial z}\right)=0 \tag{2-26}$$

对流换热，是指流体与固体表面间的热量交换过程。依据流速边界层理论，由于流体的优良热扩散性能，当流体与固体表面发生对流换热时，会在流固界面形成温度急剧变化的热边界层。在这一热边界层内，温度梯度较大，因此对流换热主要在这一区域发生；而热边界层之外，温度梯度较小，可视为无热量传递的等温区。由于多数流体的速度边界层与热边界层厚度相近，所以热边界层外的流体流动不会受到黏性应力的影响。在这一区域内，能量守恒定律可以简化为

$$u\frac{\partial e}{\partial x}+v\frac{\partial e}{\partial y}+w\frac{\partial e}{\partial z}=\frac{\lambda}{\rho}\left(\frac{\partial^2 T}{\partial x^2}+\frac{\partial^2 T}{\partial y^2}+\frac{\partial^2 T}{\partial z^2}\right)-\frac{p}{\rho}\left(\frac{\partial u}{\partial x}+\frac{\partial v}{\partial y}+\frac{\partial w}{\partial z}\right) \tag{2-27}$$

根据流体压强和速度分布，能够推导出热边界层外部流体的温度分布。考虑到热边界层的厚度较小，可以假设这个区域内的热量传递方向与固体界面的法线方向一致，这样可以简化方程的变量，为数值计算带来便利。

为了简化热网络模型的构建过程，并结合发电机的传热特性，构建热网络模型时采用了以下基本假设：

（1）在额定运行状态下，电机温升分布保持稳定，各部件的温升不受时间 t 的影响。

（2）忽略辐射换热，只考虑固体部件的热传导以及流固界面之间的对流换热。

（3）认为径向传热、轴向传热互不影响，轴向传热仅考虑定子绕组与定子齿、转子铜条与转子齿之间的传热。

（4）电机各部件接触良好，忽略接触热阻的影响。

（5）电机各传热部件的属性不受温度变化的影响。

（6）各源节点所在区域的能耗分布均匀，可以将该区域的整体能耗集中视为该节点的热源。

（7）所有能耗都通过外部风路冷却气体排出。

针对无源固体热传导的能量传递方程，依据假设（1）、（5），可得到单维度上（通常是空间距离）随时间变化的温度分布情况。即一维热传导的温度分布函数为

$$T_i = T_0 + \Phi R_{\lambda(i,1)} \tag{2-28}$$

式中：T_i 为热传导模型的任一位置的温度，K；$R_{\lambda(i,1)}$ 为该位置与初始位置的热阻，K/W。

热阻 $R_\lambda = \Delta T/\Phi$ 对于平壁热传导模型和圆筒壁热传导模型，相应的计算方程为

$$R_\lambda = \frac{\Delta T}{\Phi} = \begin{cases} \dfrac{\delta}{\lambda S} \\ \dfrac{1}{2\pi\lambda l}\ln\left(\dfrac{d_2}{d_1}\right) \end{cases} \tag{2-29}$$

式中：ΔT 为模型的边界温差，K；Φ 为流经模型的热流量，W；δ 为平壁模型的厚度，m；S 为平壁模型的横截面积，m^2；l 为圆筒壁模型的长度，m；d_1 和 d_2 为圆筒壁模型的内径和外径，m。

正如式（2-28）和式（2-29）所展示的，两种常见的热传导模型都可以通过两点间的

温差和相应的热阻来描述其温度分布。值得注意的是，热阻只与模型的尺寸和导热系数有关，假设（5）表明模型中的热阻是恒定的。因此，要研究温度分布，可以通过合理地划分模型区域，并使各区域通过热阻相互连接，从而构建热网络的拓扑结构。基于假设（6），如果某个区域有热量损失，则将其集中到节点上，作为热流源。

在涉及流体与固体之间对流换热的模型中，对流换热过程可以通过等效处理对流换热热阻来模拟。量纲分析法基于实验研究，被应用于解决对流换热问题。对流换热热阻定义为

$$R_\alpha = \frac{\Delta T}{\Phi} = \frac{1}{\alpha S} \tag{2-30}$$

式中：α 为表征该流固界面对流换热能力的对流换热系数，W/（$m^2 \cdot$ K）。

对流换热系数在热网络模型的构建中起到了统一热传导和对流换热的作用，使得在分析过程中无需严格区分各区域的能量传递方式。这样一来，复杂的传热过程便可简化为对热网络各部分参数的求解。

热网络模型中，各节点所需满足的热量平衡方程为

$$q_i = \sum_{j=1}^{n} \frac{T_{i,j} - T_{i,0}}{R_{i,j}} + \Phi_i \tag{2-31}$$

式中：q_i 为流出第 i 个节点的热量，W；$T_{i,j}$ 为与 i 节点相邻节点的温度，K；$T_{i,0}$ 为 i 节点的温度，K；$R_{i,j}$ 为 i 节点与相邻节点之间的热阻，K/W；Φ_i 为 i 个节点的热源，W。

电动机内部各部件尽管形状各异，但仍可通过对区域进行划分和模型简化，将其概括为圆筒壁热传导模型与平壁热传导模型的组合。

根据式（2-29）可以得到圆筒壁导热模型各热阻计算方程为

$$R_{a1} = R_{a2} = \frac{2}{\pi} \frac{l}{\lambda_a (r_2^2 - r_1^2)} \tag{2-32}$$

$$R_{r1} = \frac{1}{2\pi\lambda_r l} \ln \frac{r_2 + r_1}{2r_1} \tag{2-33}$$

$$R_{r2} = \frac{1}{2\pi\lambda_r l} \ln \frac{2r_2}{r_2 + r_1} \tag{2-34}$$

式中：λ_a 为轴向导热系数，W/（m·K）；λ_r 为径向导热系数，W/（m·K）。

根据式（2-30），可以得到平壁导热结构的等效热模型各热阻的计算方程为

$$R_{a1} = R_{a2} = \frac{l}{2\lambda_a hw} \tag{2-35}$$

$$R_{c1} = R_{c2} = \frac{w}{2\lambda_c hl} \tag{2-36}$$

$$R_{r1} = R_{r2} = \frac{h}{2\lambda_r wl} \tag{2-37}$$

式中：λ_a 为轴向导热系数，W/（m·K）；λ_c 为周向导热系数，W/（m·K）；λ_r 为径向导热系数，W/（m·K）；R_{a1} 和 R_{a2} 为轴向导热的热阻；R_{r1} 和 R_{r2} 为径向导热的热阻；R_{c1} 和 R_{c2} 为周向导热的热阻。

2.3　流热耦合分析法

基于构建的流体网络模型与热网络模型，采用流热网络双向耦合方法预测电动机的温升

分布。

从能量守恒方程的角度观察，流体流动受温度分布的影响，而温度分布也对流体流动产生影响。流体场与温度场存在相互耦合关系，但由于方程复杂性，往往无法获得解析解，从而无法直观地揭示流体流动与温度分布之间的相互作用。边界层理论通过简化流体场与温度场模型耦合问题，为研究提供了便利。

在流体流动方面，速度边界层产生的能量损耗导致在构建流体网络模型时，将其等效为流阻 Z。该值的大小决定了流体在经过支路时的流量。而在温度分布方面，对流换热作用仅发生在热边界层，通过热阻模拟流固界面的热量传导，其值的大小影响了流体的温度。边界层区域内流体的层流或湍流状态对流体网络和热网络的参数具有显著影响，这一状态的转变取决于雷诺数的大小。当雷诺数小于临界雷诺数时，流体处于层流状态；反之，则处于湍流状态。雷诺数与流体平均速度和流体分布有关，同时也与流体的运动黏度及温度有关。因此，雷诺数的值共同影响着流体网络和热网络的参数。

流体网络和热网络的求解结果反作用于雷诺数的值，这意味着两者的参数相互影响。一个网络模型的参数改变不仅会影响另一个网络模型的参数，还会对自身产生抵消原参数变化的趋势。实现流热网络双向耦合求解可以获得更精确的电动机温升分布。

在流体网络中，各支路流阻的大小与冷却气体的温度有关：冷却气体温度升高，运动黏度增大，导致支路流阻增加，从而使流量减少；反之亦然。在热网络中，流固界面的对流换热热阻大小与冷却气体流量有关：冷却气体流量减少，流固界面流体流速降低，导致对流换热能力减弱，相应的对流换热热阻增加。在稳态下，这会导致通风道散热量减少，冷却气体温升降低；反之亦然。

为了实现流体网络与热网络的双向耦合求解，构建热网络模型时需进行合理的节点划分。流体网络依据流体流动路径进行建模，其解算结果为各支路上的流体流量。因此，在构建热网络模型时，流体节点位置应尽量置于相应区域流体的平均温度处。这样，根据热网络解算的温度分布，可计算各区域的运动黏度，从而获得更为精确的结果。

流体网络模型的各支路与热网络模型的各流体节点一一对应，从而满足双向耦合求解的要求。在初始假设下，各部分流体状态处于室温，对流体网络进行求解，获得各支路冷却气体流量分布。根据此分布，计算出各流固界面处的对流换热系数，并将其带入热网络求解，得到电动机节点温升分布和各支路热量。根据各支路热量及其对应的冷却气体流量，更新热压源并求解热网络，直至热压源满足残差要求。根据各通风道节点的温升变化，确定对应位置冷却气体的运动黏度，进而更新流体网络的流阻参数，并求解流体网络，直至各支路流量满足残差要求。

2.4　数值分析法

数值分析法是一种利用数学模型对真实物理系统进行模拟的方法。通过使用相互作用的简单元素，可以用有限的未知数来近似表示无限未知数的真实系统。

数值分析法通过将复杂问题简化为简单问题来解决。它把求解的领域分解为许多小的互连子域，每个子域称为一个数值分析。对于每个数值分析，假设一个简单的近似解，然后推导出满足整个领域条件的解，如结构的平衡条件。

由于实际问题通常很难得到精确解，而数值分析法具有高精度并能处理各种复杂形状，因此成为工程分析的重要工具。

数值分析法采用一种离散单元的集合，这些单元能够表示实际的连续域。最初，数值分析法被称为矩阵近似方法，主要用于航空器的结构强度计算。由于其方便性、实用性和有效性，它引起了力学研究者的浓厚兴趣。

随着计算机技术的迅速发展和普及，数值分析法的应用范围从结构工程强度分析计算扩展到大部分的科学技术领域，已经广泛应用于各种领域，为解决各种问题提供了强大而有效的工具。

数值分析的基本步骤如下。

（1）建立模型：根据实际问题定义求解模型。这包括定义问题的几何区域，近似确定求解域的物理性质和几何区域。

（2）选择单元类型：定义单元类型，这是将连续的求解域离散化的基础。

（3）定义材料属性：定义每个单元定义所需的材料属性，例如弹性模量、泊松比等。

（4）定义几何属性：明确每个单元的几何属性，如长度、面积等，以便进行后续的分析。

（5）定义连通性：确定单元之间的连接关系，这是建立总矩阵方程的基础。

（6）选择基函数：为每个单元选择合适的基函数，这有助于在单元上进行数值计算。

（7）定义边界条件和载荷：根据实际问题，定义边界条件和施加的载荷。

（8）总装求解：将所有单元组合成一个完整的离散域，并建立总矩阵方程。这一步通常涉及将状态变量及其导数在相邻单元节点上进行连续性处理。然后，使用直接法或迭代法求解联立方程组，得到单元节点处状态变量的近似值。

（9）后处理：对所求出的解进行分析和评价。后处理阶段使得用户能够方便地提取信息并理解计算结果。

数值分析法在处理边值问题近似解方面与其他方法有着根本的区别，其最大的特点在于它的近似性仅限于各个小的子域中。在 20 世纪 60 年代初，克拉夫教授首次提出了结构力学计算有限元的概念，他形象地将其描述为数值分析法＝Rayleigh Ritz（瑞利里兹）法＋分片函数，也就是说，数值分析法是 Rayleigh Ritz 法的一种局部化应用。与传统的 Rayleigh Ritz 法不同，后者在寻找满足整个定义域边界条件的允许函数时常常面临困难，而数值分析法则将函数定义在简单的几何形状（如二维问题中的三角形或任意四边形）的单元域上（分片函数），并且无需考虑整个定义域的复杂界条件。这一特点使得数值分析法在处理许多问题时优于其他近似方法。

观察当前全球 CAE 软件发展态势，可以发现数值分析技术在非标准化设计领域的影响及其未来发展趋势：

（1）强化与 CAD 软件的集成。

许多 CAE 软件（如 ADINA、AutoCAD 等）已经实现了与 CAD 软件的紧密集成，通过采用 CAD 的建模技术，实现了无缝的数据交换。例如，ADINA 软件采用了基于 Parasolid 内核的实体建模技术，可以与以 Parasolid 为核心的 CAD 软件（如 Unigraphics、SolidEdge、SolidWorks）进行真正无缝的双向数据交换。

（2）提升网格处理能力。

数值分析法求解问题的基本过程包括离散化、数值分析求解和后处理三部分。网格质量对求解时间和结果有直接影响，因此各软件开发商在网格处理方面进行了大量投入，提高了网格生成的质量和效率。然而，在自动六面体网格划分和自适应网格划分方面仍需改进。自动六面体网格划分是指对三维实体模型程序能自动地划分出六面体网格单元，而目前大多数软件只能对简单规则模型适用。自适应网格划分是指在现有网格基础上，根据数值分析计算结果估计计算误差、重新划分网格和再计算的一个循环过程，是许多工程问题如裂纹扩展、薄板成形等大应变分析的必要条件。

（3）拓展非线性问题求解。

随着科学技术的发展，线性理论已经不能满足设计要求，许多工程问题如材料的破坏与失效、裂纹扩展等需要用非线性分析求解。为此，国外一些公司开发了非线性求解分析软件，如 ADINA、ABAQUS 等，它们具有高效的非线性求解器、丰富而实用的非线性材料库，ADINA 还同时具有隐式和显式两种时间积分方法。

（4）发展耦合场问题求解。

数值分析方法最早应用于航空航天领域，用于求解线性结构问题，实践证明这是一种有效的数值计算方法。从理论上已经证明，只要用于离散求解对象的单元足够小，所得的解就可足够逼近于精确值。数值分析的应用越来越深入，人们关注的问题越来越复杂，耦合场的求解必定成为 CAE 软件的发展方向。例如"热力耦合"的问题，需要结构场和温度场的数值分析结果交叉迭代求解；"流固耦合"的问题，需要对结构场和流场的数值分析结果交叉迭代求解。

（5）提高程序开放性。

为了满足用户的需求，各软件开发商在软件的功能、易用性等方面进行了大量投资。但由于用户需求千差万别，软件开发商因此必须给用户一个开放的环境，允许用户根据自己的实际情况对软件进行扩充，包括用户自定义单元特性、用户自定义材料本构（结构本构、热本构、流体本构）、用户自定义流场边界条件、用户自定义结构断裂判据和裂纹扩展规律等。关注数值分析的理论发展，采用最先进的算法技术，扩充软件的性能，提高软件性能以满足用户不断增长的需求，是 CAE 软件开发商的主攻目标，也是其产品持续占有市场、求得生存和发展的根本之道。

采用数值分析法分析对流体场和温度场的分布情况，基于流体力学与传热学理论，大型汽轮发电机内部流体流动及传热需满足质量、动量及能量守恒这三种物理守恒定律，其具体方程如下。

质量守恒方程为

$$\frac{\partial \rho_0}{\partial t} + \mathrm{div}(\rho \boldsymbol{u}) = 0 \tag{2-38}$$

式中：ρ_0 流体密度，$\mathrm{kg/m^3}$；t 为时间；$\boldsymbol{u}$ 是速度矢量。

动量守恒方程为

$$\begin{cases} \dfrac{\partial(\rho_0 u)}{\partial t} + \mathrm{div}(\rho\boldsymbol{u}u) = \mathrm{div}(\mu_0\,\mathrm{grad}u) - \dfrac{\partial P}{\partial x} + S_{\mathrm{u}} \\[2mm] \dfrac{\partial(\rho_0 v)}{\partial t} + \mathrm{div}(\rho\boldsymbol{u}v) = \mathrm{div}(\mu_0\,\mathrm{grad}v) - \dfrac{\partial P}{\partial y} + S_{\mathrm{v}} \\[2mm] \dfrac{\partial(\rho_0 w)}{\partial t} + \mathrm{div}(\rho\boldsymbol{u}w) = \mathrm{div}(\mu_0\,\mathrm{grad}w) - \dfrac{\partial P}{\partial z} + S_{\mathrm{w}} \end{cases} \tag{2-39}$$

式中：u、v 和 w 分别为 $\boldsymbol{u}$ 在 x、y 和 z 方向上的分量，m/s；μ_0 为湍流黏度系数，kg/m·s；P 为流体压力，Pa；S_{u}、S_{v} 和 S_{w} 为一般源项。

能量守恒方程为

$$\frac{\partial(\rho_0 T)}{\partial t} + \mathrm{div}(\rho\boldsymbol{u}T) = \mathrm{div}\left(\frac{\lambda}{c}\,\mathrm{grad}T\right) + S_T \tag{2-40}$$

式中：T 为温度，℃；λ 为导热系数，W/m·K；c 为比热容，J/kg·K；S_T 为通过数值分析计算的焦耳功率密度，W/m³。

湍流动能 k 方程为

$$\frac{\partial(\rho k)}{\partial t} + \mathrm{div}(\rho k\boldsymbol{u}) = \mathrm{div}\left[\left(\mu + \frac{\mu_{\mathrm{t}}}{\sigma_k}\right)\mathrm{grad}k\right] + \mu_{\mathrm{t}}P_{\mathrm{G}} - \rho\varepsilon \tag{2-41}$$

湍流耗散率 ε 方程为

$$\frac{\partial(\rho\varepsilon)}{\partial t} + \mathrm{div}(\rho\varepsilon\boldsymbol{u}) = \mathrm{div}\left[\left(\mu + \frac{\mu_{\mathrm{t}}}{\sigma_\varepsilon}\right)\mathrm{grad}\varepsilon\right] + \mu_{\mathrm{t}}\boldsymbol{C}_1\frac{\varepsilon}{k}P_{\mathrm{G}} - \rho\boldsymbol{C}_2\frac{\varepsilon^2}{k} \tag{2-42}$$

$$P_{\mathrm{G}} = 2\left[\left(\frac{\partial u}{\partial x}\right)^2 + \left(\frac{\partial v}{\partial y}\right)^2 + \left(\frac{\partial w}{\partial z}\right)^2\right]$$
$$+ \left(\frac{\partial w}{\partial y} + \frac{\partial v}{\partial x}\right)^2 + \left(\frac{\partial u}{\partial z} + \frac{\partial w}{\partial x}\right)^2 + \left(\frac{\partial v}{\partial z} + \frac{\partial w}{\partial y}\right)^2 \tag{2-43}$$

式中：$\mu_{\mathrm{t}} = \rho\boldsymbol{C}_\mu\dfrac{k^2}{\varepsilon}$ 为湍流黏性系数；$\boldsymbol{C}_1$、$\boldsymbol{C}_2$、$\boldsymbol{C}_\mu$ 均为常量；σ_k 和 σ_ε 为紊流普朗克常数。

在保证不改变实际物理过程的前提下，为了合理简化求解过程，给出以下基本假设。

1）研究的发电机流体流动状态为稳态流动，即定常流动。

2）由于发电机端部区域中流体的雷诺数远大于2300，流动为紊流流动，计算时采用 k-ε 标准模型对流体进行求解。

3）发电机流体场计算域内流体流速远小于声速，故而不考虑流体的压缩性。

4）忽略转子发热对定子端部结构件温升的影响。

结合发电机端部结构实际特点，流固耦合传热求解域的边界条件为：

1）风扇入口采用速度入口边界，根据实测风量确定入口风速为70.45m/s，实测环境温度为38.4℃。

2）冷却介质的出口给定为压力出口，压力为1个标准大气压。

3）对流固耦合场模型的散热面设为壁面边界，其边界条件为

$$\lambda\frac{\partial T}{\partial n}\bigg|_{S_A} = -\alpha(T_{\mathrm{dq}} - T_{\mathrm{f}}) \tag{2-44}$$

式中：α 为散热表面的散热系数，W/（m²·K）；λ 为导热系数，W/（m·K）；S_A 为散热面；T_{dq} 为待求温度，K；T_{f} 为散热面周围流体的温度，K；n 为法向向量。

4）端部模型中的定子绕组、铜屏蔽、压圈、压指结构件均给定为热源体。

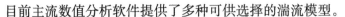

目前主流数值分析软件提供了多种可供选择的湍流模型。

湍流是空间中不规则和时间上无秩序的一种高度复杂的非线性流体运动。在湍流中，流体的各种物理参数，如压力、温度和速度，都随时间和空间发生随机变化。这种湍流运动也是工程技术领域中最常见的流动现象，而流体在湍流状态下的对流换热也是工程传热过程中的主要热交换方式。然而，由于湍流的复杂性，至今仍有一些基本问题尚未解决。

目前，关于湍流的数值模拟方法主要有直接模拟、大涡模拟（LES）以及应用 Reynolds（雷诺）时均方程的模拟方法。其中，Reynolds 时均方程法是工程湍流计算中采用的基本方法。在这个方法中，由于湍流脉动导致方程不封闭，因此需要做出假设，也即建立湍流模型。湍流模型是根据湍流的理论知识和实验数据，对 Reynolds 应力做出各种假设，从而使湍流的平均 Reynolds 方程封闭。

（1）Spalart‑Allmaras 模型，即单方程模型。

Spalart‑Allmaras 模型于 1992 年提出，它是一种相对简单的单方程模型，通过求解输运方程得到湍流黏度。该模型主要应用于航空航天领域，专门处理具有壁面边界条件的空气流动问题，尤其对于在边界层中具有逆向压力梯度的问题，计算结果证明非常有效。

Spalart‑Allmaras 模型不同于其他一些单方程模型，它不是从 k‑e 方程经过简化得到的，而是从经验和量纲分析出发，由针对简单流动逐渐补充发展而适用于带有层流流动的固壁湍流流动的单方程模型。该模型相对于两方程模型计算量小、稳定性好，同时又有较高的精度。

（2）标准 k‑e 模型，即双方程模型。

标准 k‑e 模型是最简单的完整湍流模型，需要求解速度和长度尺度两个变量。标准 k‑e 模型为工程流场计算中主要的工具。它适用范围广、经济性好，并且精度合理。它是一个半经验的公式，是从实验现象中总结出来的。

在标准 k‑e 模型中，k 表示湍流脉动动能（J），e 表示紊流脉动动能的耗散率（%）。k 越大表明湍流脉动长度和时间尺度越大，e 越大意味着湍流脉动长度和时间尺度越小。这两个量相互制约，共同影响着湍流脉动。

（3）RNG k‑e（重整化群 k‑e）模型。

RNG k‑e 模型是一种改进的 k‑e 模型，其来源于严格的统计技术。与标准 k‑e 模型相比，它在方程中加入了一个条件，从而有效地提高了模型的精度。该模型还考虑了湍流漩涡，进一步增强了在这方面的精度。RNG 理论为湍流 Prandtl 数（普朗特数）提供了一个解析公式，而标准 k‑e 模型则使用用户提供的常数。此外，RNG 理论还提供了一个考虑低雷诺数流动黏性的解析公式。这些公式的效用依赖于正确处理近壁区域。这些特点使得 RNG k—e 模型在更广泛的流动中具有更高的可信度和精度，超过了标准 k‑e 模型。

（4）带旋流修正的 k‑e 模型。

带旋流修正的 k‑e 模型是近期出现的一种模型，与标准 k‑e 模型相比主要有两个区别。首先，它为湍流黏性增加了一个公式。其次，它为耗散率增加了新的传输方程，该方程来源于为层流速度波动所设计的精确方程。术语"realizable"意味着模型要确保在雷诺压力中有数学约束，以保持湍流的连续性。带旋流修正的 k‑e 模型具对于平板和圆柱射流的发散比率有更精确的预测。此外，它在旋转流动、强逆压梯度的边界层流动、流动分离方面有很好的表现。带旋流修正的 k‑e 模型和 RNG k‑e 模型都显示出比标准 k‑e 模型在强流线弯曲、漩涡和旋转方面更好的表现。由于带旋流修正的 k-e 模型是较新的模型，因此目前还没有确凿证据表明它比 RNG k-e 模型更好。然而，初步研究表明，带旋流修正的 k-e 模型在处理流动分离和复杂二次流方面表现良好。该模型的不足之处在于，在主要计算旋转和静态流动区域时，不能提供自然的湍流黏度。这是因为带旋流修正的 k-e 模型在定义湍流黏度时考虑了平均旋度的影响。这种额外的旋转影响已在单一旋转参考系中得到证实，并且表现优于标准 k-e 模型。因此，在应用多重参考系统时需要特别注意。

（5）标准 k-w 模型。

标准 k-w 模型是基于 Wilcox k-w（威尔科克斯 k-w）模型开发的，经过修改以考虑低雷诺数、可压缩性和剪切流传播。Wilcox k-w 模型能够预测自由剪切流的传播速率，例如尾流、混合流动、平板绕流、圆柱绕流和放射状喷射等，因此可以应用于墙壁束缚流动和自由剪切流动。

（6）剪切压力传输（SST）k-w 模型。

SST k-w 模型，由标准 k-w 模型变形而来，旨在提高对壁面边界层和自由涡流流场的模拟精度。与标准 k-w 模型相比，SST k-w 模型有以下改进：

1）SST k-w 模型结合了混合功能和双模型。混合功能特别适用于近壁区域，这是标准 k-w 模型的弱项。而双模型则适用于自由表面，这是 k-e 模型变形所擅长的领域。

2）SST k-w 模型合并了来源于 w 方程的交叉扩散，这增加了模型的精度。

3）湍流黏度考虑到了湍流剪应力的传播，从而进一步提高了模型的预测能力。

4）不同的模型常量也提高了模型的精度和可靠性。

这些改进使得 SST k-w 模型在广泛的流动领域中比标准 k-w 模型具有更高的精度和可信度。

（7）雷诺压力模型（RSM）。

在 Fluent 中，RSM 是最精细的模型。它放弃了等方性边界速度假设，通过雷诺平均 N-S 方程实现了封闭，解决了方程中的雷诺压力和耗散速率问题。这为二维流动增加了四个方程，为三维流动增加了七个方程。由于 RSM 更严格地考虑了流线的弯曲、漩涡、旋转和张力快速变化，它对复杂流动的预测精度更高。然而，这种预测仅限于与雷诺压力相关的方程。压力张力和耗散速率是导致 RSM 模型预测精度降低的主要因素。值得注意的是，RSM 模型并不总是因为更精确而需要更多的计算机资源。然而，当需要考虑雷诺压力的各向异性时，必须使用 RSM 模型。例如，在飓风流动、燃烧室高速旋转流、管道中二次流等情况下。

（8）计算效率（CPU 时间和解决方案）。

从计算的角度看，Spalart-Allmaras 模型在 FLUENT 中是最经济的湍流模型，因为它只需解一个方程。与之相比，标准 k-e 模型需要解额外的方程，因此耗费更多的计算机资源。带旋流修正的 k-e 模型稍微增加了计算时间，因为它涉及更多的非线性功能。RNG k-e 模型由于其控制方程中的额外功能和非线性，比标准 k-e 模型多消耗 10%～15% 的 CPU 时间。与 k-e 模型类似，k-w 模型也是双方程模型，因此计算时间大致相同。比较 k-e 模型和 k-w 模型，RSM 模型由于考虑了雷诺压力而需要更多的 CPU 时间。然而，高效的计算程序大大节约了 CPU 时间。具体来说，RSM 模型比 k-e 模型和 k-w 模型多耗费 50%～60% 的 CPU 时间，同时还需要 15%～20% 的额外内存。除了时间因素外，湍流模型的选择也会影响 FLUENT 的计算结果。例如，标准 k-e 模型专为轻微的扩散设计，而 RNG k-e 模型则是为高张力引起的湍流黏度降低而设计的。这正是 RNG 模型的局限性所在。同样地，RSM 模型需要比 k-e 模型和 k-w 模型更多的计算时间，因为它同时处理雷诺压力和层流问题。

Fluent 软件提供了两种主要的求解器：基于压力的求解器和基于密度的求解器。基于压力的求解器，也被称为分离式求解器，更适用于处理低速、不可压缩流体的模拟。这种求解器首先利用动量方程来求解速度场，然后通过压力方程进行修正，确保速度场满足连续性条件。由于压力方程来源于连续性方程和动量方程，这种方法可以确保流场的模拟同时满足质量和动量的守恒。

而基于密度的求解器，也被称为耦合式求解器，更适合处理高速、可压缩流体的模拟。这种求解器直接求解瞬态的 N-S 方程（理论上绝对稳定），将稳态问题转化为时间推进的瞬态问题。通过给定的初始条件，时间被推进到收敛的稳态解，即时间推进法。这种方法适用于求解亚音速、高超音速等强可压缩问题。

Fluent 中提供了两种基于压力的求解器算法：分离算法和耦合算法。请注意，这里提到的耦合算法要与基于密度的耦合式求解器相区别。

设置求解方法选择使用压力基求解器时，会涉及多种算法。这些算法主要包括：SIMPLE、SIMPLEC、PISO 和 Coupled。在 FLUENT 6.3 版本之前，这四种算法主要分为两类：前三种被归为分离算法，而第四种被视为耦合算法。分离式求解器主要用于处理不可压缩流动和微可压流动，而耦合式求解器主要用于高速可压流动。然而，现在这两种求解器都适用于广泛的流动范围，从不可压到高速可压。总体来说，当计算高速可压流动时，耦合式求解器相比分离式求解器更具优势。

分离算法是一种基于压力的求解方法，通过顺序求解控制方程组来实现。由于控制方程是非线性和耦合的，因此需要迭代执行解循环以获得收敛的数值解。在分离算法中，解变量（如压力项、温度项、速度项等）是单独求解的，每个控制方程在求解时与其他方程解耦或分离。分离算法的特点是实时存储，因为离散化方程只需要存储一次。然而，由于方程是以解耦的方式求解，所以解的收敛速度相对较慢。对于燃烧和多相流问题，分离算法更为有效。

具体求解流程如下：

1）根据当前方案流体的属性（如密度、黏度、比热容）进行更新。

2）使用最新的压力和面质量通量值，逐个求解动量方程。

3）使用最新获得的速度场和质量通量求解压力校正方程。

4）使用上述步骤获得的压力，校正面质量通量、压力和速度场。

5）使用当前求解所得的变量值求解附加方程，如湍流量、能量、物料和辐射强度。

6）更新由不同相位之间的相互作用产生的源项（例如，离散粒子引起的载流子相位的源项）。

7）检查方程的收敛性。

基于压力的耦合算法用于求解包含动量方程和基于压力的连续性方程的耦合方程组。在耦合算法中，原先分离解算法中的步骤 2 和 3 被替代为求解耦合方程组的单一步骤。其余的方程则以分离算法中的解耦方式来求解。由于动量和连续性方程以紧密耦合的方式求解，与分离算法相比，解的收敛速度得到显著提高。

不过，在求解速度场和压力场时，所有基于动量和压力的连续性方程的离散系统都需要存储在内存中，而非像分离算法那样只需存储单个方程。因此，这种方法的存储需求相对于分离算法增加了 1.5～2 倍。

尽管如此，耦合算法具有极高的兼容性，可以与所有的动网格、多相流、燃烧和化学反应模型配合使用。而且，其收敛速度远超密度基求解器。

在分离式求解器中，存在一些独特的物理模型，它们在耦合式求解器中并不具备。这些物理模型包括：流体体积模型（VOF）、多项混合模型、欧拉混合模型、PDF 燃烧模型、预混合燃烧模型、部分预混合燃烧模型、烟灰和 NOx 模型、Rosseland 辐射模型、熔化和凝固等相变模型、指定质量流量的周期流动模型、周期性热传导模型以及壳传导模型等。

然而，有一些物理模型仅在耦合式求解器中有效，而在分离式求解器中则无效。这些物理模型包括：理想气体模型、用户定义的理想气体模型、NIST 理想气体模型、非反射边界条件以及用于层流火焰的化学模型。因此，本文列出以下四点来更高效的处理上述模型，并给出部分建议。

1）PISO 算法的建议：Skewness - Neighbor Coupling 默认开启，大多数情况下不必禁用。如果网格高度扭曲，建议禁用。

开启 PISO 后，可以选择基于 Skewness 校正或基于 Neighbor 校正。1 表示开启，0 表示关闭。默认为耦合状态（两个都是1），大多数情况不建议更改，因为这是为了计算速度更快，但其鲁棒性有所牺牲。

2）Coupled 算法：这种基于压力的耦合算法为密度基和压力基提供了一种共同的替代方案，具有简单类型的压力—速度耦合。

操作指导：

使用多孔跳跃边界条件的某些情况下，耦合方案可能会遇到收敛问题，此时建议改为分离算法。Coupled 算法更适合于稳态的计算，因为它的优势就是计算单相流动的鲁棒性强。

使用 Coupled 但不开启伪瞬态，则需要对库朗数（Courant Number）（默认200）、pressure 和 momentum 的松弛因子（默认均为0.5）进行一些设定（可参考 Theory Guide）。

3）Non - Iterative Time Advancement（非迭代时间推进法）：是专门针对非稳态问题的一种方法，一般与 PISO 算法联合使用，称为瞬态问题的 PISO 算法。

与稳态问题的计算相区别，在瞬态计算的每个时间步内，利用 PISO 算法计算时不需要迭代。PISO 算法的精度取决于时间步长，使用越小的时间步长，可取得越高的计算精度。当步长较小时，不进行迭代也可保证计算有足够的精度。

4）算法对比及其亚松弛因子的设置。

a. 分离式求解方法以前主要用于从不可压流动和微可压流动，而耦合式求解器用于高速可压流动。现在，两种求解器都适用于从不可压到高速可压流动，但总的来讲，当计算高速可压流动时，耦合式求解器比分离式求解器更有优势。

b. 针对稳态计算：建议使用 Coupled 算法。分离算法的优势是每次迭代至收敛的速度更快，耦合算法的优势是用更少的迭代实现收敛。

c. 针对瞬态计算：Coupled 算法的优势是鲁棒性好（尤其是大时间步长的情况），但如

果 time step 较小，PISO 算法有明显的优势。

d. SIMPLE 和 SIMPLEC 的算法基本是一致的，均可以求解稳态问题。SIMPLEC 理论优势是提升收敛速度，但带来的是欠松弛问题。所以，若求解相对简单的流动（层流，且不添加其他模型）时，SIMPLEC 可以快速获得收敛解，是比较好的选择。如果用 SIMPLEC 算法，压力校正的亚松弛因子通常设置为 1.0，这有助于加快收敛速度。然而，在某些问题中，将松弛下的压力校正增加到 1.0 可能会由于高网格偏斜而导致不稳定。对于这种情况，需要使用一个或多个偏度校正的方法，可以稍微下调欠松弛因子（最多到 0.7），或使用 SIMPLE 算法。但是，若求解湍流以及附加了其他物理模型的复杂流动，SIMPLE 和 SIMPLEC 的收敛速度差别不大。

e. 对于所有的过渡流动计算，以及具有大时间步长的瞬态计算，强烈推荐使用带 Neighbor Correction 的 PISO 算法。PISO 算法可以在较大的时间步、设置 Pressure 和 Momentum 松弛因子为 1.0 时保持稳定计算。但是，使用 LES 湍流模型的问题（通常用较小的时间步长）和稳态计算中，PISO 算法没有明显优势，建议使用 SIMPLE 或 SIMPLEC。而对于高度畸变网格的稳态和瞬态计算，建议使用带 Skewness Correction 的 PISO 算法。注意按照前文中设定动量和压力的亚松弛因子之和为 1.0。

2.5　电机温升及冷却介质测量技术

电机冷却的技术基础涉及传热学和流体力学两大学科。从这两个学科的视角来看，电机的通风冷却系统是一个复杂的气动力和传热系统，往往无法仅通过典型基础试验结果来全面描述。因此，必须借助模型和实机测试，以分析验证机组通风设计的正确性与合理性，发现并解决问题，为改进通风系统提供可靠数据，同时提升对电机通风冷却的认识，掌握其规律。这一切都离不开通风测试技术。此外，水、油流量的测量对于电机冷却（如定子、转子、轴承等）同样具有重要价值。

电机冷却的目标是控制电机各部分的温度在规定范围内，使之符合标准，并保证相应部分的温度分布均匀。这有助于延长绝缘材料的使用寿命，确保电机能够长期安全运行。因此，精确地测量电机各部分的温度成为监控电机运行和分析故障原因的重要手段。同时，在电机试验中，也需要测量相关试验点的温度，以评估各种通风系统的冷却效果。

2.5.1　电机温度测量仪器

温度，作为反映物体冷热程度的状态参数，是对物体热状态的一种量化表征。在物理学中，温度与分子运动的平均能量大小密切相关。当物体温度升高时，其内部分子运动加剧，平均能量增大。

温度测量的基本原理在于，物质的某些物理量，如体积、电阻、热电势和表面辐射能等，均随温度的变化而发生相应变化。在特定条件下，这些物理量与温度之间存在一一对应的关系。因此，通过测量这些物理量的变化，可以实现对温度的准确测量。

在我国，法定的温度计量单位分为两种：

（1）"1968 年国际实用温标"，以热力学温度为基础，也称绝对温度。基本符号为 T，温度单位为开尔文 K。该温标定义一开尔文等于水的三相点热力学温度的 1/273.15。

（2）"摄氏温标"，基本符号为 t，温度单位为℃。该温标定义摄氏一度等于水的一沸点与冰点之间水银柱高度的 1/100。水的沸点为 100℃，冰点为 0℃，绝对零度为 -273.15℃。

常见的温度测量设备包括玻璃管液体温度计（填充水银或酒精）、电阻式温度计（热电偶探头及显示仪表）、热电偶温度计（热电偶探头及显示仪表）、双金属温度计、压力式温度计以及各类半导体温度计等。为确保温度的准确测量，通常需要将仪器的一部分元件与电机的发热部件整合在一起。

（1）玻璃管液体温度计系依据工作液体受热膨胀原理进行测量。常见类型包括酒精温度计（测量范围为 $-75 \sim 120$℃）和水银温度计（测量范围为 $-35 \sim 500$℃）。工业用水银温度计精度为 ± 1℃，在使用过程中，应确保液柱高度全部置于被测介质中，避免测量固体表面温度，否则可能产生 3℃ 以上的测量误差。实验室精密级棒式温计刻度可达 0.1℃。为保证精度，液泡体积较大，因而时间常数较高，大约为 10min。在使用过程中，必须保持全浸和充足的稳定时间，否则测量精度可能低于工业用温度计。

（2）电阻式温度计是一种基于导体或半导体电阻值随温度变化特性来测量温度的设备。它主要出电阻元件、连接导线和测量仪表构成。电阻式温度计以其简单、灵敏和稳定的特性，成为最为普及的电测温度的方法。根据电阻元件的差异，电阻式温度计可分为金属热电阻温度计和半导体电阻温度计两类。

热电阻元件的制作材料需具备较高的化学稳定性、良好的复制性、较小的热容量、较大的温度系数、良好的线性电阻值温度变化特性、低成本和坚固的材质。在纯金属中，铜、铂、镍是制造热电阻元件的理想材料。在工业生产中，铂热电阻和铜热电阻应用最为广泛。对于铜热电阻，需 100℃ 和 0℃ 的电阻比 $R_{100}/R_0 \geqslant 1.425$；而对于铂热电阻，需电阻比 $R_{100}/R_0 \geqslant 1.391$。

传统工艺生产的热电阻体积较大、热容量较高，其时间常数不低于 10s。在电机领域，应用的热电阻元件最小尺寸为 $7mm \times 40mm \times 1.5mm$。而采用先进的光刻、金属溅射等工艺方法生产的微型铂热电阻片，尺寸仅为 $5mm \times 10mm \times 0.3mm$，时间常数约为 0.3s。此类热电阻片的基底材料为具有优良绝缘性能的玻璃陶瓷，电阻值可调整至 $100 \sim 1000\Omega$，适用于各类仪表线路。因此，微型铂热电阻片具有广阔的应用前景。

半导体材料普遍具备电阻率随温度显著变化的特性。这是由于半导体依赖载流子导电，而载流子在热分子运动的激发下，数量随温度升高而增加，从而导致电阻率迅速降低。在测温领域，重金属氧化物烧结的共熔体热敏电阻表现出极高的负电阻温度系数，其值约为金属正电阻温度系数的 10 倍，因此是一种理想的温度敏感电阻材料。

鉴于制造工艺及结构、材料等因素，热敏电阻的长期稳定性相对较弱。因此，为确保其性能稳定，热敏电阻需经过高温老化筛选。在使用过程中，热敏电阻的工作温度应低于老化温度 30K，以实现年稳定度控制在 1% 以内。相应的温度误差在 $0.5 \sim 1$K。然而，由于热敏电阻存在上述不足，使其暂不能替代金属热电阻用于长期监测电机温度。

2.5.2　电机转子温度测量

电机转子温度测量的实现相较定子而言困难许多，目前尚无完善的仪表可供使用。长久以来，制造和使用大型电机的过程中，均需针对电机转子的温度分布进行具体分析。尤其是电动机启动以及发电机负序电流承受能力等问题，皆受到转子温度的影响。随着现代科学技术的不断发展，适用于各种测量需求的不同电机转子温度测量装置应运而生。以下将针对转子温度测量的难题，介绍几种实际可行的测量方法。

转子温度测量的困难主要体现在两个方面：一是从旋转至静止的测量部件间的信号引出连接。在电机强大的电磁干扰环境下，要保持足够的测量精度和所需的测点数目。二是置于转子上的测量元件、引线等，需具备本身及安装所需的机械强度和抗震能力，以确保其可靠运行。

可以通过测量转子线圈的电阻值估算转子线圈的平均温度。转子线圈的电阻可以根据其电压和电流计算得出，因此，以下方法可以用于测量转子线圈的平均温度：

（1）在转子处于冷态时，采用双臂电桥测量转子线圈在冷态温度下的电阻值。冷态是指转子各部件的温度与环境温度相等。在电机安装过程中，这项测量应在首次启动机组前进行。在运行后停机时，机组需停机约 30min，使电机处于冷态后进行该项测量。

（2）电机运行时，可测量转子励磁滑环上的直流电压降，并通过分流器和毫伏表测量转子线圈的电流，进而计算转子线圈的电阻值。由于电阻值随温度变化较小，测量需准确。测量电压时，常用铜辫制成的测量棒接触滑环，以消除电刷接触压降，从而降低测量误差。电机运行时，转子电流会频繁变化，因此要求读数迅速，且电压和电流需同时读取。为减小测量误差，一般在每个测量点进行重复读数两三次，将各次测得的电阻值取平均值作为该测量点的测量结果。

（3）电阻法是我国国家标准中规定的测量转子温度的主要方法，该方法便捷、可靠，但要求测量者协同配合、读数迅速且准确。此外，测量过程中需靠近旋转部件，因此应注意安全。

利用无线电技术或光电传输技术进行转子温度信号的传递，可以避免使用滑环等接触式引出装置。由于这类无接触测量设备均配备转子变换发射器，其必然需要电源供电。为实现完全无接触的测量系统，必须配备无接触的供电电源。为了简化旋转供电装置，应尽可能降低转动部分所需的电功率。通常，当电功率约为 10W 时，可通过开口变压器直接向旋转的二次侧线圈感应供电。随后，通过通用的整流、稳压集成电路，可为各类半导体电路提供所需的直流电。

2.5.3　电机定子温度测量

各种测量定子线圈温度方法中，测温元件均置于铜线绝缘外部，与制线无直接接触。因此，测温元件所测得的温度与实际铜线温度（简称铜温）存在一定差异。这种差异通常称为绝缘温降，其数值受绝缘等级、测量位置以及测温元件埋设状况等因素影响，难以给出精确值。虽然绝缘温降可以计算，但计算结果往往高于实测值。

为了直接测量铜温，需要将测温元件紧贴铜线表面，从而形成了带电测量定子线圈铜线温度的方法，也称为带电测温。由于定子线棒电压较高，带电测温具有其特殊性。带电测温可分为两种：带电测量定子线圈平均温度和带电测量定子线圈局部温度。

针对测量定子线圈的局部温度，可在线棒制作过程中，将测温元件置于待测股线之处，随后进行绝缘包裹、浸胶热压以及防晕处理。在制造过程中，需确保线棒的几何尺寸、绝缘性能及防晕能力符合设计要求，同时保障测温元件引线的完好无损。在埋设测温元件时，应避免位于冷风易渗入的位置，以防影响测盘的精度。测温元件可选用热电偶或热电阻，但使用热电偶进行测量时，需进行复杂的误差修正。

测温元件的引线可从线棒的一端或两端引出，穿过并头套的绝缘盒、塑料管，进入特制的绝缘盒中。该盒内装有接线柱，便于引出测量。绝缘盒固定在上机架或端罩上。

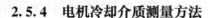

2.5.4 电机冷却介质测量方法

风速测量在通风试验中占据重要地位，同时也是研究电机内部冷却气体流场的关键方法之一。通过测量电机内各点的风速，可以获得风速分布，进而计算出各区域的风量。风量测量的目标在于判断电机各部分的风量是否满足冷却需求，以确保电机各部分的温升控制在规定范围内。

采用在流场中某一位置安装速度探针，通过其感知该处动压头，以测量流体微团在该点的运动速度（包括大小和方向）的方法，测量流体速度。在应用此方法时，通常选用在特定马赫数下通用的典型探针作为其他测速仪器的校准基准。在亚音速范围内，这种典型标准探针被称为皮托（Pitot）管。

叶轮式风速计，又称机械式风速计，因其广泛应用和便捷性而受到青睐。其工作原理：当流体通过叶轮时，其动能被转化为叶轮的机械能，进而驱动叶轮旋转。因此，在使用叶轮式风速计时，需对读数进行介质压力和温度的修正，以校准实际速度值。

叶轮所感知的是作用于其平面上的动压力。经试验发现，当气流与叶轮平面的法线偏差一个角度时，读数将遵循余弦规律发生变化。因此，在风速计沿被测截面平移测量时，若来流偏角小于20°，则可忽略误差。这一显著优点使得叶轮式风速计在大截面平均流速的测量中具有广泛应用。通过对积测值的计算，除以积测时间，便可获得截面平均流速。

基于气流在经过发热体时，其散热功率或发热体温度与气流速度之间的关联原理，利用电热元件制作的各类电测风速或流量仪器被称为热电式风速计。这类仪器具备便于电测、灵敏、造型灵活以及尺寸小巧等共同优势，因此在实际应用和模型试验中得到了广泛运用。

热敏电阻风速仪的优势在于，其探测元件体积小巧、灵活；能耗较低，电源稳定易于调节，具备预应力检测功能；电阻变化率较大，测量灵敏度较高。然而，由于元件特性存在非线性、不一致性以及环境温度导致的"零点漂移"，测量精度受到一定程度的影响。目前，研究人员正致力于研制具有线性正、负电阻温度系数的热敏电阻，以期提升元件特性的一致性。

热量流量计是一种气体质量流量测量仪器，其原理基于空气定压比热容随温度变化较小。在恒定加热功率条件下，通过测量管内气体流经加热器前后的截面上平均温度差，从而确定该截面上的质量流量。

2.6 小　结

本章主要介绍了大型同步电机的传热分析方法，涵盖了流体网络法、热网络法、流热耦合分析法、数值分析法以及电机的温升和冷却介质测量技术等多个方面。流体网络法通过建立流体的网络模型，模拟流体在电机内部的流动情况，从而分析电机的传热性能。这种方法能够较为直观地展示流体在电机内部的流动路径和分布状态，为优化电机的冷却设计提供了依据。热网络法通过建立电机的热网络模型，将电机的各个部分视为热节点，通过热阻和热容等参数描述节点之间的热传递关系。这种方法能够较为准确地计算电机的温度分布，为电机的热设计提供了重要的参考。流热耦合法将流体的流动和传热过程进行耦合分析，能够更全面地考虑电机内部的传热和流动情况。通过流热耦合分析，可以更准确地预测电机的温度场和流场，为电机的优化设计提供有力的支持。数值分析法是一种数值计算方法，能够处理复杂的几何形状和边界条件。通过数值分析法，可以对电机的温度场进行精细化的计算和分析，为电机的热设计提供更为准确的数据支持。电机的温升及冷却介质测量技术是评估电机传热性能的重要手段，通过实际测量电机的温升和冷却介质的性能参数，可以验证传热分析方法的准确性和可靠性，并为电机的优化设计提供实验依据。

第3章 大型同步调相机机电暂态模拟与磁场计算

自20世纪70年代开始，我国在输变电系统中广泛使用调相机来稳定电网电压、提高供电质量以及减少输电线路的损耗。调相机是一种重要的电力设备，主要用于调节电网中的无功功率，以维持电压稳定。在远距离输电系统的终端，安装了一定数量的调相机，以应对电网的需求。调相机的作用是通过调节电网中的无功功率来控制电压[12]。在电力系统中，无功功率是指电力系统中产生的无功电流和电压之间的相位差所引起的功率。调相机可以通过调节电容器的容量和电感器的感抗来实现对无功功率的调节，从而稳定电网电压。

20世纪80年代，调相机作为无功补偿装置和输电系统电压和无功控制的主要手段广泛使用。调相机的出现填补了电力系统中无功补偿的空白，为电力系统的稳定运行和电压控制提供了重要支持。调相机的使用使得电力系统能够更好地应对负荷波动和故障情况，提高了电力系统的可靠性和稳定性。然而，随着电力电子技术的发展，静态无功补偿装置（SVC，STATCOM 等）逐渐取代了调相机组的地位[13]。静态无功补偿装置利用电力电子器件，能够更加精确地控制无功功率的流动，实现更快速、更灵活的无功补偿。相比之下，调相机组的调节速度和响应能力相对较慢，无法满足电力系统对无功补偿的快速需求。静态无功补偿装置具有体积小、响应速度快、调节范围广等优点，能够更好地适应电力系统的运行要求。它们能够根据电力系统的实际情况，精确地控制无功功率的流动，提高电力系统的稳定性和可靠性。此外，静态无功补偿装置还具备无功功率的动态响应能力，能够更好地应对电力系统中的瞬态和暂态过程。

国外调相机工程主要用于向电力系统提供稳态无功补偿，并提高系统的短路容量。调相机在国外的应用范围广泛，为电力系统的稳定运行和电能质量的提升做出了重要贡献。①用于稳态无功补偿。电力系统中的无功功率是电力系统运行中不可或缺的一部分，它对于维持电压稳定和电能质量具有重要作用。调相机能够根据电力系统的负荷变化，自动调整无功功率的输出，以维持电压的稳定性。②提高电力系统的短路容量。电力系统的短路容量是指系统在发生短路故障时能够承受的最大电流。调相机能够通过调节无功功率的流动，提高系统的短路容量。通过增加无功功率的注入或吸收，调相机能够改变电力系统的电压和电流相位差，从而提高系统的短路容量，增强系统的抗短路能力。③提高系统的运行特性和电能质量。例如，在电力系统中存在电压波动、电压不平衡、谐波等问题时，调相机可以通过调节无功功率的注入或吸收，提高电力系统的电能质量。

在特定的电力系统中，调相机可以发挥其独特的优势，稳定电网电压，提高供电质量。此外，调相机的技术也在不断发展，新型的调相机设备不断涌现，为电力系统的无功补偿提供了更多的选择。

调相机的应用不仅可以改善电力系统的稳定性，还可以提高新能源的利用效率。新能源发电具有间歇性和不稳定性的特点，传统的发电设备往往无法满足电力系统的需求。而调相机可以根据电力系统的实际情况，灵活地调整其输出，以适应新能源的变化。这样一来，新能源的利用效率可以得到提高，电力系统的供需平衡也可以得到更好地维持。此外，调相机的应用还可以提高电力系统的响应速度和稳定性。由于调相机可以实时地监测电力系统的频率和电压变化，并根据需要进行调整，因此可以更快地响应电力系统的变化。尤其是在面对新能源的快速波动时，对于提高电力系统的稳定性和可靠性非常重要。

同步调相机安装在换流站内用于稳定送受端系统电压，在电网电压波动时通过励磁系统控制，使调相机运行在过励或欠励的工况下，向电网发出或吸收无功功率。调相机长时间在额定工况下运行时，定子绕组、励磁绕组、铁心及其端部结构等会产生严重的发热问题。电网电压发生跌落故障时调相机应在短时内发出较大的无功，以支撑暂态过程中系统无功的突然改变，此时其工作环境更加严苛，电磁负荷急剧增加，发热问题更加严重；因此探究调相机在极限过励状态下运行时的温度变化十分必要[14]。

近年来，我国新能源和特高压直流技术的快速发展带来了电力系统网架结构和运行特性的巨大变化[15]。然而，这也给电力系统的电压稳定和动态无功支撑带来了严峻的考验。特高压直流输电系统的引入给电力系统带来了一系列新的问题，如系统动态无功不足、直流送端系统过电压和受端系统换向失败等。为了解决这些问题，国家电网公司于2015年9月启动了大容量新型同步调相机项目。新型调相机相比传统调相机在瞬时无功支撑能力、短时过载能力和暂态响应速度等方面有了巨大提升，表3-1给出大容量新型调相机工程布点情况。这些改进使得新型调相机能够更好地适应特高压直流输电系统的要求，提高电力系统的稳定性和可靠性。首先，新型调相机在瞬时无功支撑能力方面有了显著提升。瞬时无功支撑能力是指调相机在电力系统突发负荷变化时提供无功功率的能力。传统调相机在面对突发负荷变化时可能无法及时响应，导致电压波动和电力系统的不稳定。而新型调相机通过采用先进的控制算法和高性能的电子元器件，能够快速调节无功功率，有效地稳定电压，保证电力系统的稳定运行。其次，新型调相机在短时过载能力方面也有了显著提升。短时过载能力是指调相机在短时间内承受较大的负荷冲击而不损坏的能力。特高压直流输电系统的运行环境复杂，可能会出现瞬时的负荷冲击，传统调相机可能无法承受这种冲击而损坏。而新型调相机通过优化设计和采用高强度材料，能够在短时间内承受较大的负荷冲击，保证调相机的正常运行。此外，新型调相机在暂态响应速度方面也有了显著提升。暂态响应速度是指调相机在电力系统发生暂态事件时，调节无功功率的速度。传统调相机可能响应速度较慢，无法及时调节无功功率，导致电力系统的不稳定。而新型调相机通过采用高速控制器和优化的控制算法，能够快速响应暂态事件，调节无功功率，保持电力系统的稳定性。

表3-1 大容量新型调相机工程布点情况

电网	站名	容量（Mvar）	投运时间
华东电网	金华	2×300	2020.6
	奉贤	2×300	2021.3
	绍兴	2×300	未投运
	苏州	2×300	2021.6
	政平	2×300	2021.2
	南京	2×300	2018.12
	泰州	2×300	2018.10
	皖南	2×300	2019.4

续表

电网	站名	容量（Mvar）	投运时间
华北电网	南苑	2×300	未投运
	聂各庄	2×300	未投运
	临沂	2×300	2019.1
	锡盟	2×300	2019.1
华中电网	邵陵	2×300	2020.4
	湘潭	2×300	2018.2
	南昌	2×300	2021.6
东北电网	扎鲁特	2×300	2017.12
西北电网	天山	2×300	2019.12
	柴达木	3×300	2019.12
	酒泉	2×300	2019.8
	青海	4×300	2020.11
西南电网	拉萨	2×300	2021.12

　　首台全空冷新型调相机的投运，标志着我国在调相技术领域取得了重要突破。调相机在抑制换流站过电压或换相失败方面发挥了重要作用，同时提升了跨区输电能力，为支撑新增新能源消纳做出了重要贡献。换流站是电力系统中的重要组成部分，它起着将交流电转换为直流电或直流电转换为交流电的作用。然而，在电力系统运行过程中，由于各种原因，换流站可能会出现过电压或换相失败等问题，给电网的稳定运行带来威胁。为了解决这些问题，全空冷新型调相机应运而生。

　　全空冷新型调相机采用了先进的调相技术，通过调整换流站的相角，可以有效地抑制过电压的产生，保护电网设备的安全运行。同时，它还能够在换相失败时及时进行相位调整，确保电力系统的稳定运行。这些功能使得全空冷新型调相机成为支撑新能源大规模开发和推动能源结构转型升级的关键设备。新能源的大规模开发是我国能源领域的重要战略目标之一。随着可再生能源的快速发展，特别是风电和光伏发电的迅猛增长，电力系统对于新能源的消纳能力提出了更高的要求。全空冷新型调相机的投入使用，为电力系统提供了更加可靠和稳定的运行保障，有效地提升了跨区输电能力，使得新能源的大规模开发成为可能。此外，全空冷新型调相机还具备较高的智能化水平。它采用了先进的人工智能技术，能够实时监测电力系统的运行状态，并根据需要进行相位调整，以适应电力系统的变化。这种智能化的特点使得调相机能够更好地适应复杂多变的电力系统运行环境，提高了系统的自适应能力。

3.1　调相机工作原理及运行特性

3.1.1　同步调相机工作原理

同步调相机作为大规模无功功率补偿装置，在电网发生故障时具有强大的瞬时无功支撑和短时过载能力；其调节能力基本不受电力系统的影响，在动态无功补偿方面具有独特的优势。同步调相机主要工作在过励磁、空载励磁、欠励磁三种运行状态，根据输电系统送受端电压稳定情况，调相机通过励磁系统调节，使其工作在上述三种工作状态下，发出或吸收无功功率来维持电网系统的电压稳定。

目前输电系统电网电压近似于恒定值，同步调相机可视为空载运行的同步电动机，其稳定运行工况下有功功率将可视为恒定不变。同时调相机运行时电枢电阻损耗远远小于额定容量，故同步调相机在恒压电网中运行且不计电枢损耗时，有功功率 P_{em} 计算如下。

$$P_{em} = jU\frac{E_0}{X_t}\sin\delta = mUI\cos\varphi \tag{3-1}$$

式中：P_{em} 为有功功率；U 为定子电压；I 为定子电流；E_0 为电机电动势；$\cos\varphi$ 为电机功率因数；δ 为电机功角；X_t 为电机电抗。

调相机按照电动机规范，其电压方程如式（3-2）。

$$\dot{U} = \dot{E}_0 + j\dot{I}_a X_s \tag{3-2}$$

式中：$\dot{U}$ 为调相机电压；$\dot{I}_a$ 为调相机流入电枢绕组的电流；X_s 为调相机电抗；$\dot{E}_0$ 为调相机电动势。同步电机其励磁电流变化时电枢电流与励磁电流的变化曲线为典型的 V 型曲线（恒定有功功率），图 3-1 给出了同步电机的 V 型曲线。

同步调相机相较于普通同步电机具有特殊性，其从电网中吸收的有功功率完全用于克服自身的机械损耗与附加损耗，调相机在额定运行工况下其有功克服损耗占比不大于 1.4%，故视调相机功角约为 0。

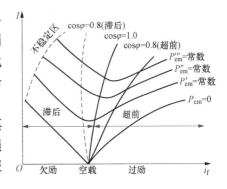

图 3-1 同步电机的 V 形曲线

图 3-2（a）给出了同步电机的电气关系相量图，调相机作为特殊的同步电动机，其工作状态分为过励磁、欠励磁与空载运行三种；图 3-2（b）、（c）分别给出了调相机典型过励磁与欠励磁两种工况下的电气关系相量图。当电枢电流超前于机端电压 90°时，同步调相机吸收电网中超前的无功电流，此时调相机处于过励磁状态；反之，当电枢电流滞后于机端电压 90°时，调相机工作在欠励磁状态并吸收电网中滞后的无功电流[16]。

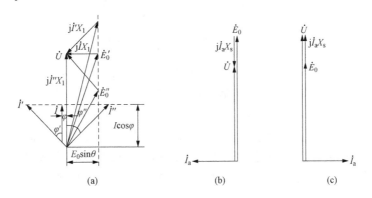

图 3-2 调相机与同步电机运行相量
(a) 同步电机；(b) 过励磁；(c) 欠励磁

3.1.2　调相机运行特性与关键技术参数

电网侧发生故障后其运行曲线按时间尺度可划分为次暂态、暂态、稳态三个过程。带有同步调相机的电网系统发生故障时调相机也可发挥次暂态、暂态、稳态特性，以此为电网系统提供动态的无功支撑。

同步调相机的 δ 约为零，故根据 $U_d=U\sin\delta$，$U_q=U\cos\delta$ 可知，d 轴电压约为 0。同步调相机输出无功功率可表示为

$$Q \approx U_q i_d \approx U i_d \tag{3-3}$$

电网系统发生故障时调相机的无功功率增量可表示为

$$\Delta Q = Q - Q_0 = U i_d - U_0 i_{d0} = U\Delta i_d + U\Delta i_{d0} \tag{3-4}$$

式中：ΔU 为高压侧母线电压变化量；U 为故障后电压值；Δi_d 为 d 轴电流增量；Δi_{d0} 为 d 轴电流初始值。

调相机的次暂态特性特点是在电网故障瞬间在保持电动势不变的情况下，可瞬间进行大规模的无功功率转换为电网电压提供大量的无功支撑；极大程度地减少了电网发生换相失败故障的概率。由于高压侧母线电压变化量与故障后电压值主要由电网架结构、系统容量与故障类型决定；故由式（3-4）知，调相机动态特性仅与故障时 Δi_{d0} 的响应密切相关。同时，电网故障阶段次暂态过程十分短暂，一般仅有十几至几十毫秒，故忽略此阶段励磁系统的调节作用。按照原始 Park（帕克）方程推导机端短路时的电枢电流表达式如式（3-5）所示。

$$\Delta i_d = \left[\left(\frac{1}{X_d''}-\frac{1}{X_d'}\right)e^{-\frac{t}{T_d''}} + \left(\frac{1}{X_d'}-\frac{1}{X_d}\right)e^{-\frac{t}{T_d'}}\right]U_{tq0}$$
$$+ \frac{U_{tq0}}{X_d} - \frac{U_{t0}}{X_d''}e^{-\frac{t}{T_a}}\cos(\omega t + \delta_f) \tag{3-5}$$

式中：U_{t0} 为故障前机端电压；U_{tq0} 为 U_{t0} 的交轴分量；δ_f 为故障前电机功角；X_d 为电机直轴稳态电抗，Ω；T_d'' 为直轴次暂态短路时间常数；T_d' 为直轴暂态短路时间常数。

当输电系统发生电网电压跌落故障时，高压侧母线电压变化量可表示为 $\Delta U=U-U_0$，若将从机端看出的等效系统阻抗视为同步调相机定子阻抗的一部分，则基于叠加原理与式（3-5）可得到不计励磁调节时调相机电枢电流增量表达式，如式（3-6）所示。

$$\Delta i_d = -\left(\frac{1}{X_d''+X_k}-\frac{1}{X_d'+X_k}\right)e^{-\frac{t}{T_{ds}''}} * \Delta U_q$$
$$-\left(\frac{1}{X_d'+X_k}-\frac{1}{X_d+X_k}\right)e^{-\frac{t}{T_{ds}'}} * \Delta U_q$$
$$+ \frac{e^{-\frac{t}{T_{as}}}\cos(\omega t + \delta)}{X_d''+X_k}\Delta U - \frac{\Delta U_q}{X_d+X_k} \tag{3-6}$$

式中：X_d'' 为直轴次暂态电抗，Ω；X_d' 为直轴暂态电抗，Ω；X_k 为升压变短路电抗，Ω；T_{as} 为反映定子绕组暂态的时间常数；ω 为调相机角速度；$*$ 为卷积符号。

调相机 Δi_d 中由稳态分量、直流分量与交流分量三部分组成；其中直流分量以 T_{ds}'' 与 T_{ds}' 的时间常数衰减至 $-\Delta U/(X_d+X_k)$；T_{ds}'' 为考虑系统阻抗时直轴次暂态短路时间常数；T_{ds}' 为计及系统阻抗时的直轴暂态短路时间常数。交流分量以 T_{as} 的时间常数衰减为 0。故整合式（3-6）并代入式（3-4）可得同步调相机在电网电压发生故障时向输电系统提供的无功功率，如式（3-7）所示。

$$\Delta Q = -U\Delta U/(X_d''+X_k) + \Delta U i_{d0} \tag{3-7}$$

由（3-7）可知，忽略升压变压器的影响，调相机的次暂态特性主要取决于直轴次暂态电抗 X''_d。其与同步调相机能够提供的次暂态无功功率呈反比，X''_d 值越小调相机次暂态过程中无功支撑能力越强。为了防止特高压输电系统换相失败故障，同时提供足量的瞬时无功支撑，新一代大型同步调相机中在设计时大大减小了 X''_d，保证了次暂态过程中的无功输出。

调相机具有暂态输出特性，即强励特性。当输电发生故障导致电网电压跌落时，在极短时间内调相机发挥其次暂态特性以防止换相失败故障的发生，此时其强励特性并没有真正作用，在进入到暂态过程时调相机凭借励磁系统的调节进一步为输电系统提供无功支撑。上述分析次暂态过程的无功支撑过程主要依靠于调相机自身对电压变的抑制作用，而暂态过程中励磁系统的调节起到主要作用。在暂态分析中为简化计算，忽略阻尼绕组与电枢绕组的暂态过程。简化后调相机直轴暂态方程如下

$$E'_q = U_q + X'_d i_d + X_k i_d \tag{3-8}$$

$$T'_{d0} \frac{dE'_q}{dt} = E_f - E'_q - (X_d - X'_d) i_d \tag{3-9}$$

式中：E'_q 为交轴暂态电动势；U_q 为 U 的交轴分量；就调相机而言 $U_q = U$。

由式（3-8）求解出 i_d 并带入（3-9）中，写为增量形式并做拉氏变换，如式（3-10）所示

$$T'_{d0} \frac{d\Delta E'_q}{dt} = \Delta E_f - \frac{X_d + X_k}{X'_d + X_k} \Delta E'_q + \frac{X_d - X'_d}{X'_d + X_k} \Delta U \tag{3-10}$$

调相机采用静止励磁系统励磁，为简化分析将其视为简单惯性控制环节，故励磁电动势增量为

$$\Delta E_f = \frac{-K_A}{1 + T_e s} (\Delta U + \Delta i_d X_k) \tag{3-11}$$

式中：K_A 为励磁系统放大倍数；T_e 为励磁系统时间常数，其值通常小于 0.01s，故忽略 T_e 并将式（3-11）代入式（3-10）中，整理可得

$$\Delta E'_q = \frac{-[K_A X'_d - (X_d - X'_d)] \Delta U}{(X'_d + X_k) T'_{d0} s + X_d + X_k + K_A X_k} \tag{3-12}$$

将式（3-8）求解出的 i_d 表示为增量形式可得

$$\Delta i_d = \frac{-[K_1 (K_A + 1) - 1] \Delta U}{(K_1 T'_{d0} s + 1)(X'_d + X_k)} + \frac{-\Delta U}{(X'_d + X_k)} \tag{3-13}$$

其中 K_1 可表示为

$$K_1 = \frac{X'_d + X_k}{X_d + X_k + K_A X_k} \tag{3-14}$$

式（3-13）由卷积定理可得其时域内表达式为

$$\Delta i_d = -f(t) * \Delta U + \frac{-\Delta U}{(X'_d + X_k)} \tag{3-15}$$

函数 $f(t)$ 可表示为

$$f(t) = \frac{K_1 (K_A + 1) - 1}{X'_d + X_k} (1 - e^{\frac{-t}{K_1 T'_{d0}}}) \tag{3-16}$$

由式（3-16）可知，电网故障后暂态过程中函数 $f(t)$ 与调相机输出无功电流能力呈正相关，与 T'_{d0} 呈负相关；而其他变量对函数 $f(t)$ 的影响不易得出结论。为此对 $f(t)$ 进行变量灵敏度分析，灵敏度大于零则表明 $f(t)$ 是该变量的增函数，反之为减函数。通过分析 $\partial f(t)$

对 X_d'、X_d、X_k、K_A 的灵敏度发现，$\partial f(t)/\partial X_d$ 与 $\partial f(t)/\partial X_k$ 在整个时间域内其值始终小于零，而 $\partial f(t)/\partial K_A$ 值始终大于零；这表明 X_d、X_k 与调相机暂态无功输出能力呈负相关，其值越小越有利于提高调相机暂态输出能力，而励磁放大倍数 K_A 越大对提高调相机暂态输出能力越有利。调相机在实际设计中 $X_d' > X_k$，故得出结论为：X_d' 对于提高小扰动初期的无功支撑呈负相关，而 X_d' 与提高小扰动后期的无功支撑呈正相关。

当机端电压下降较为严重时，调相机会通过励磁系统调节进入强励磁运行工况，此时励磁系统感应电动势增量可表达为

$$\Delta E_{fm} = K_M U_t - E_{fm0} \tag{3-17}$$

式中：K_M 为系统的灵敏度系数或调节系数；ΔE_{fm} 为励磁系统感应电动势增量；U_t 为调节输入电压；E_{fm0} 为基准励磁电动势。

确定强励磁工况下定子电流增量为

$$\Delta \dot{i}_d' = \frac{[K_2(K_M-1)+1]\Delta U}{(K_2 T_{d0}' s + 1)(X_d' + X_k)} + \frac{-\Delta U}{(X_d' + X_k)} \tag{3-18}$$

其中 K_2 可表示为

$$K_2 = \frac{X_d' + X_k}{X_d + X_k - K_M X_k} \tag{3-19}$$

将式（3-18）中与强励倍数相关部分开展拉氏逆变换得到函数 $q(t)$，其表达式为

$$q(t) = \frac{K_2(K_M-1)+1}{X_d' + X_k}(1 - e^{\frac{-t}{K_2 T_{d0}'}}) \tag{3-20}$$

同理对 $q(t)$ 进行变量灵敏度分析，结果表明在调相机强励磁状态暂态过程期间，X_d' 与其无功支撑能力呈负相关；K_M 与其无功支撑能力呈正相关。而 X_d 则与强励磁初期无功支撑能力呈正相关，与后期无功支撑能力呈负相关。

同步调相机无功支撑能力主要取决于电机直轴参数。其稳态无功输出能力主要由 X_d 决定，其值越小则进相能力越强；暂态无功输出特性由 X_d 与 X_d' 共同决定，两者选择较小的值则有利于提高调相机暂态无功输出能力；次暂态无功输出又由 X_d'' 与 X_k 决定，二者之和越小调相机瞬时无功支撑能力越强[17]。

3.2 大型同步调相机机网暂态模拟

3.2.1 调相机接入高压输电系统暂态模型建立方法

通过模拟 300Mvar 同步调相机接入电网后电压发生跌落并对其机电暂态过程的分析，可以得到调相机在极限运行下的工作状态。建立的 300Mvar 同步调相机接入高压直流输电系统仿真模型，如图 3-3（a）所示。同步调相机接在电力系统受端，调相机封装模块具体电路连接如图 3-3（b）所示。图 3-3（a）中整流源侧为高压直流输电系统输送端，逆变源侧为受端；此算例模拟调相机接入系统受端。

系统还包括整流站、逆变站与输电线路等效模块。两侧换流站均为 12 脉动换流桥（双6 脉冲电桥串联），同时配有滤波器组与固定电容进行无功补偿，受端的固定电容被调相机模块替代。输电系统仿真模型中同步调相机模块系统包括同步调相机、励磁模块、主变压器、输电线路等值模块与故障模块。

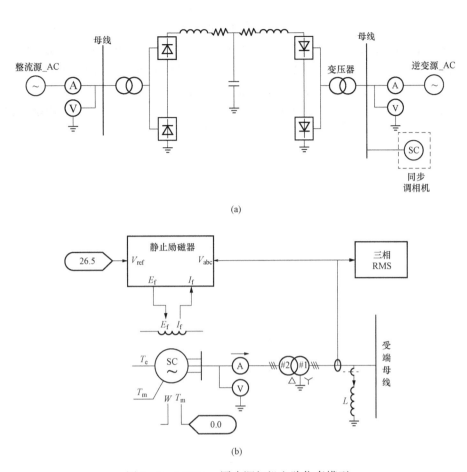

图 3 - 3　300Mvar 同步调相机电路仿真模型

（a）高压直流输电系统仿真电路模型；（b）受端同步调相机封装模块电路

调相机在建立时将其视为不带有机械负载的同步电动机，并借助 PSCAD 电磁暂态分析软件对其进行参数设计，根据电抗参数分析结论并参考实际制造能力，新一代大型同步调相机一般要求直轴次暂态电抗小于 0.14、直轴暂态电抗小于 0.18、直轴电抗小于 1.8。300Mvar 同步调相机主要技术参数见表 3 - 2。

表 3 - 2　　　　　　　　　　　　　300Mvar 同步调相机主要技术参数

参数	数值	参数	数值
额定容量	300Mvar	惯性常数	1.988s
额定电压	20 kV	X_d	1.505p. u.
定子额定电流	8660A	X_d'	0.124p. u.
额定励磁电流	2381A	X_d''	0.104p. u.
空载励磁电流	891A	X_q	1.484p. u.
额定频率	50Hz	X_q'	0.24p. u.
额定转速	3000rad/min	X_q''	0.107p. u.

同步调相机通过主变压器与无穷大电网连接，其励磁系统通过捕捉无穷大电网电压变化

进而通过励磁控制调相机机端电压，此时调相机发出或吸收无功功率以保证电网电压的稳定。励磁系统作为调相机工况调节主要的控制系统，对调相机与电网的安全稳定运行起着十分重要的作用。同步调相机的励磁系统在电网电压波动时，使用励磁机来捕捉系统电压变化，将其反馈到同步调相机励磁端。用于调节同步调相机的励磁，使调相机根据电网的实际需求在不同状态下工作，确保母线电压保持在稳定值。调相机励磁系统，传递函数如图 3-4 所示，图中 EXST 为外部扰动，FLD 为励磁场，EFD 为励磁电压，具体参数见表 3-3。

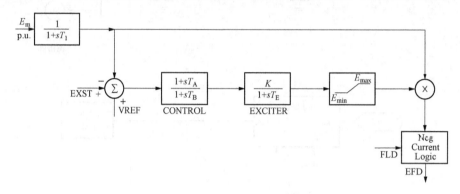

图 3-4　调相机励磁系统传递函数

表 3-3　　　　　　　　　　　　　　励磁系统主要参数

参数	数值	参数	数值
额定电压	11.55kV	超前时间常数 T_A	0.1s
额定电流	8.66kA	滞后时间常数 T_B	0.2s
惯性时间常数 T_1	0.001s	惯性时间常数 T_E	0.065s

3.2.2　电网电压跌落下调相机暂态响应

当电网发生电压跌落故障时，调相机励磁系统捕捉到机端电压降行为后通过励磁调节环节增加励磁电流激励，瞬时提供无功支撑。为分析同步调相机多路通风冷却系统散热能力与流—热演变机理，故需考虑调相机极限运行工况。调相机在欠励磁运行阶段其电枢电流与励磁电流均小于额定过励磁工况，易知调相机欠励磁工况下整体温升要小于额定运行工况，故在分析调相机通风冷却系统散热能力时仅考虑过励磁运行状态。

将调相机接入 525kV 高压直流输电系统，为得到调相机极限过励磁运行工况下运行特性，模拟电网电压跌落至 0.6p.u.（315kV）得出调相机输出特性。在 5s 激活故障模块使电网电压发生跌落故障并保持故障运行 15s，此时调相机进入极限过励运行状态；机端电压随故障突然跌落，静止励磁器检测到机端电压的下降即进入强励状态；励磁电流与电枢电流随之突增以提高调相机的无功功率。此阶段的暂态仿真特性曲线如图 3-5 所示；图 3-5（a）为机端电压随时间变化曲线；图 3-5（b）为转子励磁电流随时间变化曲线；图 3-5（c）为定子电枢电流随时间变化曲线。

在故障发生时机端电压随电网电压突然跌落至 16.12kV（$0.8U_N$），此时励磁系统检测到机端电压的降低，调相机进入强励磁状态，调相机感应电动势增加进而提高了机端电压，同时电枢电流与励磁电流增加。由于故障并未消除，调相机工作在极限过励磁工况并持续运

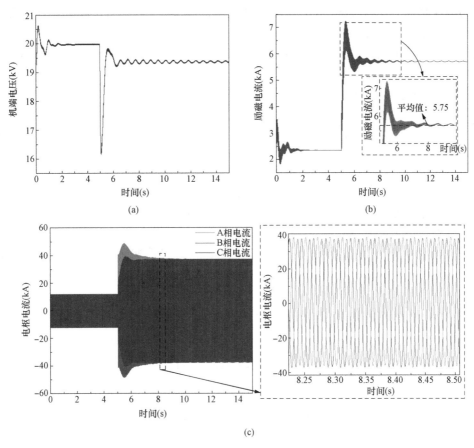

图 3-5 系统电压跌至 0.6p.u. 时调相机暂态特性

(a) 机端电压；(b) 励磁电流；(c) 电枢电流

行；此时励磁电流故障后变化为 5.75kA；电枢电流故障后的平均值变化为 37.25kA；以此阶段电枢电流与励磁电流值作为调相机极限过励运行工况的励磁源。

3.3 大型同步调相机电磁分析

3.3.1 大型发电机二维电磁场分析模型

有限元法是一种数值分析方法，广泛应用于工程领域，包括对大型同步调相机的分析。在分析大型同步调相机时，有限元法可以通过将结构离散化为有限数量的小单元，然后利用数学模型和计算方法对每个小单元进行计算，最终得到整个结构的力学行为和性能。有限元法的应用可以带来多个好处和作用。首先，有限元法可以用于电磁场优化设计，即通过改变结构的几何形状、材料属性或电磁参数等，来优化电磁场分布和性能。通过参数化分析和优化算法，可以找到最佳的设计方案，以满足特定的电磁要求和性能指标。其次，大型同步调相机通常包含多个电磁元件，如端部绕组、励磁绕组等。有限元法可以考虑这些元件之间的电磁场耦合效应，即它们相互之间的相互作用。通过模拟和分析，可以评估电磁场耦合对结构性能的影响，如电磁力、电磁感应等。此外，有限元法还可以进行参数化分析和优化设计。通过改变结构的几何形状、材料属性或边界条件等参数，可以评估不同设计方案的性能差异，并找到最佳设计方案[18]。

图 3-6 给出了电磁场分析软件 Electromagnetics Suite 的操作界面，操作界面主要有 6 个工作区域。

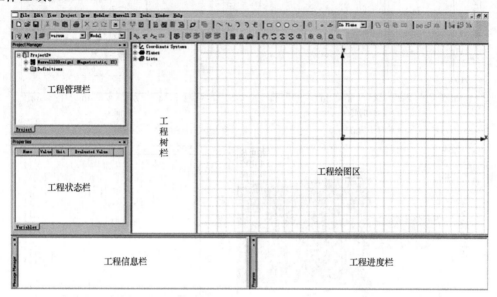

图 3-6　软件操作界面

根据 3000Mvar 大容量同步调相机结构，建立其直线段二维电磁场分析模型，如图 3-7 所示。

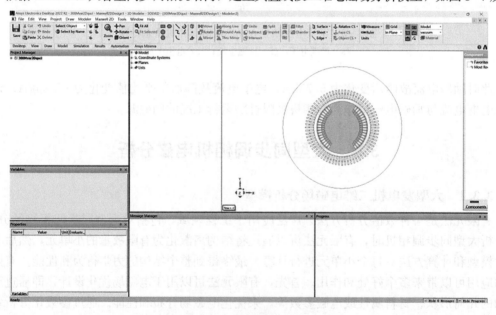

图 3-7　300Mvar 同步调相机二维分析模型

在模型建立完成后，为了准确地描述电机的实际结构，需要对模型中的各个结构件进行材料赋值，并赋予相应的材料属性。这个过程可以通过添加材料及赋值过程来完成，如图 3-8 所示。当系统中存在已知材料时，可以直接选择相应的材料属性进行赋值。然而，对于系统中不存在的材料，需要手动添加材料属性。这包括确定材料的物理特性，如密度、弹性模量、热导率等，并将这些属性与已有的材料库进行对比，以找到最相似的材料进行赋值。在添加材料属性时，需要仔细考虑材料的特性与实际情况的匹配程度，以确保模型的准确性和可靠性。通过这个过程，可以使模型更加贴近实际情况，为后续的分析和优化提供准确的基础。

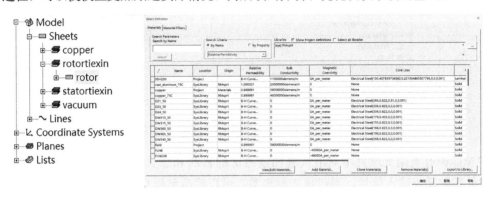

图 3-8　添加材料及赋值

在 Maxwell 有限元软件中设置电机转子旋转的意义是为了模拟电机在实际运行中的旋转运动。电机转子的旋转是电机工作的核心部分，通过模拟转子的旋转，可以更准确地分析电机的性能和行为。具体来说，设置电机转子旋转可以有助于分析和设计磁场分布、动态响应、效率和损耗。通过模拟转子旋转，可以观察磁场在不同位置和时间的变化，分析电机在不同转速下的动态响应，评估电机在不同转速下的效率和损耗，从而优化电机的设计和运行参数。图 3-9 给出了调相机转子旋转设置流程，选定电机转子后设置旋转方向和转速，电机转速为 3000rad/min。

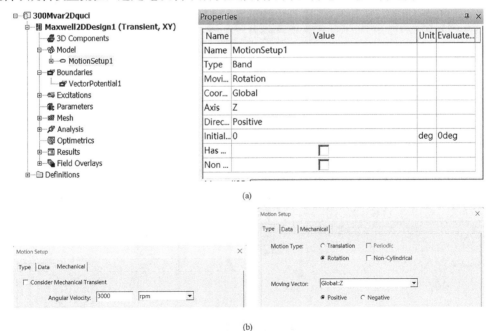

图 3-9　调相机转子旋转设置过程

（a）调相机旋转模块；（b）旋转角度和方向设置

调相机求解域需要设置边界，图 3-10 给出了边界设置流程。

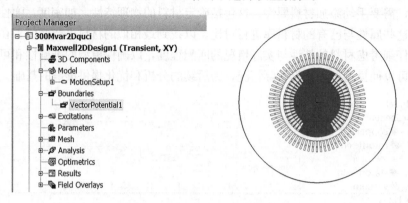

图 3-10　调相机边界设置

在 Maxwell 有限元软件中对电机施加励磁源的目的和意义是模拟电机在实际工作中所受到的外部激励或输入信号。通过施加励磁源，可以模拟电机在不同工况下的工作状态，进而分析电机的性能和行为。具体来说，施加励磁源可以用于电机特性分析，包括转矩—转速曲线、电流—转速曲线等；动态响应分析，评估电机的动态性能和振动等；以及效率和损耗评估，计算电机的能量转换效率和热量产生等。通过在 Maxwell 有限元中对电机施加励磁源，可以模拟电机在不同工况下的工作状态，进而分析电机的性能、动态响应和效率等方面的特性，为电机的设计和优化提供重要的参考和指导。图 3-11 给出了电机励磁源设置流程，首先按照电机绕组实际排布情况设置三相绕组，根据电机运行情况施加合理的电流激励。

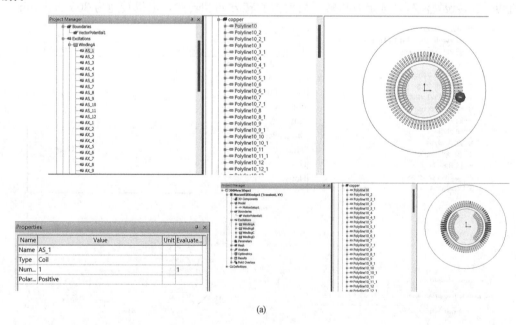

(a)

图 3-11　电机激励设置（一）

(a) 三相绕组设置

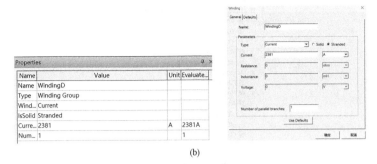

(b)

图 3-11　电机激励设置（二）

（b）激励电流设置

　　采用有限元法对发电机二维电磁场进行分析，首先需要对模型进行网格离散，网格数量和质量不仅影响计算的精度和计算成本，在保证计算精度的前提下尽可能地降低网格数量，有助于降低计算时间和计算资源，提高计算效率。如图 3-12 所示为网格离散设置。

图 3-12　网格设置

　　网格设置完成后，需要对求解模块进行设置，包括瞬态计算时间和步长。根据电机极对数和转速合理的设置时间步长可以使得计算更为准确。如图 3-13 所示为求解模块设置。

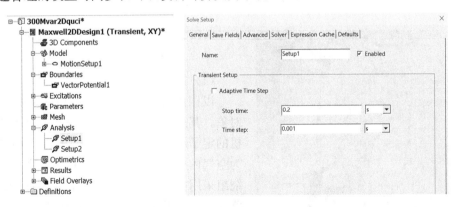

图 3-13　求解模块设置

　　模型计算完成后，在 Results 模块中对计算结果进行提取分析，如图 3-14 所示。

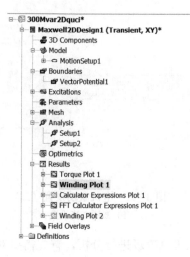

(a)

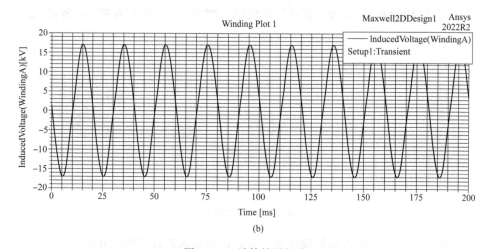

(b)

图 3-14 计算结果提取
（a）Results 模块；（b）电机单相电流

图 3-15 300Mvar 同步调相机

3.3.2 大型同步调相机二维瞬态电磁场计算

（1）二维电磁场模型建立。

以国内首台大容量 300Mvar 调相机为研究对象，其采用的空气密闭式循环通风系统为调相机的定子绕组和定子铁心空气外冷，而转子绕组为空气内冷，定子采用多路径向通风，转子本体绕组采用斜副槽径向通风、转子端部绕组采用 2 路加补风的通风结构。这种全空冷系统降低了调相机本体及其辅助系统的复杂性，为调相机运行和维护提供了极大的方便，300Mvar 全空冷大型同步调相机的结构如图 3-15 所示。

QFT-300-2型空冷同步调相机具备较强过载能力且无功功率输出受电网系统电压影响较小，发无功的能力不会随着电网系统电压跌落而下降，在强励磁状态下可以短时间内发出超过额定容量的无功功率，且能够对持续时间较长的电网系统故障提供较强的无功功率支撑，其主要技术参数有额定工况下的参数、主要结构参数和其他一些性能指标参数。调相机的基本参数见表3-4，相关尺寸见表3-5。根据300Mvar调相机的实际结构及实际尺寸参数，建立了调相机二维电磁物理模型，如图3-16所示。

表 3-4　　　　　　　　　　　　　300Mvar 调相机基本参数、方式

额定参数/方式	数值/形式	额定参数/方式	数值/形式
额定容量（Mvar）	300	额定励磁电压（V）	323
定子额定电流（A）	8660	额定励磁电流（A）	2381
定子额定电（kV）	20	额定频率（Hz）	50
额定转速（rad/min）	3000	相数	3 相
接线方式	Y	冷却方式	空冷

表 3-5　　　　　　　　　　　　　300Mvar 调相机相关尺寸

结构	数值	结构	数值
定子内径（mm）	1412	转子外径（mm）	1270
定子外径（mm）	2950	转子分度槽	56.5
定子槽数	72	转子槽数	36

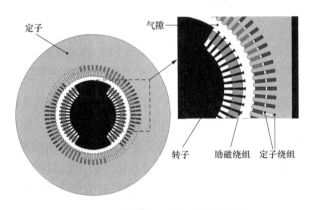

图 3-16　调相机二维电磁物理模型

　　（2）空载和额定工况下调相机端部二维电磁场分析。

　　通过对调相机二维电磁场模型求解，得到了调相机在额定工况下的磁力线及磁通密度矢量分布如图3-17所示。

　　从图3-17可以看到调相机磁力线呈两磁极对称分布且转子侧磁力线较为密集，磁通密度矢量走向正确且转子位置磁通密度较强。图3-18（a）和图3-18（b）分别是调相机在空载和额定工况下的磁通密度分布，从图3-18可以得出，空载工况下，定子绕组电流为零，故空载磁场仅由空载励磁电流产生，空载磁场最大磁通密度为2.18T。额定工况下，电机磁场由励磁电流和定子绕组电流共同作用产生，额定工况下磁场最大磁通密度为2.56T。由两

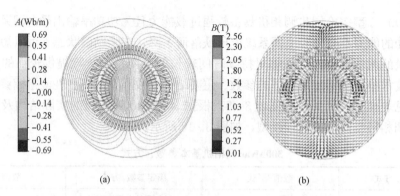

图 3-17　调相机二维模型额定工况磁力线及磁通密度矢量分布

（a）调相机额定工况磁力线分布；（b）调相机额定工况磁通密度矢量分布

种不同工况下磁场对比分析可得到，额定工况下的最大磁通密度较空载工况下的最大磁通密度大，空载和额定工况的最大磁通密度位置均位于转子槽表面上，且转子区域的整体磁通密度高于定子区域的整体磁通密度。

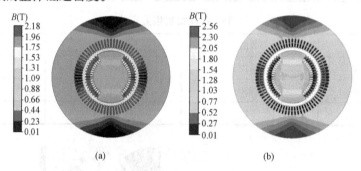

图 3-18　300Mvar 同步调相机不同工况磁通密度

（a）调相机空载工况磁通密度；（b）调相机额定工况磁通密度

取半径 $R=675\text{mm}$ 的圆周，图 3-19（a）和图 3-19（b）分别是调相机在空载和额定工况下的径向气隙磁通密度分布。300Mvar 调相机的转子是一对极，故呈现一个周期的对称分布，由图 3-19（a）可以得到，空载工况下其正半轴气隙磁通密度最大值为 0.883T，负半轴气隙磁通密度绝对值最大值为 0.876T。由图 3-19（b）可以得到额定工况下其正半轴气隙磁通密度最大值为 1.029T，负半轴气隙磁通密度绝对值最大值为 1.121T。受转子分度槽影响，径向磁通密度值在转子槽口处有所波动，但波动较小且无论是空载还是额定工况波形都近似呈现平顶波。

3.3.3　调相机三维电磁场计算

（1）调相机三维模型建立。

同步调相机整体采用封闭式多路通风冷却系统，在保证调相机安全运行的同时，最大限度地降低了冷却系统的成本。300Mvar 全空冷密闭式大型同步调相机如图 3-20 所示。

CREO 是一款具有参数化技术、直接建模技术和三维可视化技术的 CAD 设计软件，利用 CREO 软件对调相机定子端部绕组进行参数化设计和三维物理建模，不仅能够使双层绕组的鼻端得以更好地处理，还能得到更为合理的调相机端部绕组三维模型，以及得到其他结

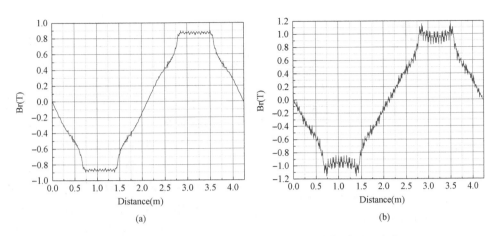

图3-19 300Mvar同步调相机不同工况径向气隙磁通密度

（a）空载工况下径向气隙磁通密度；（b）额定工况下径向气隙磁通密度

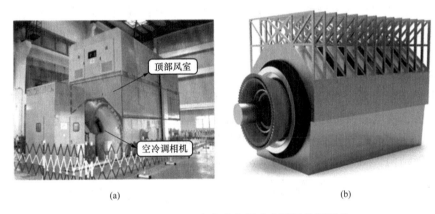

图3-20 300Mvar全空冷密闭式大型同步调相机

（a）实物照片；（b）3D拓扑结构

构件精准的三维模型。

调相机端部的定子绕组近似为篮式结构，它的渐开线部分轨迹是一个锥面上的空间曲线，若将该锥面展开，则该曲线为圆的一条渐开线。这种设计确保了定子绕组端部的升高、绕组节距及两条相邻绕组间的距离相等，从而使其电流相等及拥有等同的通风条件。调相机的定子共72槽，上下层绕组共跨越29个槽。

在CREO软件里用已知参数生成圆锥曲线，根据基圆半径大小，截取所需的弯曲段渐开线，进而通过过渡段连接到定子绕组直线段。根据定子绕组等效截面积大小，采用CREO软件的混合扫描操作得到了定子上下层绕组三维实体模型，最后将上下层绕组鼻端处理后用规则形状相连接。得到的定子单根双层绕组如图3-21（a）所示，得到的三维定子端部圆周绕组如图3-21（b）所示。

300Mvar调相机定子铁心是由高磁导率、低比损耗的硅钢片50W250冲制的扇形冲片叠装而成。为降低定子铁心损耗，进而降低调相机的温升，硅钢片涂有钢片绝缘漆。为防止定子铁心在调相机运行过程中因为振动而出现松动、噪声等危害机组安全的故障，要保证定子

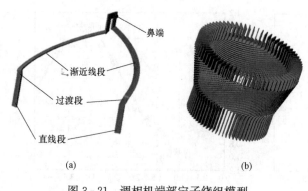

图 3-21 调相机端部定子绕组模型

(a) 定子单根双层绕组；(b) 定子端部圆周绕组

铁心的压紧结构可靠且合理。300Mvar 空冷同步调相机起压紧作用的压圈、压指能够使压力均匀地传递到定子铁心的齿部和轭部，防止因定子铁心轭部片间压力过大而造成齿部较松的风险。调相机端部采用了磁屏蔽和新型铜屏蔽双屏蔽结构，能够增大端部各处磁阻、减小磁通密度。新型铜屏蔽采用双台阶式，能够更好地利用其高电导率特性来抑制端部磁通进入到其所保护的凸形压圈、压指等结构件中。

同步调相机定子端部结构种类复杂，其端部铁心存在阶梯段部分用于减小铁心的漏磁通；阶梯段铁心外侧由近压指覆盖用于压紧铁心齿轭部分；近压指外侧为磁屏蔽用于磁场屏蔽；再外侧由远压指压紧屏蔽结构；压圈位于压紧结构最外侧用于固定端部结构；在其内侧存在铜屏蔽结构，通过自身感应形成的涡流场来屏蔽电机端部的漏磁场以达到减少进入其他端部结构漏磁的目的。

由于铜屏蔽结构为阶梯状态，故其内部涡流场分布并不均匀；导致铜屏蔽各部分损耗也不尽相同，为了使电磁损耗计算更为精确，在模型建立时将铜屏蔽划分为五段，具体划分如图 3-22（a）所示。此外压圈结构与铁心叠片结构同样分离建模，分为上压圈、下压圈、铁心齿与铁心轭结构。图 3-22（b）、(c) 分别为压圈与铁心结构的具体分离模块。

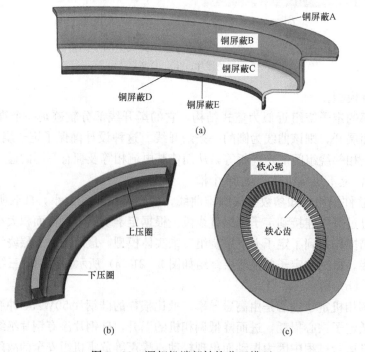

图 3-22 调相机端部结构分区模型

(a) 铜屏蔽结构分区；(b) 压圈结构分区；(c) 铁心结构分区

由于大型同步调相机端部结构较为复杂,在三维电磁场计算过程中,定子绕组中较大的电流和转子的励磁电流会在调相机端部形成一个合成漏磁场即定转子的端部效应。定转子的端部效应和定子齿压指、磁屏蔽、凸形压圈等端部结构件的实际几何形状和材料属性均会对计算结果产生的影响。为了保证计算结果的准确性,依据大型同步调相机端部实际结构,建立调相机端部的铜屏蔽、压圈、远铁心压指、磁屏蔽、近铁心长压指、近铁心短压指、定子铁心阶梯段、定子铁心直线段、护环、转子铁心、励磁绕组等结构件在内的调相机端部三维瞬态电磁场模型。将定子端部绕组及其他端部结构件按照实际位置装配,得到调相机端部三维模型如图3-23所示。同步调相机相关结构参数见表3-6。

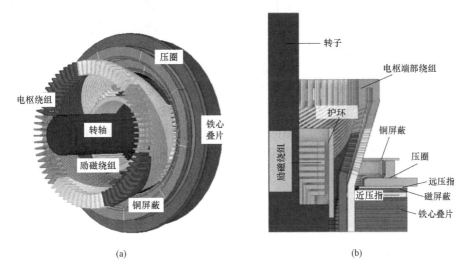

(a)   (b)

图3-23 同步调相机端部区域物理模型

(a) 三维视图;(b) 平面视图

表3-6   300Mvar 同步调相机相关结构参数

参数	数值	参数	数值
轴向长度(mm)	5750	电机全长(mm)	5900
定子槽数	72	转子槽数	36
定子内径(mm)	1412	定子外径(mm)	2950
转子总长(mm)	5750	转子外径(mm)	1270
定子总重(t)	285	转子总重(t)	77

在电磁场计算时需确定调相机励磁源,通过机电暂态模拟分析结果可确定极限过励工况下电枢电流与励磁电流;额定运行工况则由设计额定值确定。分别将两种工况下励磁电流与电枢电流作为调相机励磁源初值并开展电磁仿真分析。

两种工况下电枢电流与励磁电流见表3-7,其中励磁电流为直流电,电枢电流为50Hz交流电。

表 3-7   **两种工况下电枢电流与励磁电流**

运行状态	励磁电流（A）	定子相电流（A）
额定运行	2381	8660
极限运行（过励）	5750	37250

（2）调相机三维求解域数学模型。

调相机定转子电流会在其端部形成一个合成的复杂漏磁场，漏磁场在铜屏蔽、压圈等端部结构件中形成涡流效应，进一步在结构件中产生涡流损耗。由于调相机端部结构件的材料、形状和运行工况等相关因素均会影响端部漏磁分布和结构件的涡流损耗，因此建立准确的调相机端部电磁场数学模型也十分重要。

建立的调相机端部电磁场求解域 Ω 分为涡流区和非涡流区，其中端部压指、压圈和金属铜屏蔽为涡流区域；定子电枢绕组、转子励磁绕组、空气域为非涡流区域。以矢量电位 T 和标量磁位 ψ 为未知函数，建立了如下大型同步调相机端部三维瞬态电磁场的数学模型[19]。同步调相机端部瞬态电磁场求解区域如图 3-24 所示。

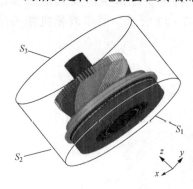

图 3-24　同步调相机端部瞬态电磁场求解区域

在涡流区，有

$$\begin{cases} \nabla\times(\rho\,\nabla\times T)-\nabla(\rho\,\nabla\cdot T)+\dfrac{\partial\mu(T-\nabla\psi)}{\partial t}=\dfrac{\partial\mu H_s}{\partial t} \\ \nabla\cdot(\mu T-\mu\,\nabla\psi)=-\nabla\cdot(\mu H_s) \end{cases} \tag{3-21}$$

在非涡流区，有

$$\nabla\cdot(\mu\,\nabla\psi)=\nabla\cdot(\mu H_s) \tag{3-22}$$

式中：H_s 为由源电流密度产生的磁场强度；ρ 为电阻率；μ 为磁导率；t 为时间。

求解域外边界满足的边界条件为

$$\begin{cases} \dfrac{\partial\psi}{\partial n}\Big|_{s_1,s_2}=0 \\ \psi|_{s_3}=\psi_0 \end{cases} \tag{3-23}$$

式中：ψ_0 为初始时刻的标量磁位；n 为边界面的法向量。

初始条件为

$$\begin{cases} T|_{t=0}=T_0(x,y,z) \\ \psi|_{t=0}=\psi_0(x,y,z) \end{cases} \tag{3-24}$$

式中：T_0 为初始时刻的矢量电位。

在满足工程实际的前提下，做如下假设：

1）忽略绕组电流高次谐波，不计位移电流的影响。

2）各金属构件表面之间的接触被认为是完整的电接触。

基于上述边界条件和假设条件，对调相机端部模型采用时步有限元法进行仿真计算，由于调相机端部结构不同构件的形状和尺寸差异较大，故而网格离散的单元数量及单元形状对模型计算时间、计算精度和电磁场计算结果均会产生影响。网格离散的份数过多会使计算时间加长，过细容易产生在结构件中产生弧度较大的钝角网格，影响收敛结果，因此需要对求解区域进行合理的离散。

对调相机求解域内的双阶式铜屏蔽、凸形压圈、磁屏蔽、压指、定子铁心等结构的尺寸需要局部控制较细一些，对定子绕组、转子绕组及空气域的网格控制可以稀疏一些。采用四面体单元对端部结构及各结构件进行网格离散，求解域网格离散结果如图 3 - 25 所示。

图 3 - 25　同步调相机端部电磁场
求解域网格离散

根据三维瞬态电磁场计算得到瞬时涡流电流密度 $J_e(t)$ 的结果，进一步可确定调相机端部各结构件的涡流损耗瞬时值 $P^{(e)}(t)$ 为

$$P^{(e)}(t) = \int_{V_e} \frac{|J_e(t)|^2}{\sigma} \mathrm{d}V \tag{3 - 25}$$

式中：V_e 为结构件体积；σ 为电导率。

设计算区域有限元剖分单元个数为 k，则根据式（3 - 25）可得一个周期 T 内的涡流损耗为

$$P_e = \sum_{e=1}^{k} \frac{1}{T} \int_0^T P^{(e)}(t) \mathrm{d}t \tag{3 - 26}$$

3.3.4　同步调相机内电磁场及损耗计算

（1）端部磁场矢量分布。

调相机额定运行工况即调相机工作在过励磁（发出 300Mvar 无功功率）运行状态；而调相机极限过励磁运行与额定运行工况相比电枢电流与励磁电流相位并不发生改变，仅是数值大小的不同，故两种工况下磁场矢量分布特性相同。调相机过励磁状态下电枢反应为去磁状态，调相机额定运行及极限过励磁运行状态下的端部截面磁场矢量分布如图 3 - 26 所示。

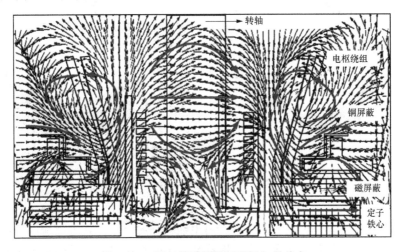

图 3 - 26　调相机端部截面磁场矢量分布

在过励磁工况下调相机端部电枢电流对励磁电流产生磁场产生削弱作用，定子铁心处与转轴处磁场矢量方向相反。此外，调相机端部磁场左右侧呈现中心对称的分布特点，这是截面左右侧励磁电流与电枢电流的流向不同导致的。端部漏磁通总是沿最小路径闭合，因此调

相机定子漏磁通主要集中在定子压圈的内圆、压指和端部阶梯段铁心齿处；漏磁所引起的涡流损耗与磁滞损耗对调相机而言是不利的，为减小调相机端部漏磁对端部金属结构与铁心叠片的影响，在端部结构设计中使用铜屏蔽与磁屏蔽结构削弱漏磁产生的电磁损耗。

（2）端部结构磁通密度分布规律分析。

电枢电流和励磁电流是调相机的励磁源，也是调相机中各结构损耗的来源。当电网电压下降时，调相机的工作状态会发生变化，由励磁系统控制在过励磁状态下工作，调相机的电枢电流和励磁电流增加，调相机中的磁场分布发生变化，电磁损耗增加。确定运行状态下，极限运行状态下端部结构磁通密度分布如图 3-27、图 3-28 所示。

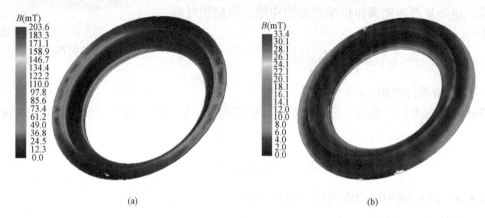

(a)   (b)

图 3-27　额定运行状态下端部结构磁通密度分布

（a）铜屏蔽；（b）压圈

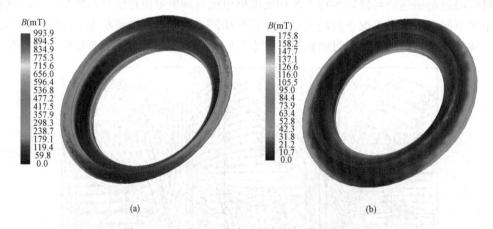

(a)   (b)

图 3-28　极限运行状态下端部结构磁通密度分布

（a）铜屏蔽；（b）压圈

当调相机处于极限运行状态下工作时，由于励磁源的变化，其端部铜屏蔽和压环中的磁通密度高于额定运行状态下的磁通密度。铜屏蔽和压圈在额定运行下的最大磁通密度分别为203.6mT 和 33.4mT；在极限过励磁运行状态下，其值从 993.9mT 变化到 175.8mT。磁通密度的变化会导致金属结构中涡流损耗的变化，在两种励磁状态下铜屏蔽磁通密度最高处均出现在内圆处。铜屏蔽的平均磁通密度较压圈更高，但压圈的磁通密度分布更加均匀。压圈磁通密度较高位置分布在下层压圈内外侧边缘位置，为进一步探究两种运行工况下压圈与铜屏蔽的磁通密度分布规律，对铜屏蔽阶梯段与下层压圈截面进行采样分析，具体采样位置如图 3-29 所示。

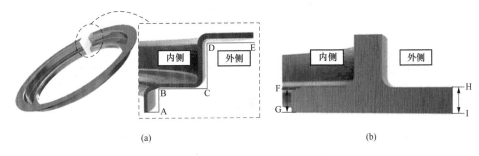

(a)　　　　　　　　　　　　(b)

图 3-29　端部结构采样位置

（a）铜屏蔽采样位置；（b）压圈采样位置

铜屏蔽沿图中标记位置内测表面进行采样，其在额定运行与极限过励磁运行时磁通密度分布规律如图 3-30 所示。从图中可以看出调相机在额定运行与极限过励磁运行阶段铜屏蔽沿阶梯截面磁通密度分布规律基本一致；在铜屏蔽 AB 段磁通密度值最大并呈现减小趋势，BD 段磁通密度幅值变动较为平缓；DE 段磁通密度值略有升高。当调相机从额定运行转变为极限过励磁运行时，铜屏蔽 AB 段磁通密度增幅最大，尤其是铜屏蔽 E 区，故在极限运行时铜屏蔽 E 区由涡流损耗引起的温升将使其成为铜屏蔽发热最严重区域。

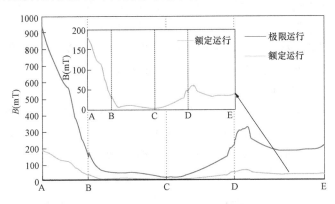

图 3-30　两种工况下铜屏蔽磁通密度取样分布

下层压圈结构是磁通密度主要分布区域，在下层压圈的内外侧边缘位置的磁密幅值最大，对压圈 FG 与 HI 段进行采样分析，两种工况下下层压圈平均磁通密度分布如图 3-31 所示。

无论调相机工作在额定运行工况还是极限过励磁工况，下层压圈的内侧 FG 段磁通密度幅值要高于外侧 HI 段；这是受到结构位置的影响，压圈内侧位置更靠近励磁电流、磁阻较小。在额定运行阶段 FG 段磁通密度分布近似于正弦分布，磁通密度最大值位置出现在 FG 中间位置；而 HI 段磁通密度分布呈下降趋势，磁通密度最值位置出现在 H 点处。当调相机变为极限过励磁运行时，随着励磁源的增加，调相机端部主极磁场与漏磁场的磁场强度增加；此时下层压圈的磁通密度分布不同于额定运行工况，FG 段磁通密度分布初始趋势与额定运行工况相同，但靠近从 FG 中间位置处到 G 点段磁通密度呈现上升趋势，使 FG 段磁通密度最大值出

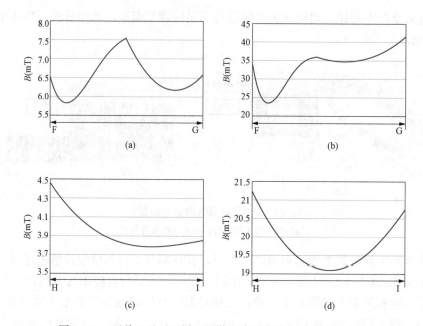

图 3-31　两种工况下下层压圈截面内外侧表面磁通密度分布
（a）额定工况下 FG 段；（b）极限工况下 FG 段；（c）额定工况下 HI 段；（d）极限工况下 HI 段

现在 G 点。HI 段磁通密度分布同样不同于额定运行工况，在中间位置处到 I 点段同样呈现上升趋势。这表明了随着磁场强度的增加，压圈结构越靠近铁心侧受到的影响越大。

　　调相机设有磁屏蔽结构，主要用来吸收端部绕组产生的漏磁通，避免铁心齿部、铜屏蔽及压圈等结构内圆侧出现漏磁过度集中的问题。磁屏蔽表面磁通密度分布规律如图 3-32 所示。图 3-32（a）、（b）分别表示调相机工作在额定运行工况与极限过励磁运行工况下磁屏蔽与压指接触面的磁通密度分布规律。在额定运行时磁屏蔽结构磁通密度最大值为 0.84T；并且表面磁通密度分布呈现正弦分布态势。调相机工作在极限过励磁工况时，磁屏蔽磁通密度最大值为 1.67T；且在此阶段磁屏蔽接触空气表面的磁场强度在 0.6T 以上，此时磁通密度较额定运行时沿径向分布更加均匀。

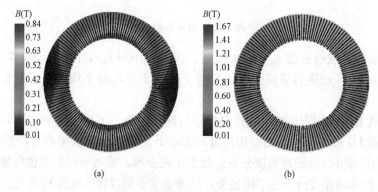

图 3-32　磁屏蔽表面磁通密度分布
（a）额定运行；（b）极限运行

（3）调相机损耗分析。

1）绕组铜耗是引起电机温升并限制电机容量的主要因素之一。精确的绕组铜损耗计算是确定热源的基础；调相机定子电枢绕组与励磁绕组与常规大型汽轮发电机结构相似，电枢绕组端部为渐开线结构。调相机绕组的热密度计算式为[20]

$$P_{cu} = \rho J^2 = 10^{-4}\rho\left(\frac{I}{S}\right)^2 \tag{3-27}$$

式中：P_{cu} 为电枢与励磁绕组热密度，W/m³；ρ 为电阻率，$\Omega \cdot \text{mm}^2/\text{m}$；$I$ 为电流有效值，A；S 为绕组截面积，m²。

励磁绕组与电枢绕组不同的是励磁绕组中通直流电激励，而电枢绕组通交流电激励；忽略 3、5 次谐波与高次谐波对励磁绕组的影响，此时励磁绕组中可视为无趋肤效应。电枢绕组由于通入交流电则要在此基础上考虑趋肤效应，对绕组电阻增大系数进行求解。

调相机绕组电阻增大系数分布如图 3-33 所示，上层绕组的电阻增大系数较高，最高可达到 1.86，下层最高仅为 1.17。受到集肤效应的影响，电阻的铜损耗会受到影响导致绕组损耗增加。

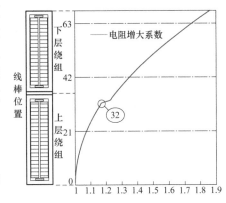

图 3-33　调相机绕组电阻增大系数分布

假设上、下层股线数分别为 $l+n$ 和 $l-n$ 根，则上层股线的菲尔德系数可由式（3-28）表示

$$K_{Fb} = \varphi(\xi) + \frac{I_1^2 + I_1 i_p}{i_p^2}\psi(\xi) \tag{3-28}$$

式中：I_1 为所研究股线下面全部 $P-1$ 股线的总电流；i_p 为从槽底开始数第 P 根股线的电流。

上下层股线电流可以表示为

$$\begin{cases} i_p = i_c\dfrac{m}{m+x} \\[2mm] i_h = i_c\dfrac{m}{m-x} \end{cases} \tag{3-29}$$

$$\frac{I_1^2 + I_1 i_p}{i_p^2} = 2x(2x-1) + 4xP + P^2 - P \tag{3-30}$$

式中：i_c 为上下层股线数相同情况下股线中的电流。

2）端部压紧件涡流损耗。由涡流引起的热效应是调相机端部结构温升的主要因素之一，结构件中感应的涡流损耗受到调相机端部漏磁场的影响。为避免漏磁通引起的端部结构温升严重问题，调相机采用铜屏蔽结构用于减弱端部压圈等结构感应的涡流。图 3-34 为两种工况下压圈结构电流密度分布；图 3-35 为两种工况下铜屏蔽结构电流密度分布。调相机端部结构内涡流受结构位置影响，压圈结构外侧设计铜屏蔽用于削弱端部磁场对压圈等结构件感应的涡流。

在额定运行时压圈结构内电流密度最大值为 0.35A/mm²，铜屏蔽结构为 22.5A/mm²。在极限过励磁运行工况下压圈电流密度分布规律不变，其最大值为 1.62A/mm²。铜屏蔽内感应涡流在极限过励磁工况急剧增加，其最大值为 108A/mm²。

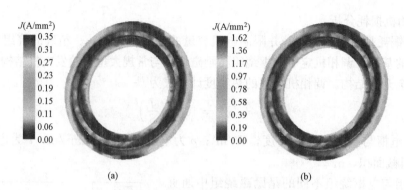

图 3-34　两种工况下压圈结构电流密度分布
（a）额定运行　（b）极限运行（过励磁）

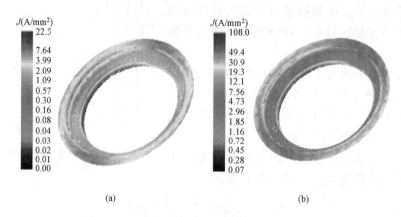

图 3-35　两种工况下铜屏蔽结构电流密度分布
（a）额定运行；（b）极限运行（过励磁）

　　屏蔽结构采用高电导率的铜，以降低端部结构涡流损耗，防止端部结构受热熔损。此时，铜屏蔽自身的涡流损耗较大，故其温升在端部结构中最为严重。同时结构件温升正相关于电磁损耗，端部各结构件的涡流损耗由式（3-31）计算。调相机端部结构件涡流损耗见表3-8。压圈与铜屏蔽按图3-34和图3-35划分原则进行计算，进而确定涡流损耗见表3-9。

$$P_e = \frac{1}{T}\int_T \sum_{i=1}^k J_e^2 \Delta_e \sigma_\gamma^{-1} dt \qquad (3-31)$$

式中：p_e 为单元涡流损耗，W；J_e 为端部结构件涡流电流密度，A/m^2；Δ_e 为单元体，m^3；σ_γ 为电导率，S/m；t 为时间，s；T 为周期，s。

表 3-8　　　　　　　　　　　调相机端部结构件涡流损耗

结构名称	额定运行（W）	极限过励运行（W）
铜屏蔽	9287	248363
压圈	1013	20862
远压指	13	479
近压指	220	3905

表 3-9　　　　　　　　　　　　　　　　铜屏蔽与压圈涡流损耗

结构名称	额定运行（W）	极限过励运行（W）
铜屏蔽 A	1551.1	48385
铜屏蔽 B	395.5	10317
铜屏蔽 C	2332.2	61579
铜屏蔽 D	1466.9	38658
铜屏蔽 E	3542.1	95213
上压圈	72.0	1694
下压圈	941.0	21060

　　调相机额定运行及极限过励磁运行时端部结构涡流主要集中铜屏蔽及压圈内圆，由于极限运行时线负荷激增进而导致该工况下涡流损耗增加严重；极限过励磁运行时铜屏蔽涡流损耗增加至 27 倍，压圈涡流损耗增加 22 倍；铜屏蔽与压圈内圆侧增加更为明显，在调相机冷却系统设计时应针对该域进行合理风量分配以增强冷却效果。若长时间运行在极限过励磁工况，端部结构由于损耗增加导致的温升定会损坏端部结构进而影响调相机的运行，新一代调相机设计要求其能够在极限过励磁阶段安全运行 15s，在短时内调相机冷却系统的散热能力是否能满足端部结构的温升要求将在调相机瞬时温度场求解中进一步研究。

　　3）定子铁芯损耗。作为发热源之一的铁心损耗存在于调相机定子铁心叠片中，对于铁心损耗的计算采用经典的贝尔蒂铁损耗模型，其表达式可表示为[22-25]

$$W_i = W_e + W_h + W_{ex} = \frac{\sigma h^2}{12} \frac{1}{T} \int_0^T \int \left(\frac{dB}{dt}\right)^2 dV dt \\ + \frac{K_h D}{T} \int_0^T \left(H \frac{dB}{dt}\right) dv dt + \frac{K_{ex} D}{T} \int_0^T \int \left|\frac{dB}{dt}\right|^{1.5} dV dt \tag{3-32}$$

式中：W_e、W_h、和 W_{ex} 分别为涡流损耗、磁滞损耗和铁心内的过剩附加损耗；σ 为电导率；h 为铁心叠片的厚度；D 为密度；T 为时间周期；K_h 为磁滞系数；B 为时间段内的瞬时通量密度；K_{ex} 为过剩损耗系数。

　　调相机工作在额定运行工况及极限过励磁状态时铁心磁通密度分布规律如图 3-36 所示。调相机工作在额定运行工况与极限过励磁工况时端部铁心的磁通密度分布趋势相同，且在极限过励磁阶段铁心磁通密度最值为 2.71T，局部铁心接近于饱和状态。

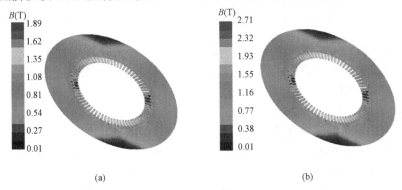

图 3-36　定子铁心磁通密度分布
（a）额定运行；（b）极限过励运行

定子铁心齿部磁通密度较高、轭部磁通密度较低；但齿部体积较小，通过对调相机定子铁心在额定运行及极限过励磁运行工况下铁耗计算，发现齿部轭部损耗值基本相同。

3.3.5 压圈电导率对调相机电磁场和涡流损耗的影响

（1）压圈电导率对电磁场的影响。

300Mvar 调相机端部磁场分布、端部结构件涡流损耗与端部结构件材料属性密切相关，电导率和磁导率是两个重要影响因素，对端部金属结构件的涡流损耗产生影响。为探究压圈不同电导率对调相机端部磁场分布和端部结构件涡流损耗的影响，计算了在压圈磁导率不变的情况下，压圈电导率分别为 0.4×10^6、1.4×10^6、2.4×10^6、$3.4\times10^6\mathrm{S/m}$ 时的调相机端部电磁场。图 3-37 为在四种不同压圈电导率下铜屏蔽内圆线的磁场分布，不同压圈电导率下，铜屏蔽磁场分布规律大致相同，磁场强弱不同，随着压圈电导率增大，铜屏蔽最大位置磁通密度逐渐减小，呈下降规律。

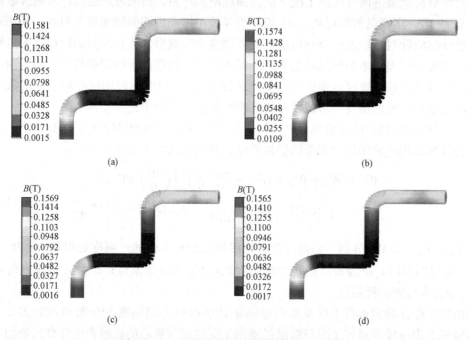

图 3-37　不同压圈电导率下铜屏蔽磁场分布
（a）压圈电导率 $0.4\times10^6\mathrm{S/m}$；（b）压圈电导率 $1.4\times10^6\mathrm{S/m}$
（c）压圈电导率 $2.4\times10^6\mathrm{S/m}$；（d）压圈电导率 $3.4\times10^6\mathrm{S/m}$

图 3-38 为在四种不同压圈电导率下压圈磁场分布，不同压圈电导率下，压圈自身磁场分布规律大致相同，但磁场强弱不同，随着压圈电导率增大，压圈最大位置磁通密度逐渐增大。在压圈电导率分别为 0.4×10^6、1.4×10^6、2.4×10^6、$3.4\times10^6\mathrm{S/m}$ 时，压圈磁通密度最大值分别为 29.2、31.6、32.9、33.7 mT。

（2）压圈电导率对涡流损耗的影响。

通过对压圈电导率分别为 0.4×10^6、1.4×10^6、2.4×10^6、$3.4\times10^6\mathrm{S/m}$ 状态下的端部电磁场求解，得到端部结构件损耗值如图 3-29 所示，随着压圈电导率的增加，铜屏蔽划分的 T1～T5 五部分，压圈部分的涡流损耗逐渐减小的。压圈电导率增加可以有效减小铜屏蔽和压圈自身的涡流损耗值。

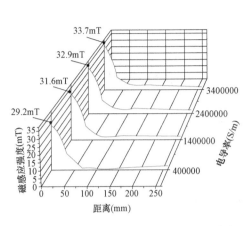

图 3 - 38　不同压圈电导率下压圈磁场分布　　　图 3 - 39　不同压圈电导率下各结构件涡流损耗

3.3.6　典型方案下调相机端部构件电磁场和涡流损耗

为进一步研究端部不同结构及材料属性对电磁场和涡流损耗的影响,对三种不同方案即原结构(有铜屏蔽和钢压圈)、方案一(无铜屏蔽有钢压圈)、方案二(无铜屏蔽有铝压圈)进行了对比分析,三种方案下的圆周磁通密度均呈正弦规律性变化。图 3 - 40 为压圈取样位置。图 3 - 41～图 3 - 44 分别为压圈表面总磁通密度、径向磁通密度、切向磁通密度、轴向磁通密度的分布。

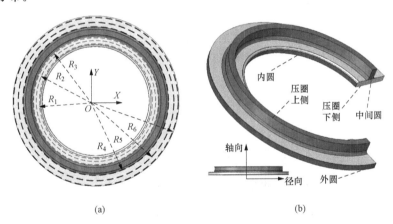

(a)　　　　　　　　　　　　　　(b)

图 3 - 40　压圈取样位置

(a) 压圈内外表面位置；(b) 压圈内—中—外圆位置

(1) 压圈表面磁通密度分布。

原结构和方案一下的磁通密度沿径向压圈表面半径 R_1～R_3 依次减小,沿径向压圈表面半径 R_4～R_6 依次增大。原结构下的以 R_6 为半径的圆周磁通密度较大,这是由于 R_6 为半径的圆周没有在铜屏蔽的遮挡范围内。方案一下的以 R_1 为半径的圆周磁通密度较大,这是由于在没有铜屏蔽的情况下,R_1 为半径的圆周距离定转子绕组最近,故而其附近磁场较强,磁通密度较大。方案一沿径向 R_1～R_3 的磁通密度明显大于原结构沿径向 R_1～R_3 的磁通密度,方案二下的磁通密度虽呈正弦规律变化但受谐波影响较大。方案一的圆周磁通密度在三

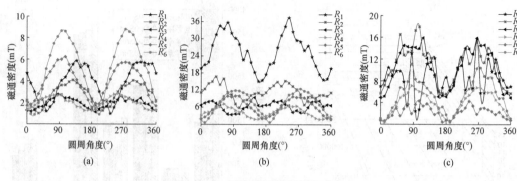

图 3-41 压圈表面总磁通密度分布
(a) 原结构；(b) 方案一；(c) 方案二

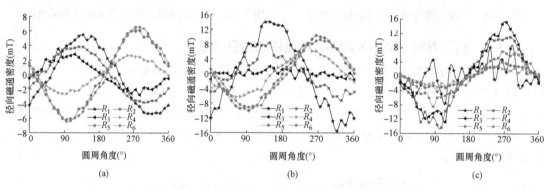

图 3-42 压圈表面径向磁通密度分布
(a) 原结构；(b) 方案一；(c) 方案二

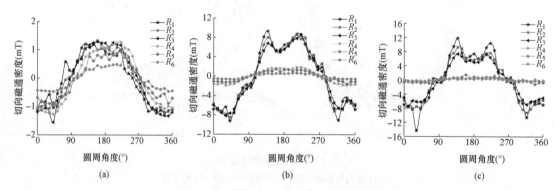

图 3-43 压圈表面切向磁通密度分布
(a) 原结构；(b) 方案一；(c) 方案二

种方案中最大，方案二次之，原结构最小，且三种方案下的圆周磁通密度均在圆周角度90°和270°附近达到了峰值。

（2）压圈表面磁通密度各分量对比。

原结构和方案一下的径向磁通密度从 R_1 到 R_3 在逐渐减小，从 R_4 到 R_6 在逐渐增大，但方案一和方案二下的径向磁通密度要大于原结构下的径向磁通密度。

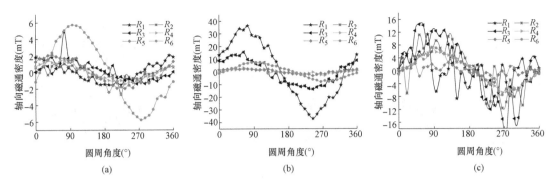

图 3 - 44 压圈表面轴向磁通密度分布
(a) 原结构; (b) 方案一; (c) 方案二

图 3 - 43 为凸形压圈表面的切向磁通密度,方案一和方案二下的圆周切向磁通密度较原结构的圆周切向磁通密度较大,但三种方案下的切向磁通密度均沿着圆周方向先反向减少到 0,再逐渐增加后逐渐减小,最后反向增加,且在 180°附近达到峰值。原结构下从 R_1 到 R_6 的圆周切向磁通密度相差不大,方案一和方案二下从 R_1 到 R_3 的圆周切向磁通密度较大,但方案一和方案二下从 R_4 到 R_6 的圆周切向磁通密度较小。图 3 - 44 给出了凸形压圈表面的轴向磁通密度,从图 3 - 44 可得,在三种方案下,方案一下的凸形压圈表面轴向磁通密度最大,原结构下的凸形压圈表面轴向磁通密度最小,方案二下的凸形压圈表面轴向磁通密度较原结构大,且方案二下的以 $R_1 \sim R_3$ 为半径的圆周轴向磁通密度谐波较大。原结构下半径为 $R_1 \sim R_5$ 圆周轴向磁通密度呈现波动较小的正弦变化,半径 R_6 的圆周轴向磁通密度波动较大,这是由于 $R_1 \sim R_5$ 圆周均处于铜屏蔽遮挡的范围,半径为 R_6 的圆周上方没有铜屏蔽遮挡,故而轴向磁通密度较大。方案一下半径为 $R_2 \sim R_6$ 圆周轴向磁通密度呈现波动较小的正弦变化,半径为 R_1 的圆周轴向磁通密度波动较大,这是由于在没有铜屏蔽的情况下,R_1 为半径的圆周附近磁场较强,故而轴向磁通密度较大。

（3）压圈内—中—外圆磁通密度分布。

为了进一步分析三种不同方案分别对凸形压圈下侧磁通密度分布的影响,图 3 - 45 给出三种不同方案压圈下侧内圆、中间圆、外圆位置的磁通密度分布。图 3 - 45 可以看到,三种方案的压圈下侧内圆和外圆磁通密度在圆周方向均呈现正弦规律性变化,且内圆侧磁通密度大于外圆侧磁通密度。

从图 3 - 45（a）可知,原结构压圈内圆磁通密度沿着轴向正方向逐渐减小,且减小趋势较大。内圆磁通密度最大值为 30.75mT,这是由于原结构中有铜屏蔽,有效抑制了漏磁通进入到凸形压圈结构件中。外圆侧磁通密度沿着轴向正方向逐渐增加,压圈外圆磁通密度最大值为 7.25mT。压圈中间圆磁通密度沿着轴向正方向呈现较为陡峭的增大趋势,中间圆磁通密度最大值为 0.82mT,且压圈中间位置磁通密度较内圆和外圆小。从图 3 - 45（b）可以得知,方案一内圆磁通密度最大值为 83.04mT,且内圆磁通密度沿着轴向正方向逐渐减小,方案一压圈中间圆磁通密度最大值为 3.24mT,外圆磁通密度最大值为 9.73mT,且外圆侧磁通密度沿着轴向正方向逐渐增加。从图 3 - 45（c）可得,方案二下的内圆磁通密度最大值为 112.93mT,方案二下的压圈中间圆磁通密度最大值为 12.12mT,外圆磁通密度最大值为 7.11mT,且由内圆至外圆,压圈磁通密度在逐渐减小。

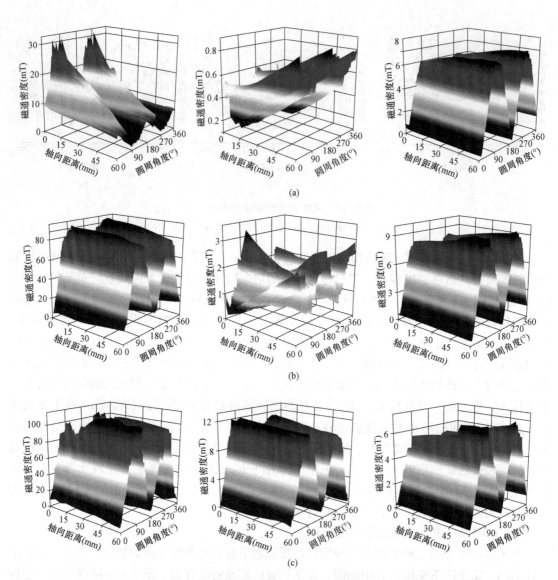

图 3-45　不同方案下压圈内—中—外圆磁通密度分布
(a) 原结构压圈内—中—外圆磁通密度分布; (b) 方案一压圈内—中—外圆磁通密度分布;
(c) 方案二压圈内—中—外圆通密度分布

(4) 端部各结构件涡流损耗分析。

三种不同方案下调相机端部各结构件涡流损耗如图 3-46 所示。从计算结果来看，与原结构的结构件涡流损耗相比，方案一下的压圈上侧涡流损耗增加了 5930W，压圈下侧涡流损耗增加了 17122W，护环涡流损耗降低了 1.14%，压指涡流损耗增加了 33.76%。方案二下的结构件涡流损耗与原结构的结构件涡流损耗相比，压圈上侧涡流损耗增加了 665W，压圈下侧涡流损耗增加了 2368W，护环涡流损耗降低了 0.13%，压指涡流损耗增加了 18.37%。

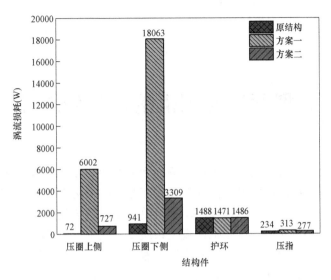

图 3-46　不同方案下调相机端部涡流损耗对比

3.4　小　　结

本章介绍了关键参数设计对同步调相机的运行特性的影响，并建立了调相机接入高压输电系统的机电暂态仿真模型；通过模拟电网电压跌落故障，进一步得出调相机极限过励磁工况下的电流输出特性。通过三维时步有限元法对 300Mvar 同步调相机运行在额定工况及极限过励磁工况下调相机有效直线段和端部及有效直线段电磁场进行计算，调相机极限过励磁运行与额定运行工况相比电枢电流与励磁电流相位并不发生改变，仅是数值大小的不同，故两种工况下磁场矢量分布特性相同。调相机两种工况都属于过励磁状态，此时电枢反应为去磁状态。

第4章 大型同步调相机的发热与冷却

同步调相机作为高压电网的重要设备,有利于为电网的无功电压调节提供有效的技术手段,为高比例直流受电的局部电网提供动态无功支撑,减小交流电网故障时直流换相失败的范围和概率,有利于电网安全稳定运行。调相机由定子、转子及励磁系统组成。电力系统的能源供给者有发电机和调相机。调相机是吸收系统少量的有功功率来供给本身的能量损耗,向系统发出无功功率或吸收无功功率。调相机不需要原动机,但必须和电网并列运行,而不能单独运行。随着电机制造业的发展以及电力系统的不断扩大,电机的单机容量日益增大,同步调相机的单机容量不断扩大,随着容量的加大,绕组的损耗,端部漏磁也随之增大,从而电机内部的发热问题也日益突出。为了电机安全稳定多工况运行,减少端部漏磁和提升调相机端部的散热变得尤为重要。

冷却介质不能及时有效带走电磁损耗产生的热量来抑制温升,结构件温度集中部分受热变形,图4-1为定子铁心受热变形的情况。

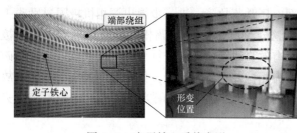

图4-1 定子铁心受热变形

温升严重过高时,调相机易因绝缘损耗甚至烧毁发生运行故障,图4-2为定子绕组绝缘烧毁情况。随着特高压容量的提升,调相机容量的增加迫在眉睫。然而调相机在实现快速响应及强励磁时调相机端部结构件温升严重,调相机端部寄生的漏磁通是其发热严重的主要原因,限制调相机容量以及限制维持电网电压能力。

大型电机的设计需要多次严谨而精确的实验,目前对于大型调相机温度计算,有限元使用最为广泛,但其也存在一定的局限性,方案多导致时间成本高。机器学习技术主要应用在大型电机的控制方面。集总参数网络法、有限元法和DFPM(深度森林预测模型)的计算时间和精度如图4-3所示。

图4-2 定子绕组绝缘烧毁

在以往的大型同步电机流固耦合数值分析中,通常将问题局限在端部区域或直线段区域的局部问题研究上,而忽略了整个冷却系统对各区域的相互影响。然而,大型同步调相机采用的是密闭式多路循环空气冷却方式,其冷却系统相对复杂。因此,研究全域流固耦合模型可以揭示各区域间的传热规律及相互影响,为大型电机全域内多路通风冷却系统的设计提供理论依据。

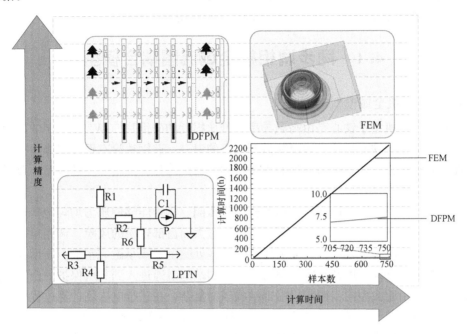

图 4-3　方法计算时间和精度对比

为了满足电机单机容量不断提升的需求，国内外专家学者先后设计研发了诸多冷却结构，并伴随着科研、制造水平的逐步提升不断进行优化改进。近年来远距离直流输电工程大规模应用、电网规模化大力建设，同步调相机在电力系统中承担着提供动态无功、改善电网系统功率因数、维持电网系统电压水平等重要作用而被广泛应用。随着同步调相机的大规模应用和容量的提升，其温升和冷却问题同样值得重视。在电机的冷却方式中，通风冷却技术是研究最为成熟、应用最为广泛的一种。因此，需对大型隐极发电设备损耗与发热机理的深入研究工作、新型高效电磁与热分析方法和电机通风冷却新技术进行归纳总结，指出限制电机通风冷却系统发展的因素和关键技术。

特别值得注意的是，同步调相机与其他大型同步发电机不同之处在于，当电网电压发生故障时，调相机将受故障严重程度的影响，可能需要在额定运行工况或短时极限过载运行工况下工作。因此，同步调相机的流—热耦合分析也应注重工况转变的瞬时过程。因此，为了深入研究同步调相机的流—热耦合特性，调相机在额定运行工况稳定状态下以及极限过励磁运行 15s 过程内进行流—热耦合瞬时研究。通过建立全域流固耦合模型，可以考虑调相机内部各腔域之间的相互作用和传热规律。这将有助于揭示调相机内部的温度分布、热流路径以及冷却系统的效果。

在研究中，需要对调相机进行细致的几何建模，并考虑其内部空气流动和固体结构的相互作用。同时，还需要进行合适的网格划分，以确保模拟结果的准确性。通过数值模拟和仿真，可以获得调相机在不同工况下的温度变化、热流分布等关键参数，为调相机的设计和优化提供重要的理论依据。

本节首先针对不同类型、不同特点的同步调相机通风冷却系统进行详细概述，并探讨了300Mvar 同步调相机发热与冷却问题，通过构建同步调相机流固耦合模型，探求 300Mvar

同步调相机内发热冷却机理，并基于二分迭代的边界确定方法，大大减少了计算时间，提高了计算效率，最后对 300Mvar 同步调相机的流—热求解方法做出了详细讨论。

4.1 同步调相机全域流固耦合模型

4.1.1 调相机全域模型

300Mvar 调相机定子铁心是由高磁导率、低比损耗的硅钢片 50W250 冲制的扇形冲片叠装而成。为降低定子铁心损耗，进而降低调相机的温升，硅钢片涂有钢片绝缘漆。为防止定子铁心在调相机运行过程中因为振动而出现松动、噪声等危害机组安全的故障，要保证定子铁心的压紧结构可靠且合理。

300Mvar 空冷隐形同步调相机起压紧作用的压圈、压指能够使压力均匀地传递到定子铁心的齿部和轭部，防止因定子铁心轭部片间压力过大而齿部较松的风险。调相机端部采用了磁屏蔽和新型铜屏蔽双屏蔽结构，能够增大端部各处磁阻、减小磁通密度。新型铜屏蔽采用双台阶式，能够更好地利用其高电导率特性来抑制端部磁通进入到其所保护的凸形压圈、压指等结构件中。由于大型同步调相机端部结构较为复杂，在三维电磁场计算过程中，定子绕组中较大的电流和转子的励磁电流会在调相机端部形成一个合成漏磁场即定转子的端部效应。定转子的端部效应和定子齿压指、磁屏蔽、凸形压圈等端部结构件的实际几何形状和材料属性均会对计算结果产生影响。为了保证计算结果的逼真性，依据大型同步调相机实际结构，建立调相机的铜屏蔽、压圈、远铁心压指、磁屏蔽、近铁心长压指、近铁心短压指、定子铁心阶梯段、定子铁心直线段、护环、转子铁心、励磁绕组等结构件在内的调相机端部三维模型。

Space Claim 是一款强大的 3D 建模软件，具有直观易用的用户界面和简化的工作流程，使得建模过程更加容易。它不仅支持快速建模，可以快速生成复杂的几何模型，而且支持非参数化建模，用户可以通过直接编辑几何形状来修改模型，而无需关注参数化特征。此外，Space Claim 提供了丰富的建模工具，如填充、切割、偏移等功能，满足不同的建模需求。Space Claim 工具命令栏如图 4-4 所示。

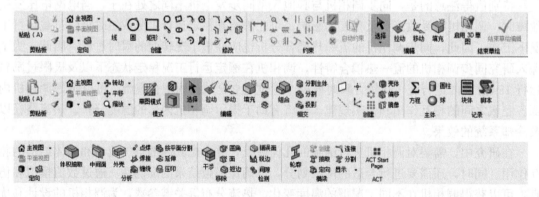

图 4-4 Space Claim 工具命令栏

调相机远铁心压指、近铁心长压指、近铁心短压指主要部件建模均可先通过单独建立单根模型，之后进行阵列处理，下面以长压指为例，通过利用 Space Claim 软件对调相机端部长压指进行建模。

首先，选择 Space Claim 工具命令栏中的模式—草图模式，根据近铁心长压指实际的长度、宽度创建矩形，如图 4-5 所示。

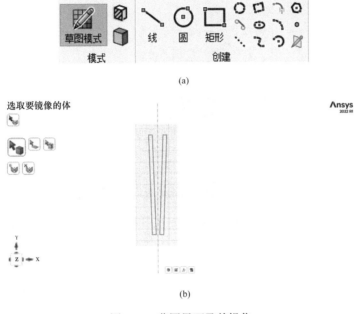

(a)

(b)

图 4-5　草图界面及其操作

(a) 界面；(b) 操作界面

其次，退出草图模式，对剖面进行拉伸获得近铁心长压指实体。之后，选择上述画好的矩形，利用创建选项卡中的阵列工具，根据调相机实际近铁心长压指根数，进行阵列处理，如图 4-6 所示。

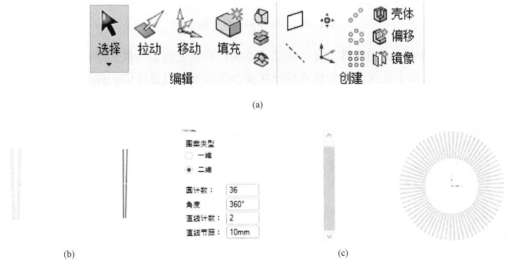

(a)

(b)　(c)

图 4-6　拉伸界面及阵列界面操作

(a) 界面；(b)、(c) 操作界面

不同于调相机远铁心压指操作部分，调相机铜屏蔽部分建模可通过旋转获得，首先进入草图模式—草绘，依据调相机实际铜屏蔽尺寸参数绘制铜屏蔽截面，如图4-7所示。

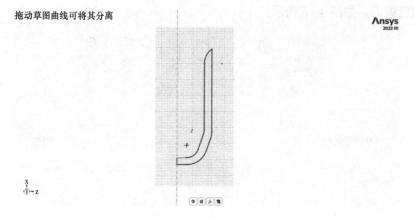

图4-7　调相机铜屏蔽草图界面

之后，退出草图模式，得到剖面，利用编辑工具栏中拉伸工具中的旋转即可得到调相机的铜屏蔽，如图4-8所示。

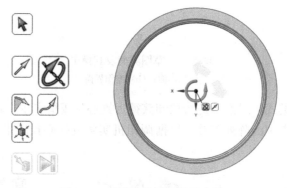

图4-8　旋转拉伸后铜屏蔽实体

300Mvar大型同步调相机具有复杂的端部结构，特别是近似为篮式结构的调相机定子绕组端部更为复杂，为了使同步调相机端部磁场和涡流损耗分析更准确，在采用调相机二维物理模型计算其电磁场的基础上，建立更精准的调相机三维物理模型，如图4-9所示，为调相机端部三维电磁场、流体场、温度场等多物理场研究奠定良好的基础。

在Space Claim中，共享拓扑（Shared Topology）是在不同的几何体之间共享相同的拓扑结构，即当多个几何体共享相同的拓扑结构时，对其中一个几何体进行修改或编辑操作，其他共享该拓扑的几何体也会自动更新，保持拓扑结构的一致性。这样可以大大减少重复的工作，提高工作效率，从而实现几何体之间的关联和同步更新。因此，在建完模型后，需对

图4-9　调相机三维端部定子绕组模型

模型进行共享拓扑，在 Space Claim 中的属性界面中，进行共享拓扑处理。图 4 - 10 给出了调相机共享拓扑操作界面。

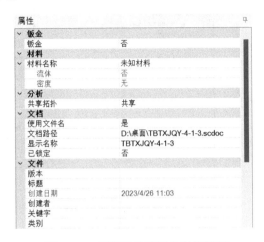

图 4 - 10　调相机共享拓扑操作界面

为便于后续的剖分及后处理操作，需对调相机模型定义流体域、速度入口及压力出口，可在 Space Claim 中的群组选项卡进行操作处理。调相机群组操作界面及出口标记如图 4 - 11 所示。

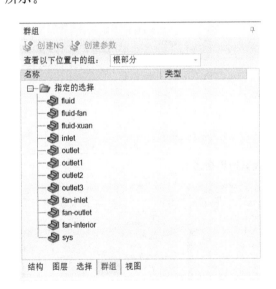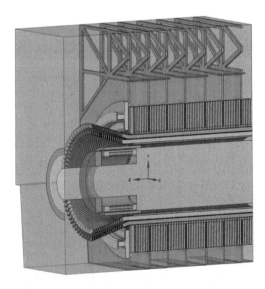

图 4 - 11　调相机群组操作界面及出口标记

打开 Ansys Fluent 软件，将上述建成的调相机模型导入，而后根据模型实际情况添加局部尺寸并生成面网格，如图 4 - 12 所示。

面网格划分完成后，对几何模型及其边界进行描述，同时指出流体域及固体域数量，如图 4 - 13 所示。

面网格划分完成后，对几何模型及其边界进行描述，同时指出流体域及固体域数量。如图 4 - 14 所示。

大型电机传热系统设计及智能分析方法

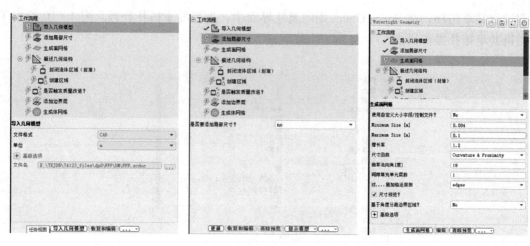

图 4-12　导入并生成面网格

图 4-13　几何模型及其边界描述

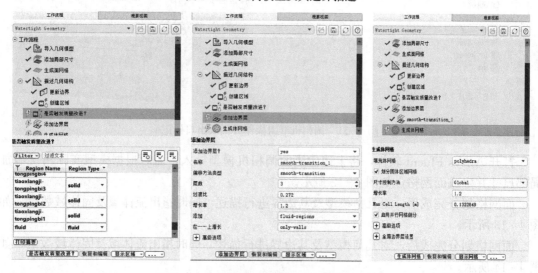

图 4-14　几何模型边界描述及体网格生成

90

Ansys Fluent 提供了强大的六面体网格生成功能，用于建立高质量的网格模型。六面体网格具有高精度、全局一致性、边界匹配和计算效率等优势，能够准确捕捉流体流动细节，提供精确的数值解。在 Ansys Fluent 中，用户可以通过几何建模、网格划分和质量控制等步骤，灵活地生成和优化六面体网格，以满足流体力学仿真的需求，为流体力学仿真提供了可靠的网格基础。图 4-15 给出了几何模型边界描述及体网生成界面。

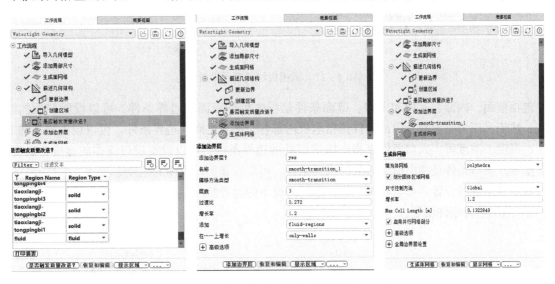

图 4-15　几何模型边界描述及体网格生成

网格离散完成后，便可进入模型求解流程，首先在流程树中打开能量方程，并选择合适的湍流模型。图 4-16 给出了流程树中模型设置部分，在 Ansys Fluent 中，标准 k-e 模型是一种通用且常用的湍流模型，具有适用性广、简单高效、可靠性较高、参数可调性和较低的网格要求等特点和好处。它能够适用于各种流动情况，提供快速且可靠的结果。相比于其他复杂的湍流模型，标准 k-e 模型计算量较小，计算速度较快，且在许多工程应用中已经被广泛使用。此外，标准 k-e 模型的参数可根据实际情况进行调整，使其更加灵活和适应不同的流动问题。因此，本案例选择标准 k-e 模型在 Ansys Fluent 进行操作。

在完成材料的添加后，需要将其赋予所建立的模型。同时，为了模拟实际情况下的热传导过程，需要为模型添加热源。一种常见的方法是利用电磁计算得到的损耗作为发热热源，并根据结构件的体积计算热密度，将其添加到材料属性中。这样可以更准确地模拟材料的热行为。图 4-17 展示了模型属性添加的流程。首先，需要根据实际情况选择合适的材料，并将其添加到模型中。然后，通过电磁计算或其他方法得到结构件的损耗分布情况。将这些损耗作为发热热源，可以在模型中模拟材料的发热行为。接下来，根据结构件的体积计算热密度，并将其添加到材料属性中。

根据电机实际情况，需要对边界条件进行赋值。边界条

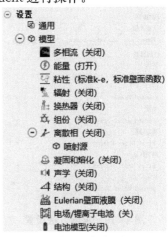

图 4-16　模型设置

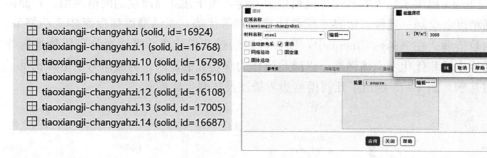

图 4-17　调相机材料赋予设置

件包括壁面、内部、入口和出口。壁面条件是指电机外表面的边界条件，可以设置壁面的温度、热流、压力等参数。内部条件是指电机内部各个部分之间的边界条件，可以设置流体的速度、温度、浓度等。入口条件是指电机进口处的边界条件，可以设置进口流体的速度、温度、浓度等。出口条件是指电机出口处的边界条件，可以设置出口流体的速度、温度、浓度等。通过对边界条件的设置，可以模拟电机在不同工况下的运行情况，进行性能分析和优化设计。图 4-18 给出边界条件设置。

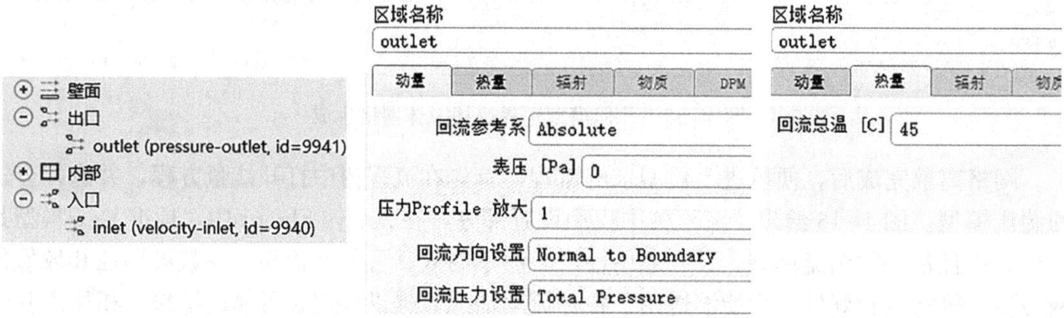

图 4-18　边界条件设置

在 Fluent 中，简单求解方法（Simple）是最常用的一种求解流体力学问题的方法。它采用迭代计算的方式，通过求解动量方程来计算速度场，并通过压力修正使得速度场满足连续性方程。简单求解方法具有计算速度快、收敛性好的优点，适用于大多数流体力学问题。然而，在复杂问题中可能会出现收敛困难或不稳定的情况，此时可以考虑其他更高级的求解方法。图 4-19 给出求解方法的设置。

在 Fluent 中，模型初始化是在开始求解流体力学问题之前对模型的初始状态进行设定和准备的过程。它包括几何网格导入、材料属性设置、初始条件设定、边界条件设定和数值设置等步骤。模型初始化的目的是给定初始条件，包括速度场、压力场、温度场等，以便开始求解流体力学

图 4-19　求解方法设置

方程。通过合理的模型初始化设定，可以为求解过程提供一个稳定和准确的起点，对后续的

求解结果和分析具有重要影响。因此，模型初始化的质量和准确性是确保求解过程和结果可靠性的关键。图 4-20 给出模型初始化设置。

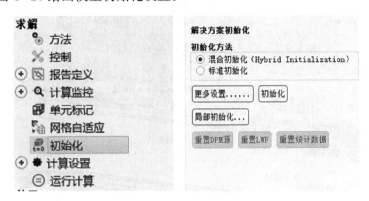

图 4-20　模型初始化设置

初始化完成后便可对模型进行计算，目前常用残差收敛作为评判标准，当残差小于预设范围时，即为计算收敛。

4.1.2　调相机通风冷却系统

全空冷 300Mvar 大型调相机在特高压直流输电工程中扮演着至关重要的角色。它能够有效解决大容量动态无功支撑的问题，为电力系统的稳定运行提供了可靠的支持。然而，由于高电磁性能和过负荷工况的要求，全空冷 300Mvar 调相机的通风冷却系统设计成为了研发过程中的一大难题。为了确保调相机的正常运行，通风冷却系统必须具备高效的散热能力和稳定的风量控制。在设计过程中，需要考虑到系统的整体结构和布局，以及风道的设计和优化。同时，还需要选择合适的风机和散热器，并进行合理的配置和安装，以确保系统能够在各种工况下正常运行。

全空冷 300Mvar 调相机通风冷却系统的结构如图 4-21 所示，定子采用了多路通风设计，而转子本体则采用了斜副槽变槽楔出风孔的设计。此外，转子端部还采用了两路通风，并且端部结构件采用了单独的风道设计，特别是铜屏蔽部分采用了双面冷却的方式。通过这些设计，最大程度地优化了风量的分配，有效控制了发热部件的温升。为了验证通风系统结构的有效性，采用流体动力分析方法计算调相机的风量分配情况，并采用有限元法计算发热部件在稳态和瞬态下的温度分布。同时，还对调相机在各种运行工况下的定子和转子温度变化进行了研究。通过这些计算和研究，验证了通风系统结构的有效性，并实现了调相机在高温环境下的全空气冷却。

在调相机运行过程中，定子和转子的各个部件会产生一定的损耗，从而引起发热现象。这些高温部件会通过导热的方式将热量传递给周围的低温部件。为了解决这些发热部件的冷却问题，通风冷却系统起到了至关重要的作用。通风冷却系统通过引入冷却空气，与各发热部件之间进行对流换热，从而有效地降低部件的温度。在这个过程中，冷却空气与发热部件之间的热量交换是同时进行的。冷却空气通过流动，将部件表面的热量带走，从而实现了冷却效果。为了确保冷却效果的最大化，通风冷却系统需要考虑多个因素。首先，需要设计合理的通风路径和风道结构，以确保冷却空气能够充分覆盖到各个发热部件的表面。其次，选择适当的风扇和风量，以保证足够的冷却空气流动。此外，还需要考虑冷却空气的温度和湿

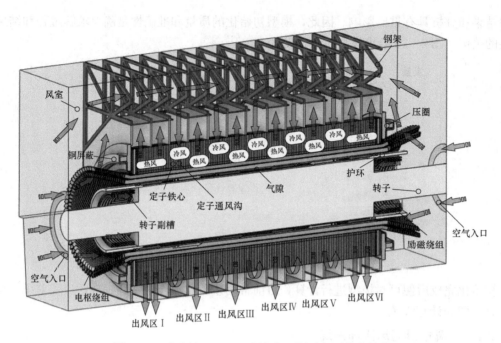

图 4-21　全空冷 300Mvar 调相机通风冷却系统的结构

度，以避免对部件造成不利影响。通过优化通风冷却系统的设计，可以有效地解决调相机中各发热部件的冷却问题。这不仅可以降低部件的温度，延长其使用寿命，还可以提高调相机的整体性能和可靠性。因此，在调相机的开发过程中，通风冷却系统的设计是一个重要的考虑因素。

300Mvar 大型调相机采用全空气冷却系统，通过风扇的作用，冷却气体主要分为三路进入调相机，以实现有效的冷却效果。首先，一路冷却气体经过定子绕组端部和顶部风罩进入定子进风区，这样可以冷却定子绕组和铁心，并流入气隙中。其次，另一路冷却气体流入转子，冷却励磁绕组的直线段和端部后，也进入气隙中。最后，还有一路冷却气体直接进入气隙，与前两路冷却气体一同流入出风区的定子通风沟，以冷却出风区的定子绕组和铁心。通过这样的设计，三路空气流动合并在一起，实现了全面的冷却效果，确保调相机的正常运行。这种全空气冷却系统的设计不仅提高了冷却效率，还降低了设备的重量。

除了上述提到的三路风道，定子端部结构件还特别设计了一个独立的风道。这个风道的作用是将被发热部件加热的空气与冷却器中的冷却水进行热交换，以散去热量。随后，经过热交换后的冷却空气再次被风扇压入调相机内部，形成了一个密闭循环通风的方式。独立风道设计的好处是，可以更加有效地将发热部件产生的热量散去，保持调相机的温度在合理的范围内。同时，通过与冷却器中的冷却水进行热交换，可以使冷却空气的温度得到降低，提高冷却效果。而通过风扇的压力，冷却空气再次被送入调相机内部，实现了循环通风，确保了冷却系统的稳定性和效率。这种密闭循环通风的设计不仅能够有效降低调相机的工作温度，还能够减轻设备的重量，提高整体性能。通过这样的优化设计，调相机能够在长时间运行中保持稳定的温度和可靠的工作状态，确保设备的正常运行。

为了进一步优化调相机的通风结构，定子采用一种 5 进 6 出的多路径通风结构，如图 4-22 所示。这种结构的设计旨在缩短定子风路的长度，从而有效降低高点温度，提高定子绕组与定子铁心绝缘的寿命。具体而言，这种多路径通风结构使得冷却空气可以通过五个进风口进入定子区域，然后通过六个出风口排出。通过增加进风口的数量，冷却空气可以更加均匀地分布到定子绕组和铁心的各个部位，有效降低了热点温度的产生。而通过增加出风口的数量，冷却空气可以更加顺畅地流出，避免了热空气滞留，进一步提高了冷却效果。

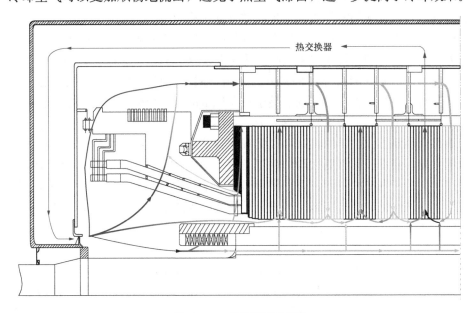

图 4 - 22　多路径通风结构

多路径通风结构的优势在于，能够有效地改善定子的散热性能，降低了热点温度，延长了定子绕组与定子铁心绝缘的使用寿命。同时，通过缩短风路长度，还能够减轻设备的重量，提高整体性能。通过这样的优化设计，调相机的通风结构更加高效，能够在长时间运行中保持稳定的温度和可靠的工作状态，确保设备的正常运行。

为了进一步提升转子绕组的冷却效果，调相机的转子绕组直线部分采用了斜副槽径向通风方式的设计。这种设计通过斜副槽将冷风引入转子绕组直线部分，经过径向风道对绕组直线部分进行冷却，然后从转子槽楔的出风口排出，最终进入气隙。具体来说，冷风从转子副槽进入转子绕组直线部分，通过斜副槽的设计，冷风可以有效地覆盖绕组直线部分的表面，实现全面的冷却。随后，冷风经过径向风道，将热量带走，降低绕组直线部分的温度。最后，冷风从转子槽楔的出风口排出，进入气隙，进一步冷却转子与定子之间的间隙。这种斜副槽径向通风方式的设计具有多重优势。首先，它能够有效提升转子绕组的冷却效果，降低绕组温度，延长绕组的使用寿命。其次，通过合理的风道设计，冷风能够充分覆盖绕组直线部分的表面，确保冷却效果的均匀性。此外，这种设计还能够减轻转子的热负荷，提高整体的热稳定性。使调相机的转子绕组得到了更好的冷却保护，确保了设备在长时间运行中的稳定性和可靠性。此外，调相机采用了一种两路通风结构。这种设计使得冷风可以从入风口进入绕组端部，直接对绕组端部进行冷却。其中，一路冷风从转子本体靠近端部的槽楔出风孔排出，进入气隙；另一路冷风则从端部弧段出风孔排出，经过大齿通风道进入气隙。具体来说，冷风从入风口进入转子绕组端部，直接对绕组端部进行冷却，有效降低绕组端部的温度。其中一路冷风通过转子本体靠近端部的槽楔出风孔排出，进入气隙，起到了冷却绕组与定子之间间隙的作用。另一路冷风则通过端部弧段出风孔排出，经过大齿通风道进入气隙，进一步冷却转子与定子之间的间隙。这种两路通风结构的设计具有多重优势。首先，它能够有效提升转子绕组端部的冷却效果，降低绕组端部的温度，延长绕组的使用寿命。其次，通过两路通风的方式，冷风能够充分覆盖绕组端部的表面，确保冷却效果的均匀性。此外，这种设计还能够减轻转子端部的热负荷，提高整体的热稳定性。

由于调相机励磁电流较高，并且还有 2.5 倍强励持续 15s 的过负荷要求，转子绕组的发热问题成为开发全空冷调相机的关键挑战。为了解决这个问题，采取了一系列优化措施。其中，通过调整槽楔出风孔的尺寸，将其分为几组不同的孔径，从中间向端部逐渐减小。同时，结合优化转子副槽的斜度，实现了转子轴向风量的均匀分配，从而降低了转子绕组的温度不均匀性，并减小了转子结构件的热应力。具体而言，调整槽楔出风孔的尺寸，使中间孔径相对于端部直径要小。这样的设计可以实现在转子运行时，冷风在槽楔出风孔处形成适当的速度和压力差，使冷风能够更加均匀地覆盖转子绕组的表面，有效冷却绕组的各个部位。同时，通过优化转子副槽的斜度，可以使冷风在转子副槽中形成合理的流动路径，进一步提高冷却效果。这种优化措施的实施能够降低转子绕组的温度不均匀性，避免热点的产生，提高绕组的散热效果。其次，通过减小转子结构件的热应力，可以延长转子的使用寿命，并提高整体的可靠性。

除了前面提到的优化措施，对转子绕组直线部分的多排通风孔结构和端部两路通风也进行了设计方案的优化，以有效控制励磁绕组的温度。在转子绕组直线部分，采用了多排通风孔结构的优化设计。通过合理布置多排通风孔，可以增加冷风的进入量，提高绕组直线部分的冷却效果。这种设计方案能够使冷风充分覆盖绕组直线部分的表面，有效降低绕组的温度，并确保绕组的正常运行。另外，在转子端部，采用了两路通风的设计方案。其中一路冷风通过转子本体靠近端部的槽楔出风孔排出，进入气隙，起到了冷却绕组与定子之间间隙的作用。另一路冷风则通过端部弧段出风孔排出，经过大齿通风道进入气隙，进一步冷却转子与定子之间的间隙。这种设计方案能够有效控制励磁绕组的温度，保持其在合理范围内。

在调相机的通风系统中，当冷风流经定子通风沟和转子绕组通风孔等风道时，会产生一定的压力损失。这种压力损失主要分为局部损失和沿程摩擦损失两种。局部损失是指在风道的特定位置，由于流动的不连续性或几何形状的变化而引起的能量损失。沿程摩擦损失是指冷风在长距离流动过程中，由于与风道壁面的摩擦而产生的能量损失。

在这两种损失中，局部损失往往占据主导地位，其损失程度远大于沿程摩擦损失。这是因为在定子通风沟和转子绕组通风孔等风道中，存在着许多几何形状的变化，如弯曲、收缩、扩张等，这些变化会导致冷风流动的不连续性，从而引起能量的损失。沿程摩擦损失是由于冷风与风道壁面之间的摩擦而产生的，虽然也会造成能量的损失，但相对于局部损失来说，其影响较小。

由于调相机本体沿轴向呈对称结构，因此，建立了一个 1/2 二维调相机流体网络模型。通过这个模型，可以对调相机内部的流动进行详细的研究和分析。流体网络如图 4-23 所示。

流体网络模型考虑了调相机内部的各个部件，包括定子通风沟、转子绕组通风孔等。通过对这个 1/2 二维调相机流体网络模型的研究，可以获得调相机内部流体流量分布。流量参数可以帮助我们了解调相机内部的流动特性，进而优化调相机的设计和性能，调相机关键部

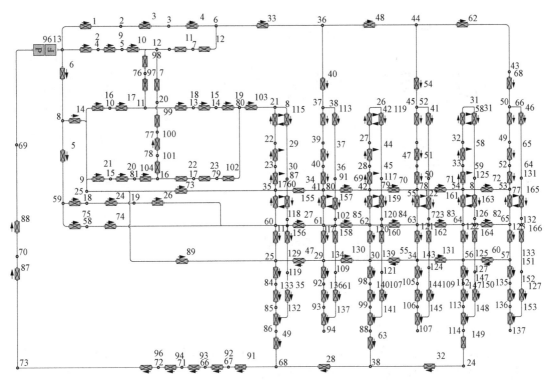

图 4-23　流体网络

件流量与标准值对比见表 4-1。通过这种方式，能够在减少计算复杂度的同时，掌握调相机内部流体流动的情况。这将为调相机的优化和改进提供重要的参考和指导。

表 4-1　　　　　　　　　　　　调相机关键部件流量与标准值对比　　　　　　　　　　　　（m³/s）

关键部件	二维流体网络	标准值	二维误差
转子流量	13.52	13.53	0.1%
单侧气隙	11.38	10.64	6.9%
进风区 I	5.15	5.20	1.0%
进风区 II	5.32	5.20	2.3%
进风区 III	2.64	2.60	1.5%
铜屏蔽风道内流量	4.51	4.80	6.0%
铜屏蔽风道外流量	2.50	2.60	3.8%

4.1.3　流固耦合模型及网格离散

大型同步调相机具有对称结构，其流固耦合场也呈对称分布。故建立 300Mvar 同步调相机 1/4 流固耦合模型作为求解模型，如图 4-24（a）所示。图 4-24（b）为定转子域模型，图 4-24（c）为风室入出口位置。

调相机的定子域模型，包括定子电枢绕组、铜屏蔽、磁屏蔽、压圈、压指和铁心叠片。调相机的转子域模型包括转子轴、励磁绕组和槽楔。定子包括 73 个铁心叠片，分布在 6 个

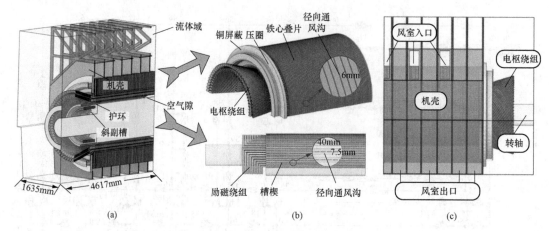

图 4-24　调相机流固耦合求解模型

（a）1/4 流固耦合模型；（b）定转子域模型；（c）风室入出口位置

风区中，并形成 72 个径向通风通道。励磁绕组和槽楔配有径向通风口，每个励磁绕组有 55 个径向通风口。

300Mvar 同步调相机与中小型电机不同，其独特而复杂的冷却结构是大型电机的特有结构。为了最大限度地利用计算资源，提高精度，减少处理时间，采用了非结构化多面体网格离散化。多面体网格的优点是它有许多相邻单元，可以更准确地计算控制体积的梯度。同时，与四面体等传统网格相比，多面体网格具有网格数量少、时间成本低、收敛性能高等特点。图 4-25 给出了不同网格中模型数量和随机存取存储器（RAM）占用量之间的比较。研究发现，多面体网格在数量和内存消耗方面具有优势。在网格生成过程中，选择合理的尺寸参数，合理细化超尺寸区域，并通过在通风沟等狭窄区域添加边界层来提高网格质量。

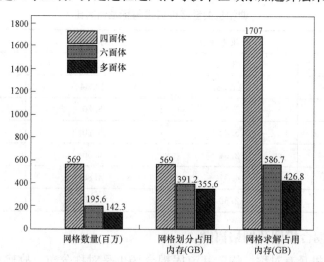

图 4-25　不同网格类型的数量与占用的 RAM 之间的比较

求解域中的多面体网格生成结果如图 4-26 所示，图 4-27 给出了转子域与定子铁心网格离散。为使近壁区域内更好地反映流体流动与散热特性在流固交界处设置边界层，边界层的层数为 5。调相机求解域中的网格总数为 142251039（约 1.4 亿），计算节点总数为

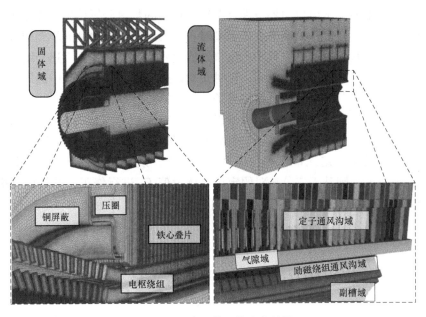

图 4-26 多面体网格生成结果

530131741（约 5.3 亿）。在整个流—热耦合场计算过程中，单机使用的最高有效随机内存为 928GB。

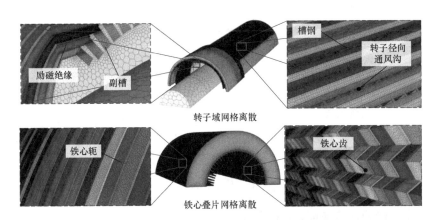

图 4-27 转子域与定子铁心网格离散

4.1.4 基于二分法迭代的边界确定方法及基本假设

在对同步调相机全域流固耦合模型网格离散后，应确定边界条件，赋予初始值。目前获得初始边界条件的手段较为单一且存在局限性，主要分为理论分析法、实验测试法、边界条件插值法、数值标定法。理论分析法需要依据系统的物理特性做出经验假设，尝试推导出出口处的流体或固体参数如压力、速度、温度等，其局限性在于根据经验的推导很难确保边界条件的精准性；实验测试法是直接获取边界条件最快速准确的方法，但却受到实验条件与测试设备的限制；边界条件插值法需要相邻位置的边界条件数据，可以使用插值方法来估算出口边界条件，这种方法的局限性在于不清楚相邻位置边界条件时无法使用该方法；数值标定法是采用穷举法，不断尝试出口边界条件直至获得正确的数值分析结果，此方法的局限性在于浪费时间成本，尤其在计算大规模数值模型时。本书所研究的大型同步调相机在边界条件获取时不完全具备实验条件，缺少调相机出口处的边界值；同时基于上述介绍方法获取边界条件时需要一定的精度或浪费大量时间。针对在初始边界条件获取方法中的局限性和上述难点，本书提出了基于二分法迭代的出口边界条件确定方法。

在确定出口压力边界条件时加入压力修正过程；首先给定模型的入口压力 F_n 与入口速度 V_i，并假定出口压力值 F_o，通过既定边界条件对模型内流体场进行求解，并获取新计算的入口压力值 F_i；比较给定入口压力与计算入口压力，残差 ε 小于千分之一即视为结果收敛。反之若差值较大，则基于二分法对假定出口压力值 F_o 进行修正，其具体分析流程及整体迭代过程如图 4-28 所示；修正的出口压力值由式（4-1）确定。

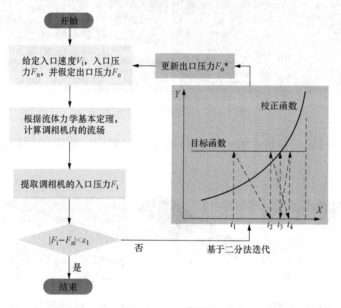

图 4-28　二分法确定边界条件迭代流程

$$F_o^* = F_o \pm \frac{|F_i - F_n|}{\eta} \qquad (4-1)$$

式中：η 为步长因子，影响计算速度，η 取值为 2。

图 4-28 给出了二分法迭代原理，X 坐标轴表示假定出口压力，校正函数为计算入口压力，目标函数为给定入口压力。当目标值与校正值一致时，计算结束。此时假定的出口压力值即可视为出口边界条件。此方法可以经较少的迭代次数确定模型的出口边界条件，同时可根据相同流程确定入口的边界条件，前提是已知出口的边界条件。通过二分法迭代确定出口压力边界初值为 743.9Pa。

结合同步调相机冷却系统特点，确定全域流固耦合模型求解边界条件并作出基本假设。

（1）同步调相机内流体流动状态为稳态流动，视为定常流动。

（2）由于调相机端部区域中流体的雷诺数远大于 2300，流动为紊流流动，计算时采用 Realizable k-ε 标准模型对流体进行求解。

（3）转轴截断面设为对称边界条件，流体域截断面设为对称边界条件。

（4）调相机流体场计算域内流体流速远小于声速，故视为不可压缩流动。

（5）考虑转子旋转，将转子旋转所带动的气隙内流体旋转视为与电机转速相同，为 314rad/s。

（6）风扇入口采用速度入口边界，根据实测确定入口风速为 70.45m/s，环境温度为 38.4℃。

（7）冷却介质的出口给定为压力出口，压力为 743.9Pa。

（8）对流固耦合模型中的散热面定义为壁面边界条件，其边界条件为

$$\lambda \frac{\partial T}{\partial n}\bigg|_{S_D} = -\alpha(T - T_f) \tag{4-2}$$

式中：S_D 为模型的散热面；α 为散热表面的散热系数，$W/(m^2 \cdot K)$；λ 为导热系数，$W/(m^2 \cdot K)$；T_f 为散热面周围流体的温度，K；n 为法向向量。

4.1.5 调相机流—热求解方法

在计算同步调相机额定运行状态下的流—热耦合场时为流热稳态分析，根据流体力学和传热理论，同步调相机内的流体流动和传热应符合质量、动量和能量守恒定律。

调相机内流体流动是复杂的流体演变过程，流体的流动状态对传热有很大的影响。本文调相机内流体流动视为湍流流动。计算时使用 Realizable k-ε 模型，与常见的标准 k-ε 模型相比，它包含的湍流黏度由式（4-6）给出。同时其 k-ε 输运方程是从准确的涡度波动的输运方程推导而来。

$$\begin{cases} \mu_t = \rho C_\mu \dfrac{k^2}{\varepsilon} \\ C_\mu = \dfrac{1}{A_0 + A_s \dfrac{k\sqrt{S_{ij}S_{ij} + \widetilde{\Omega}_{ij}\widetilde{\Omega}_{ij}}}{\varepsilon}} \\ \widetilde{\Omega}_{ij} = \overline{\Omega}_{ij} - 3\varepsilon_{ijk}\omega_k \end{cases} \tag{4-3}$$

式中：$\overline{\Omega}_{ij}$ 为在角速度为 ω_k 的旋转参考系中观察到的旋转张量的平均速率；A_0 和 A_s 为模型常数，$A_0 = 4.04$，$A_s = \sqrt{6}\cos\varphi$。

Realizable k-ε 模型输运方程为

$$\begin{cases} \dfrac{\partial}{\partial t}(\rho k) + \dfrac{\partial}{\partial x_j}(\rho k \mu_j) = \dfrac{\partial}{\partial x_j}\left[\left(\mu + \dfrac{\mu_t}{\sigma k}\right)\dfrac{\partial k}{\partial x_j}\right] + \\ P_k + P_b - \rho\varepsilon - Y_M + S_k \\ \dfrac{\partial}{\partial t}(\rho\varepsilon) + \dfrac{\partial}{\partial x_j}(\rho\varepsilon\mu_j) = \dfrac{\partial}{\partial x_j}\left[\left(\mu + \dfrac{\mu_t}{\sigma\varepsilon}\right)\dfrac{\partial\varepsilon}{\partial x_j}\right] + \\ \rho C_1 S_\varepsilon - \rho C_2 \dfrac{\varepsilon^2}{k + \sqrt{\upsilon\varepsilon}} + C_{1\varepsilon}\dfrac{\varepsilon}{k}C_{3\varepsilon}P_b + S_\varepsilon \end{cases} \tag{4-4}$$

式中：$C_1 = \max\left[0.43, \dfrac{\eta}{\eta+5}\right]$，$\eta = S\dfrac{k}{\varepsilon}$，$S = \sqrt{2}S_{ij}$；$R_k$ 为由于平均速度梯度而产生的湍流动能，以与标准 k-ε 模型相同的方式计算；P_b 为由于浮力而产生的湍流动能。

在计算同步调相机由额定运行状态过渡到极限过励磁运行状态下的流—热耦合场时为流热瞬态分析，在大型同步电机的大规模三维流固热耦合数值分析时，由于网格数量庞大，且

求解多维非线性方程组导致计算时间成本较高，尤其在计算瞬态问题时，以往的迭代时间推进方法需要在每个时间步长内将所有方程迭代求解，直到满足收敛标准。因此，按一个时间步长推进解决方案通常需要多次外部迭代，这样会增加计算时长。其具体求解流程如图 4-29（a）所示。基于 NITA 法对调相机全域内流—热耦合场进行瞬态求解，较传统的迭代时间推进方法的优势是：NITA 方法求解瞬态问题时不需要在每个时间步长内进行大量的外部迭代，在内部迭代时只求解单个方程，而后进行一次外部迭代即可实现计算收敛，缩减数值分析的时间成本，并获得精确的计算结果，其具体的迭代流程如图 4-29（b）所示。

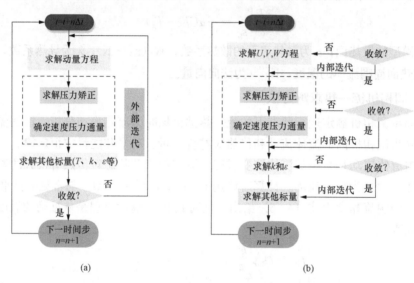

图 4-29 瞬态迭代求解工作流程
（a）迭代时间推进方法；（b）非迭代时间推进方法（NITA）

4.2 调相机全域内多路通风冷却介质流动规律

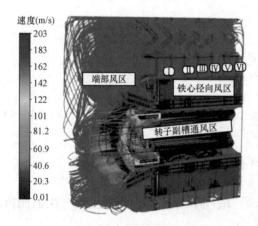

图 4-30 调相机流体域迹线

4.2.1 调相机流体域分布规律

根据建立的同步调相机全域流固耦合传热模型和网格离散化结果，对调相机的全域流体—温度耦合场进行了数值求解。基于二分法迭代法确定了模型的精确出口边界条件，同时无论调相机工作在额定运行工况或是极限运行工况下，其内部流体场的流体流动规律是不改变的，故以同步调相机工作在额定工况下稳定运行阶段为流体场求解背景。由于调相机冷却系统为多路通风循环冷却，冷却风路十分复杂，为了获得更真实准确的冷却流体流态分布，在基本假设前提下，采用有限体积法基于 Realizable k-ε 模型对调相机内全域流体场进行数值求解，得到计算域内各区域流体流动分布情况[26]。

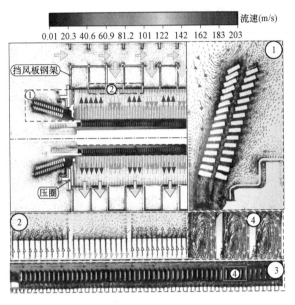

图 4 - 31　调相机中心截面流速分布

图 4 - 30 显示了同步调相机冷却系统的计算流体轨迹，其中沿轴向的定子冷空气区和热空气区为Ⅰ－Ⅵ。其中，Ⅰ、Ⅲ和Ⅴ为热风区，Ⅱ、Ⅳ和Ⅵ为冷风区。图 4 - 31 显示了 300Mvar 同步调相机中心截面流速分布。结合图 4 - 30 和图 4 - 31 可以看出，同步调相机全流域流体流速的最高位置出现在转子端域，这受到转子域内风量分布和旋转的影响。在广阔的电机风室内，流速相对较低。

由调相机中心截面流速分布情况可以看出，调相机全流域内流体流动速度较为平均，在调相机励磁绕组端部及气隙端部处流速偏高；这是受到转子转动的影响。各冷热风区内的流体流速相差不大，为研究调相机各风区周向流体流态分布情况，在气隙中提取沿逆时针方向 0°、45°、90°、135°和180°五处流速分布结果，如图 4 - 32 所示。气隙中靠近顶部气室侧和靠近出口侧（0°、180°）的相应位置处的流体速度受Ⅱ、Ⅳ和Ⅵ空气区入口空气的影响很大。其他角度位置也受到上述因素的影响，但影响相对较小。

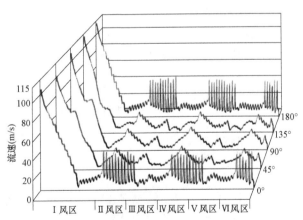

图 4 - 32　不同风区气隙中的流体速度分布

4.2.2　调相机转子域复杂流态分析

调相机转子冷却系统的流体流动更为复杂，转子采用副斜槽轴向通风冷却并通过均匀分布在转子绕组内的径向通风口与气隙连通，以达到优良的冷却效果。同时，转子的旋转影响转子流体域内的流速分布，在计算调相机流体场时考虑了转子旋转带来的影响，在旋转体流

103

固交接面处施加旋转坐标系以更真实反映转子转动带来的影响。

转子域的温升主要是由励磁绕组引起的，调相机针对转子的降温选择副槽结构，同时在转子励磁绕组直线段区域开设径向通风孔。由于其冷却系统具有对称性，故仅研究 1/2 转子域内的流体流态分布特性。定义转子副槽沿逆时针方向分别为 1~18 号，转子径向通风孔沿轴向分别为 1~55 号，如图 4 - 33 所示。对副槽与转子径向通风孔内冷却介质流速分布情况进行研究，可以发现冷却的系统在转子域的流体流动特性是否合理，并可以进一步判断转子域结构的温升分布特性。

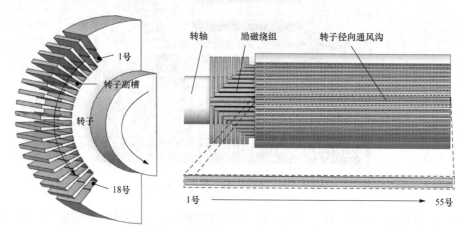

图 4 - 33　转子副槽与径向通风沟标记

图 4 - 34（a）显示了转子副槽中流体的平均流速，图 4 - 34（b）显示了每个励磁绕组径向通风通道中的流速分布。励磁绕组按逆时针方向标记为 1~18 号。励磁绕组通风沟从轴向端部开始标记为 1~55 号。冷空气进入副槽后的最大流速为 109.3m/s，并随着轴向深度逐渐减小。1 号和 18 号副槽内的平均流体速度较低，这是由于受到转子的小槽结构的影响。冷空气在副槽中轴向流动以冷却励磁绕组，并通过励磁绕组中的径向通风通

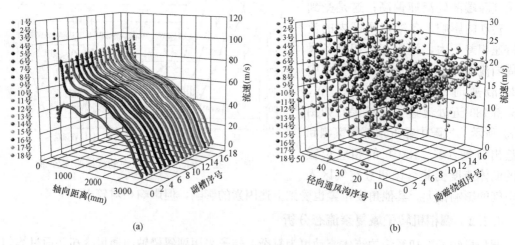

(a)　　　　　　　　　　　　　(b)

图 4 - 34　转子域平均流体速度分布

（a）副槽内流速分布；（b）径向通风沟内流速分布

道冷却励磁绕组内部。1~18 号励磁绕组径向通风道内最小平均风速依次增大。励磁绕组 1 号的 17~21 号、36~40 号通风沟平均风速最低。这两段通风沟位于顶部空气室的冷空气区的入口处。励磁绕组通风管道中的平均流速受到定子区域中流体分布的影响。励磁绕组 1 号的通风沟中的流体流速受影响最大,通风沟中流体流速受逆时针方向至 18 号励磁绕组的影响较小。这是由励磁绕组的位置与气室风区入口之间的距离决定的,符合流体流动定律。

4.3　调相机全域稳态与暂态传热分析

同步调相机全域热分析流程如图 4-35 所示。对 300Mvar 同步调相机整个区域内的流固耦合稳态及瞬态温升进行研究。

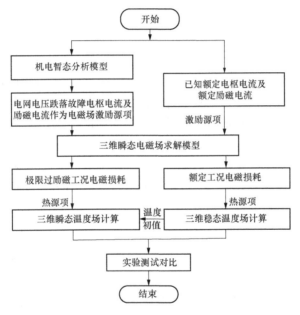

图 4-35　全域热分析流程

额定工况为同步调相机稳定吸收 300Mvar 无功功率运行,极限运行工况是指电网发生电压跌落至 0.6p.u. 故障时调相机所处的强过励磁运行状态。此时调相机的机端电压跌落至 16.12kV ($0.8U_N$),而电枢电流和励磁电流同时发生变化,励磁电流近 2.5 倍励磁电流,电枢电流近 3.5 倍过载电流。这里所描述的极限工况为同时发生电枢电流过载与励磁电流过励磁电流的工况。在同步调相机瞬态热分析时,是将励磁电流与电枢电流作为励磁源加载至电磁场分析模型中,确定调相机各部件电磁损耗,并将其以热源项加载至瞬态温度场数值分析模型。在瞬态温度场分析中首先确定调相机以额定工况稳定运行时的温度场,进一步模拟调相机极限过励磁工况下运行 15s。对此过程瞬态温升变化进行研究,分别分析励磁绕组、电枢绕组、铁心和铜屏蔽的瞬态温度变化规律。

对调相机两种典型运行状态下结构的热密度进行计算,主要结构件包括铜屏蔽、压圈、远近压指、磁屏蔽。具体的热密度参数表见表 4-2。

表 4-2 调相机结构件热密度参数 (W/m³)

结构名称	额定运行	极限运行	增幅（倍）
铜屏蔽 A	52140	1572735	30.16
铜屏蔽 B	18037	460623	25.54
铜屏蔽 C	99682	2592402	26.01
铜屏蔽 D	910205	24381497	26.79
铜屏蔽 E	2197939	56795717	25.84
上层压圈	476	1417	2.98
下层压圈	2293	19446	8.48
远压指	445	9344	21.00
近压指	3068	49061	16.00
磁屏蔽	3336	18672	6.60

通过表 4-2 可以发现，调相机在极限过励磁阶段的端部结构热密度远高于额定工况运行。其中铜屏蔽的增幅最为明显，故在调相机 15s 极限运行阶段，端部铜屏蔽结构的温升更值得注意。由于两种工况都属于过励磁运行，此时调相机内的磁场方向不会发生过多变化，只是磁场强度的增加；容易得出极限过励磁工况下调相机各个结构的热密度都会增加，所有部件的温度都会升高。

为得到调相机冷却系统对于最严苛工作环境下的调相机结构的散热作用，以调相机稳定额定运行为初始条件，进一步研究 15s 极限过励磁时调相机的温度分布规律。

4.3.1　额定运行工况下调相机全域热分析

为了综合考虑发电机整体结构对传热的影响，采用全域流固耦合模型对调相机端部和直线段的温度分布进行计算和分析。为了研究全空冷系统对调相机传热的影响，分别分析了调相机转子区域、定子端部区域和定子线截面区域的温度分布。励磁绕组的温度分布如图 4-36 所示。励磁绕组的最低温度为 54.7℃，出现在端部区域。最高温度为 115℃，出现在定子的冷空气区域。结合图 4-33 和图 4-34 可以看出，17～21 号、36～40 号通风通道附近位置的温度为转子励磁绕组的热区。励磁绕组的端部温度主要分布在 60.7℃～72.8℃，励磁绕组的末端直接受到入口处冷空气的影响，降温效果明显。直线段过渡区的温度为 84.8℃，随着流体轴向距离的加深，沿途的风损失增加；励磁绕组的温度沿轴向逐渐升高。在 17～21 号和 36～40 号通风沟的区域内出现反差。这是由于冷空气域中流体流入的影响，导致域中通风沟中的流体流速降低，冷却效果减弱。

图 4-37 给出了铜屏蔽的温度分布及其在近壁面流体速度与温度分布。通过划分阶梯式铜屏蔽壁附近的 ef、fg、gh 和 hi，对流体的流速和温度进行采样和分析。壁附近的流体温度受铜屏蔽温度和流体速度的影响，并在 gh 段达到峰值。铜屏蔽的最低温度为 44.9℃。最高温度为 67.2℃。最高温度出现在 hi 部分。近壁流体速度在 ef 和 fg 段为 0～5m/s，在 gh 和 hi 段的 i 点达到峰值。hi 段的冷却效果最好，但该部分损失较大。温度仍然高于其他部分。

电枢绕组的温度分布如图 4-38 所示。可以看出，上层绕组的温度低于下层绕组的温

度。端部区域的上下层电枢绕组之间的温差最为明显。端部电枢绕组的温度分布主要受冷却
介质的影响。

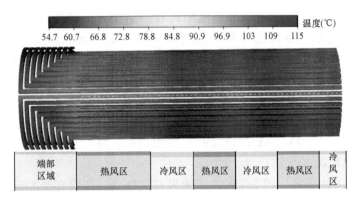

图 4-36　励磁绕组温度分布

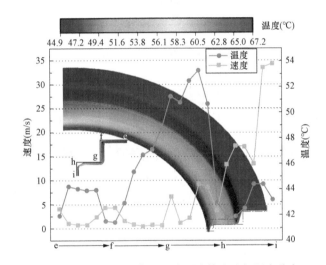

图 4-37　铜屏蔽温度及近壁面流体流速与温度分布

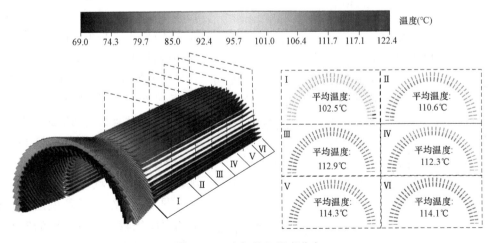

图 4-38　电枢绕组温度分布

　　随着电枢绕组从端部向直线段加深，气隙中的冷却介质流速衰减。铁心径向通风通道中的冷却液对绕组的冷却效果比气隙中的冷却效果更明显。因此，直线段中电枢绕组的温度沿着轴向方向增加。但受冷却介质流动路径的影响，电枢绕组在冷风域的温度低于热风域的温度。在电枢绕组温度分布中还可以发现，定子区域也受到转子区域的影响。由于转子和挡圈的存在，端部过渡区的流体速度可达 80m/s 左右。这使得这里的温度略低于冷风区中的绕组温度，尽管末端过渡区在热风区中。电枢绕组的温差较大，主要体现在端部和直部区域。这是由于两个区域之间的冷却介质流量存在较大差异。当仅考虑直线段的温差时，最高温度为 122.4℃，最低温度为 106.4℃。Ⅰ～Ⅵ风区中心段电枢绕组平均温度为 102.5℃、110.6℃、112.9℃、112.3℃、114.3℃和114.1℃。其轴向温差较小，最热点在热风区。

　　为了探讨 5 进 6 出通风冷却系统的冷却效果和优缺点，在研究凝汽器轴向温度分布时，主要对定子直线段铁心叠片的温度进行了分析。图 4-39 给出了铁心叠片的温度分布。图中的方向 a 到 b 是从同步调相机的末端到线性部分。

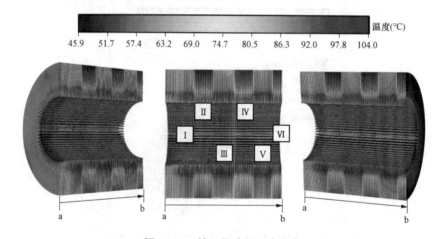

图 4-39　铁心叠片的温度分布

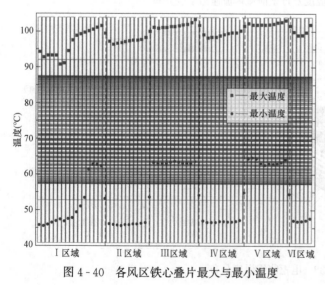

图 4-40　各风区铁心叠片最大与最小温度

　　铁心的最低温度在磁轭处，为 45.9℃；齿的最高温度为 104℃。图 4-40 给出了每个风区铁心叠片的最高和最低温度值。可以看出，不同铁心叠片的最高温度为 91.5℃～104℃，温差较小；最低气温为 45.8℃～64.9℃，温差较大。铁心叠片温度呈高齿低轭分布，不同风区铁心温度变化较大。图中Ⅱ、Ⅳ、Ⅵ域为冷空气域，Ⅰ、Ⅲ、Ⅴ域为热空气域。

　　图 4-41 给出了各风区铁心齿和轭的温度比较。冷空气区的铁心温度明显低于热空气区的铁心温度。铁心

轭在Ⅱ、Ⅳ、Ⅵ风区的温度为 45.9℃～82.3℃，铁心轭在Ⅰ、Ⅲ、Ⅴ风区的温度为 63.2℃
～91.8℃，与轭部的温差相比，齿部的
温差并不明显，仅在Ⅰ区的铁心齿部温
度较低。Ⅰ区铁心齿温为 57.4℃～
104℃，温差较大。这是因为风区Ⅰ的铁
心叠片数量多于其他风区，并且靠近端
部区域的铁心叠片齿受到气隙中冷却介
质的影响，温度较低。比较Ⅲ和Ⅴ风区
铁心的温度，铁心轭和铁心齿的温度分
布基本相同。两者都在 76℃～104℃。

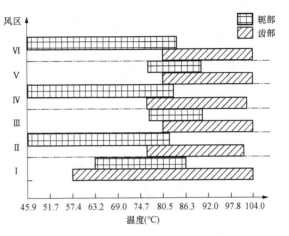

图 4-41　各风区铁心齿和轭的温度比较

通过对铁心叠片温度分布规律的分
析，发现 5 进 6 出通风冷却系统存在不同
风区温差较大的问题。但不同热风区的
流体分布是合理的，对铁心的冷却效果
基本相同。铁心叠片的最高温度出现在热风区。最高气温 104℃，符合同步调相机的温升限
制规则。

4.3.2　极限过励磁运行工况下调相机瞬态热分析

为研究多路交替循环风冷系统是否满足同步调相机极限过励磁运行工况下的散热需求，
本节以调相机额定工况稳定运行状态下温度为初值，求解由额定工况瞬时转变为极限过励磁
工况并维持 15s 时间内的流—热耦合场。当电网故障发生时，调相机通过控制励磁电流和电
枢电流的突增做出瞬时响应来补偿电网中的电压降。此时，铜损耗也相应增加，这对调相机
绕组温度产生影响。

图 4-42 给出了励磁绕组 15s 内的温度分布变化，图 4-43 给出了电枢绕组 15s 内的温
度分布改变。从 0s 时励磁绕组和电枢绕组的温度分布来看，在调相机的额定运行期间，励
磁绕组和电枢绕组的最低温度值出现在端部区域。这是由于端部绕组靠近通风冷却系统风
扇，端部区域冷却气体温度较低；另外，端部绕组完全裸露在冷却介质中，而直线段定子绕
组及励磁绕组被铁心包裹，不仅散热条件较差还受铁心发热的影响，因此调相机额定运行时
励磁绕组和电枢绕组的最低温度出现在端部区域。

调相机直线段绕组的温度是冷热交替的，这受到调相机多路交替通风冷却系统的影响。
同时，励磁绕组主要受转副槽的轴向通风和励磁绕组径向通风沟的径向通风冷却，而调相机
定子侧冷空气区的流体流动会抑制励磁绕组的径向通风和冷却。这导致励磁绕组和电枢绕组
的冷区和热区存在位置交替的差异，且上层电枢绕组的温度低于下部层绕组的温度。

调相机的通风冷却系统不会因运行状态的变化而改变，因此调相机绕组的温度分布在极
端过励磁运行期间不会改变。从图 4-42 中可以看出，在 15s 内励磁绕组的最高温度从
115.4℃上升到 126℃，最低温度值从 55.5℃上升到 64.4℃。在 15s 内，电枢绕组的最高温
度从 123.4℃上升到 141℃，最低温度从 70.4℃上升到 89℃。调相机的绝缘等级为 F 级，最
高温度限制为 155℃。在极端过励磁操作 15s 后，调相机绕组温度仍在安全操作标准范围
内。从图中可以看出在 15s 极限运行过程中，励磁绕组及电枢绕组的最值温升都是呈线性关
系的。

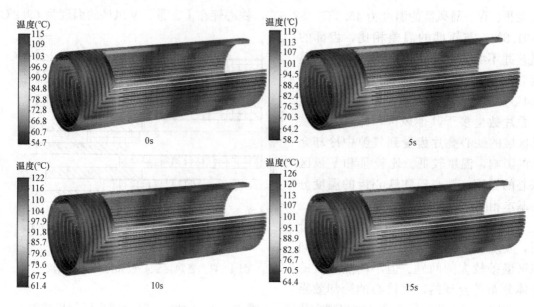

图 4 - 42　励磁绕组 15s 内的温度变化

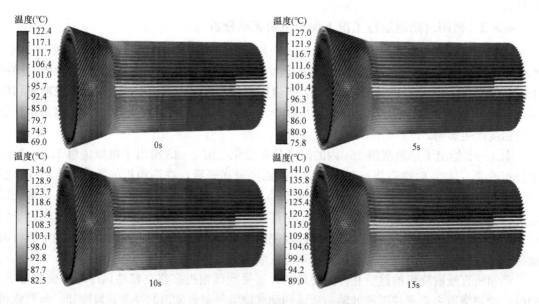

图 4 - 43　电枢绕组 15s 内的温度变化

图 4 - 45 给出了铜屏蔽在 15s 内的温度变化模式。从图中可以看出,铜屏蔽的最高温度位于内圆侧。随着阶梯式屏蔽的扩展,温度逐渐降低。铜屏蔽的最高温度值从 67.2℃增加到 197℃,最低温度值从 44.9℃增加到 48.6℃。最高温度值升高了 129.8℃。这是由于铜屏蔽的阶梯型结构影响,导致调相机在极端过励磁下运行时,铜屏蔽不同部分的磁通密度相差较大,并产生相应的涡流损耗。

　　为了探讨 5 进 6 出通风冷却系统的冷却效果,在研究调相机轴向温度分布时,对定子铁心叠片的温度进行了分析。图 4 - 46 给出了调相机铁心叠片在极限过励磁运行 15s 时的温度变化状态。图 4 - 46 (a) 所示 0s 时温度分布即为额定运行稳定时铁心的温度分布。

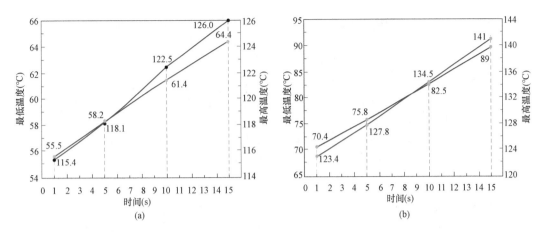

图 4 - 44　电网电压跌落下调相机绕组最值温度变化

（a）励磁绕组 15s 内瞬态最值温度变化；（b）电枢绕组 15s 内瞬态最值温度变化

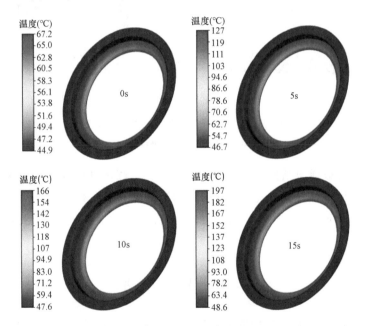

图 4 - 45　电网电压跌落下铜屏蔽温度变化

　　铁心叠片Ⅰ、Ⅲ、Ⅴ区对应调相机的热风区，Ⅱ、Ⅳ、Ⅵ区对应冷风区。从图中可以看出，铁心叠片的温度分布呈现交替分布的状态。铁心叠片的最高温度值从 104℃ 上升到 111℃，最低温度值保持不变，为 45.9℃。额定状态运行时铁心温度计算最大值为 104℃，其最热点位置位于靠近顶部风腔侧的边段铁心齿部。铁心叠片在极限过励磁运行时的温升相对较慢，同时，铁心叠片不同于励磁绕组、电枢绕组与铜屏蔽，其最低温度并未出现变化，始终保持在 45.9℃，主要原因是铁心损耗增加并不十分明显，并且由于受调相机的多路通风冷却系统的影响，铁心具有良好散热效果。同时靠近调相机端部区域的铁心叠片齿部通过气隙轴向通风和铁心径向通风道径向通风进行冷却，从而实现更好的散热。

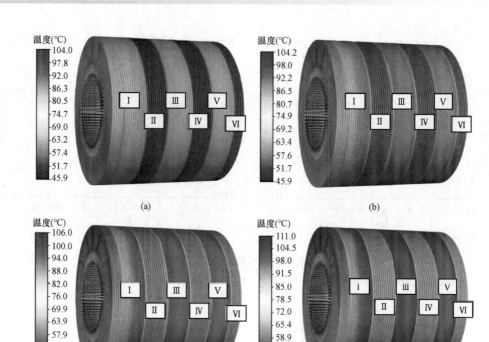

图 4 - 46　电网电压跌落下铁心叠片温度变化

(a) 0s；(b) 5s；(c) 10s；(d) 15s

通过以上分析可以得出结论，当电网电压跌落后，调相机在极限过励磁工况下运行 15s 时，励磁绕组、电枢绕组、铁心叠片和铜屏蔽的温度呈上升趋势。铜屏蔽的温度上升幅度最大。在 15s 极限运行的要求时间内，调相机内各结构构件的温升符合安运行标准，满足工作要求。

4.4　小　　结

本章建立了 300Mvar 同步调相机全域流固耦合模型并对其流体场与温度场求解，避免了使用边界条件间接研究大型同步发电机局部模型的传统方法；考虑了温度对流体的影响，进而对调相机内流体流态分布规律及温度分布规律进行分析。

（1）基于二分法迭代法以较少的迭代次数确定流固耦合模型的出口边界条件；基于 NI-TA 法的求解流程，对调相机全域流—热场方程单独求解，进行内部迭代，提高了计算效率；经测温实验对比，验证了该计算方法的精确性。

（2）在调相机的通风冷却系统中，直线段交替通风区内各风区的气流分布是均匀的；整个流域内流体流速的最高位置出现在转子端部区域。气隙和励磁绕组径向通风通道中的流速受定子风区分布的影响。

（3）励磁绕组在直线段区域内具有交替分布的热区和冷区，热区的轴向位置对应于定子的冷风区域。电枢绕组直线段的轴向温差较小，最热点在热风区。在这种通风系统的冷却下，端部电枢绕组的温升较低。有效抑制直线段绕组的温升是提高调相机性能的关键。

（4）铁心叠片温度呈齿高轭低分布；Ⅰ区铁心齿的温度具有温差大、温度低的特点。调相机铁心叠片在冷、热风区的轴向温差较大，但在不同风区的流量分布均匀。调相机在极限过励磁运行的 15s 内，励磁绕组、电枢绕组、铁心叠片和铜屏蔽的温度都会升高。铁心叠片温升最小，铜屏蔽温升最大。电枢绕组、励磁绕组、铁心叠片、端部铜屏蔽等主要加热结构的温升不会影响调相机的正常运行，并留有较大的裕度。

第5章 大型发电机端部电磁场及结构件涡流损耗

大型汽轮发电机定子绕组电流大，在空间产生的磁场强度较高，因此对大型汽轮发电机端部漏磁场与结构件涡流损耗的研究具有重要的科学意义。由于发电机异相绕组之间存在电位差，特别是超大容量大型汽轮发电机，因其定子电压等级较高，对于端部绕组而言，这种异相绕组之间的电位差会明显增加。因此在大型汽轮发电机设计时，通常采用不等间距的端部绕组结构形式，即增加端部异相绕组之间的距离，同时缩短端部同相绕组之间的距离来防止或消除端部异相绕组之间的电位差所引起的发电机电晕现象的发生。

5.1 大型发电机瞬态磁场

5.1.1 大型发电机二维电磁场分析模型

有限元法作为电磁场分析常用方法，具有准确度高、应用简便等优势。采用有限元法对大型汽轮发电机端部区域进行分析，首先要建立大型发电机端部区域磁场分析模型。

图 5-1 给出了电磁场分析软件 Electromagnetics Suite 的操作界面，操作界面主要有 6 个工作区域[27]。

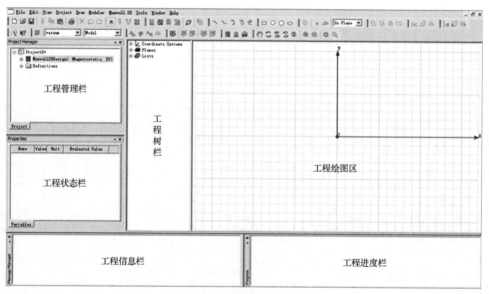

图 5-1　软件操作界面

根据某 AP1000 核电半速汽轮发电机结构，建立其直线段二维电磁场分析模型，如图 5-2 所示。

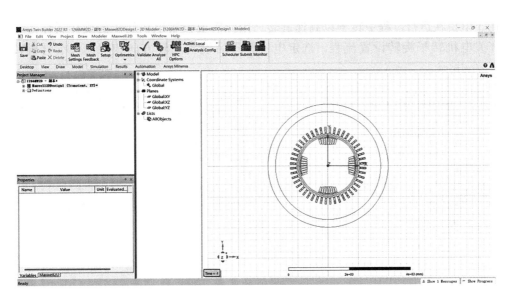

图 5-2　二维电磁场分析模型

模型建立完成后，需要根据电机实际结构对模型各个结构件进行材料赋值，赋予模型材料属性，对于系统中不存在的材料，需手动添加材料属性。图 5-3 给出了添加材料及赋值过程。

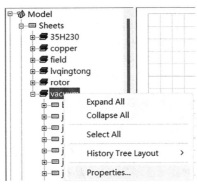

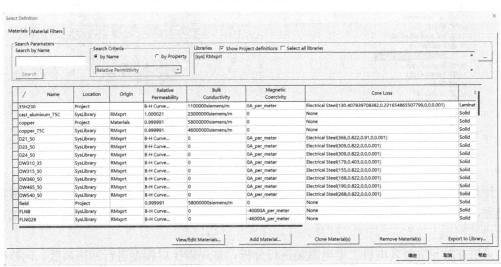

Name	Location	Origin	Relative Permeability	Bulk Conductivity	Magnetic Coercivity	Core Loss	
35H230	Project		B-H Curve...	1100000siemens/m	0A_per_meter	Electrical Steel(130.407839708382,0.221654865507799,0,0,0.001)	Laminat
cast_aluminum_75C	SysLibrary	RMxprt	1.000021	23000000siemens/m		None	Solid
copper	Project	Materials	0.999991	58000000siemens/m	0	None	Solid
copper_75C	SysLibrary	RMxprt	0.999991	46000000siemens/m		None	Solid
D21_50	SysLibrary	RMxprt	B-H Curve...	0	0A_per_meter	Electrical Steel(366,0.822,0.91,0,0.001)	Solid
D23_50	SysLibrary	RMxprt	B-H Curve...	0	0A_per_meter	Electrical Steel(309,0.822,0,0,0.001)	Solid
D24_50	SysLibrary	RMxprt	B-H Curve...	0	0A_per_meter	Electrical Steel(309,0.822,0,0,0.001)	Solid
DW310_35	SysLibrary	RMxprt	B-H Curve...	0	0A_per_meter	Electrical Steel(179,0.403,0,0,0.001)	Solid
DW315_50	SysLibrary	RMxprt	B-H Curve...	0	0A_per_meter	Electrical Steel(155,0.822,0,0,0.001)	Solid
DW360_50	SysLibrary	RMxprt	B-H Curve...	0	0A_per_meter	Electrical Steel(168,0.822,0,0,0.001)	Solid
DW465_50	SysLibrary	RMxprt	B-H Curve...	0	0A_per_meter	Electrical Steel(190,0.822,0,0,0.001)	Solid
DW540_50	SysLibrary	RMxprt	B-H Curve...	0	0A_per_meter	Electrical Steel(268,0.822,0,0,0.001)	Solid
field	Project		0.999991	58000000siemens/m		None	Solid
FLN8	SysLibrary	RMxprt	B-H Curve...	0	-40000A_per_meter	None	Solid
FLNG28	SysLibrary	RMxprt	B-H Curve...	0	-46000A_per_meter	None	Solid

图 5-3　添加材料及赋值

由于电机在运行过程中转子以高速旋转，因此需要设置电机转子的旋转属性，图 5-4 给出了发电机转子旋转设置流程，选定电机转子后设置旋转方向和转速，本电机转速为 1500rad/min。

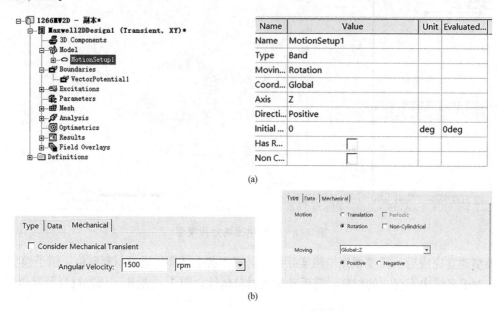

(a)

(b)

图 5-4　发电机转子旋转设置过程

（a）旋转模块；（b）旋转角度和方向设置

发电机求解域需要设置边界，图 5-5 给出了边界设置流程。

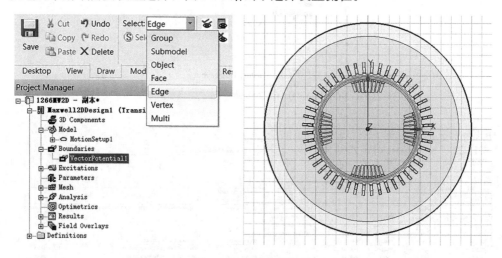

图 5-5　电机边界设置

计算模型需对电枢设置励磁源，本电机采用电流源激励，图 5-6 给出了电机励磁源设置流程，首先按照电机绕组实际排布情况设置三相绕组，根据电机运行情况施加合理的电流激励。

采用有限元法对发电机二维电磁场进行分析，首先需要对模型进行网格离散，网格数量和质量不仅影响到计算的精度和计算成本，在保证计算精度的前提下尽可能降低网格数量，有助于降低计算时间和计算资源，提高计算效率。图 5-7 所示为网格离散设置。

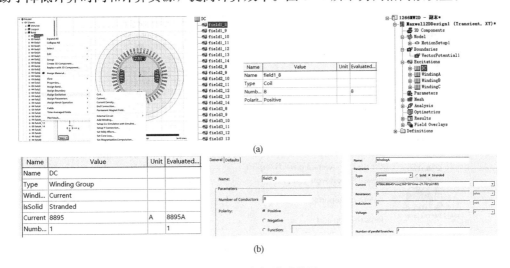

(a)

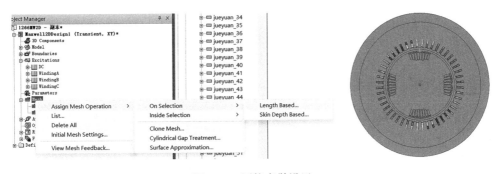

(b)

图 5-6　电机激励设置

(a) 三相绕组设置；(b) 激励电流设置

图 5-7　网格离散设置

网格离散设置完成后，需要对求解模块进行设置，包括瞬态计算时间和步长。根据电机极对数和转速合理地设置时间步长可以使计算更为准确。图 5-8 所示为求解模块设置过程。

图 5-8　求解模块设置

模型计算完成后，在 Results 模块中对计算结果进行提取分析，图 5-9 所示为计算结果提取过程。

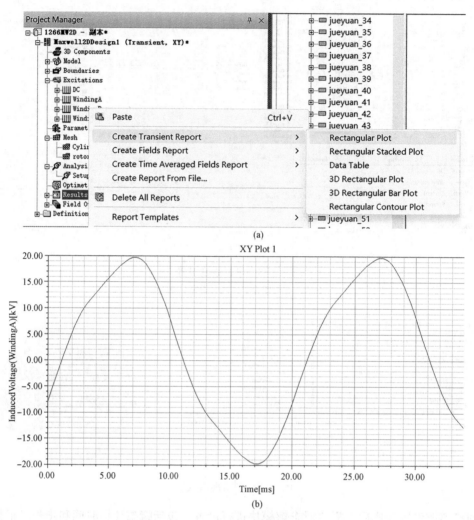

(a)

(b)

图 5-9　计算结果提取过程

（a）Results 模块；（b）电机单相电流

5.1.2　大型发电机端部区域三维电磁场分析模型

与直线段区域不同，发电机端部区域结构和电磁场分布情况更为复杂，二维电磁场分析模型难以准确模拟发电机端部区域电磁场分析情况[28]。因此，需建立发电机端部区域三维电磁场分析模型，并对磁场和损耗分布进行分析[29]。

在考虑了大型汽轮发电机端部结构特点的基础上，根据某 AP1000 核电汽轮发电机的实际结构和运行工况，构建了包括屏蔽压板、磁屏蔽、压圈、压指、定子铁心、转子铁心、励磁绕组在内的汽轮发电机端部三维电磁场物理模型，如图 5-10 所示。

AP1000 超大容量核电半速汽轮发电机其端部绕组为不等距分布。齿压板置于端部定子铁心上方，其作用是用来压紧定子铁心冲片。端部齿压板采用镂空式结构，齿压板前端的压指为双根结构，每两根压指作为一对压指集成在的齿压板底座齿板上，最终压在定子单个齿上。端部齿压板结构如图 5-11 所示。压圈位于齿压板上，在压圈的上方分布有五层内径逐渐增大的磁屏蔽，磁屏蔽上放置有屏蔽压板。

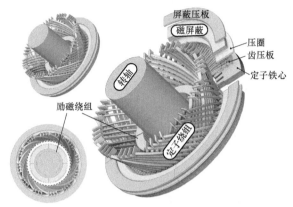

图 5-10　汽轮发电机端部三维电磁场物理模型

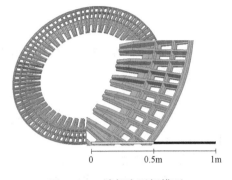

图 5-11　端部齿压板模型

核电汽轮发电机作为一种容量更大的发电机设备，其空载和负载运行时端部漏磁分布和结构件涡流损耗更大。表 5-1 给出了该汽轮发电机基本结构参数。

表 5-1　汽轮发电机基本结构参数

参数	数值	参数	数值
额定容量（MVA）	1407	额定功率因数	0.9
额定电压（kV）	24	额定频率（Hz）	50
定子额定电流（A）	33847	定子外径（mm）	3500
额定转速（rad/min）	1500	定子槽数	48
额定励磁电流（A）	9265	级数	4

5.1.3　发电机端部结构件电磁场数学模型

核电汽轮发电机端部电磁场求解域 Ω 可分为包括屏蔽压板、齿压板和压圈的涡流区域 V_1（阴影）和包括定子绕组、励磁绕组以及空气域的非涡流区域 V_2，如图 5-12 所示。

以矢量电位 $\boldsymbol{T}$ 和标量电位 ψ 为未知函数，建立 AP1000 核电汽轮发电机端部三维电磁场数学模型[30]。

在涡流区 V_1 有

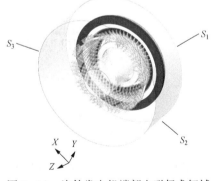

图 5-12　汽轮发电机端部电磁场求解域

$$\begin{cases} \nabla\times(\rho\,\nabla\times\boldsymbol{T})-\nabla(\rho\,\nabla\cdot\boldsymbol{T})+\dfrac{\partial\mu(\boldsymbol{T}-\nabla\psi)}{\partial t}=\dfrac{\partial\mu\boldsymbol{H}_{\mathrm{s}}}{\partial t} \\ \nabla\cdot(\mu\boldsymbol{T}-\mu\,\nabla\psi)=-\nabla\cdot(\mu\boldsymbol{H}_{\mathrm{s}}) \end{cases} \tag{5-1}$$

在非涡流区 V_2 有

$$\nabla\cdot(\mu\,\nabla\psi)=\nabla\cdot(\mu\boldsymbol{H}_{\mathrm{s}}) \tag{5-2}$$

式中：$\boldsymbol{H}_{\mathrm{s}}$ 为由电枢电流和励磁电流共同作用所产生的磁场强度；ρ 为电阻率；μ 为磁导率；

119

t 为时间。

三维电磁场数学模型满足的边界条件为

$$\begin{cases} \left.\dfrac{\partial \psi}{\partial \boldsymbol{n}}\right|_{S_1,S_2} = 0 \\ \left.\psi\right|_{S_3} = \psi_0 \end{cases} \tag{5-3}$$

式中：ψ_0 为初始时刻的标量磁位；$\boldsymbol{n}$ 为边界面的法向量。

初始条件为

$$\begin{cases} \left.\boldsymbol{T}\right|_{t=0} = \boldsymbol{T}_0(x,y,z) \\ \left.\psi\right|_{t=0} = \psi_0(x,y,z) \end{cases} \tag{5-4}$$

式中：$\boldsymbol{T}_0$ 为初始时刻的矢量电位。

为了使分析简便，可在满足工程实际的前提下做出如下假设：

（1）忽略绕组电流高次谐波，不计位移电流的影响。

（2）各金属构件表面之间的接触被认为是完整的电接触。

5.1.4　空载和额定负载工况端部磁场

根据发电机的运行原理和运行方式，结合发电机的相量图，首先确定了发电机的定子有效段的励磁电动势，基于二维电磁场计算得到的发电机空载和额定负载工况时的磁场分布如图 5 - 13 所示。

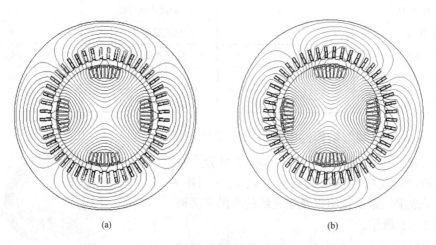

(a)　　　　　　　　　　　　　　(b)

图 5 - 13　发电机空载和额定负载工况时的磁场分布
(a) 空载；(b) 负载

在求解 AP1000 核电半速汽轮发电机端部三维瞬态电磁场时，基于四面体单元对发电机端部求解域进行空间离散，发电机端部分结构件的剖分结果如图 5 - 14 所示。

通过对 AP1000 核电半速汽轮发电机端部三维瞬态涡流场进行计算，得到各结构件的涡流。图 5 - 15 给出了额定负载运行时发电机端部屏蔽压板的涡流矢量分布，AP1000 核电汽轮发电机转子为四极结构，可以看出屏蔽压板涡流电密矢量在圆周方向上形成四个环状的闭合涡流环。

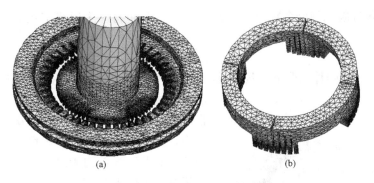

图 5-14　发电机端部分结构剖分结果

（a）端部定转子部分结构剖分；（b）端部励磁绕组剖分

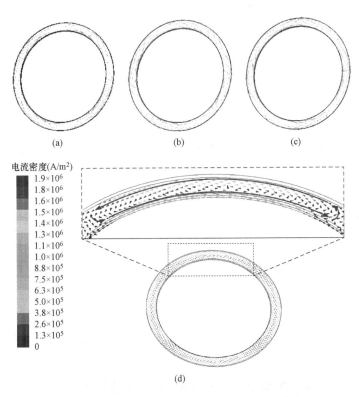

图 5-15　发电机端部屏蔽压板的涡流矢量分布

（a）0.096s；（b）0.098s；（c）0.1s；（d）0.1s

5.2　发电机端部结构件涡流损耗

根据瞬时涡流电流密度结果，可进一步确定 AP1000 核电汽轮发电机各端部结构件的涡流损耗瞬时值 $P^{(e)}(t)$ 为[32]

$$P^{(e)}(t) = \int_{V_e} \frac{|J_e(t)|^2}{\sigma} dV \qquad (5-5)$$

式中：V_e 为结构件体积；σ 为电导率。

设计算区域有限元剖分个数为 k，根据式（5-5）可得一个周期 T 内的涡流损耗为[33]

$$P_e = \sum_{e=1}^{k} \frac{1}{T} \int_0^T P^{(e)}(t)\,dt \tag{5-6}$$

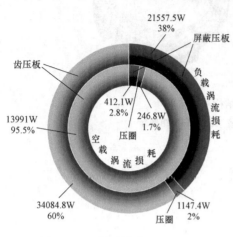

图 5-16 给出了两种工况下屏蔽压板、压圈和齿压板的涡流损耗值，其中内侧为空载工况下的涡流损耗，外侧为额定负载工况下的涡流损耗。由图 5-16 可知在汽轮发电机端部各结构件中，无论是空载还是额定负载工况下，齿压板中产生的涡流损耗均为最大，其中空载工况下齿压板中产生的涡流损耗约占三者总体的 95.5%。在额定负载工况下，屏蔽压板在两种工况下涡流损耗变化最大，其中额定负载时产生的涡流损耗大约是空载时的 52 倍。齿压板在两种工况下涡流损耗的变化略大，负载工况下的涡流损耗大约为空载工况下的 2.4 倍。两种工况下压圈中涡流损耗均明显小于其他结构件，无论是在空载还是额定负载时压圈中产生的涡流损耗在总体中的占比均在 2% 左右。

图 5-16 端部结构件涡流损耗

表 5-2 给出了两种工况下端部结构件的损耗值。磁屏蔽在额定负载时产生的损耗较空载时提升了近 16 倍；定子铁心在额定负载时产生的损耗仅为空载时的 0.4 倍。

表 5-2 　　　　　　　　　　　　　　　　　　　　　**端部结构件损耗**

端部结构件	负载损耗（W）	空载损耗（W）
屏蔽压板	21557.53	412.09
压圈	1147.37	246.77
齿压板	34084.83	13990.95
磁屏蔽	3194.30	189.96
定子铁心	4048.00	10140.50

5.3　多元场—路耦合的发电机端部电磁场

通过基于多元场—路耦合的电机端部电磁场计算方法，解决求解发电机端部磁场依靠迭代计算初始参数的繁杂过程（多元场是指两种或两种以上的基于有限元建立的电磁场模型集成到一起）。通过机端与网端等效电路耦合，实现二维电磁场和三维电磁场的强耦合连接。传统确定发电机初始电流的迭代计算忽略了定子内阻的影响，基于多元场—路—相结合的电机端部电磁场计算方法省去初始电流的繁杂迭代过程，且考虑了定子内阻的影响，其场—路耦合模型如图 5-17 所示。它不用建立发电机全域模型就可以准确计算端部磁场，简化了模型的建立，为电网侧扰动对发电机端部复杂区域内的物理变化规律提供了新的快速的、精确的分析手段。

在传统的独立单元电磁场计算发电机磁场分布时，内功率因数角是待定的未知量，是一个逆问题，需要采用逐次迭代，逐次渐进的办法对定子电流相位进行迭代计算，传统方法和多元场—路耦合方法计算发电机端部电磁场的具体步骤分别如图 5 - 18（a）和图 5 - 18（b）所示。

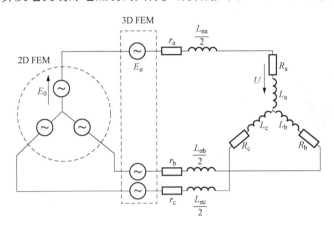

图 5 - 17　多元场—路耦合求解模型

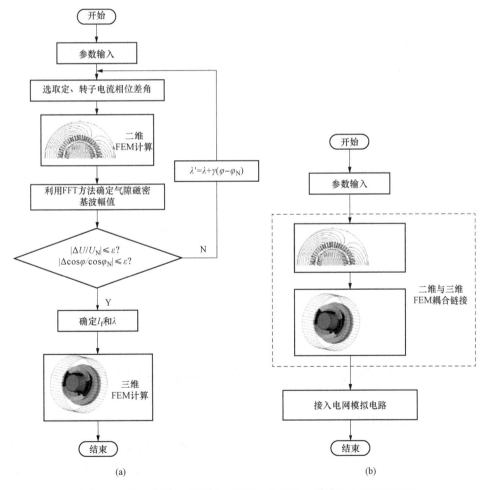

（a）　　　　　　　　　　　　　　　　（b）

图 5 - 18　传统方法与多元场—路耦合计算发电机端部电磁场的流程

（a）传统方法计算流程；（b）多元场—路耦合方法计算流程

图 5-19 给出了计算发电机端部瞬态电磁场的多元场—路耦合求解模型，耦合计算模型用二维模型替代发电机的直线段部分，将发电机直线段感应的电枢励磁电动势下得到的电枢电流成功地映射到发电机端部绕组中。

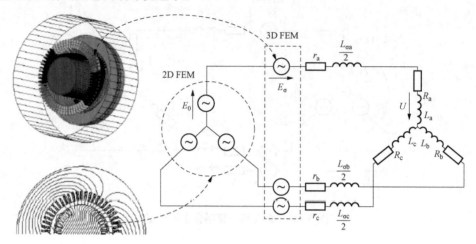

图 5-19 发电机端部瞬态电磁场的多元场—路耦合求解模型

通过多元场—路耦合计算，得到发电机端部结构件的总涡流损耗，图 5-20 给出了多元场—路耦合求解与传统孤立迭代方法求解发电机端部涡流损耗结果对比，两种方法计算得到的端部结构件涡流损耗结果较为吻合。

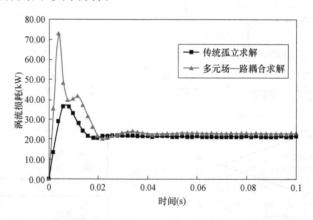

图 5-20 多元场—路耦合求解与传统孤立迭代求解发电机端部涡流损耗结果对比

5.4 基于数值分析与解析法的发电机定子端部漏抗计算

5.4.1 汽轮发电机磁场储能

自然界中磁铁能吸引周围的铁磁物质，说明磁铁周围空间的磁场中储存有能量。任何机电能量转换装置都是由电系统、机械系统和耦合场组成，在不考虑电磁辐射能量的前提下，涉及四种能量形式：电能、机械能、磁场储能和损耗，可用能量平衡方程表示。对于电动机而言：输入电能＝磁场储能＋输出械能＋损耗能；对于发电机而言：输入机械能＝磁场储能＋输出电能＋损耗能。可以看出，电机内的电磁场作为能量转换的媒介，实现了电机的机械能和电能的转换，研究发电机空间的磁场储能对分析发电机的电磁参数和运行性能具有重要意义。发电机直轴电抗、交轴电抗是电力系统研究问题中的重要参数，发电机直轴电抗和交轴电抗均包含端部漏抗。精确地确定发电机的某些电抗参数，都离不开端部漏抗的准确计算，汽轮发电机定子端部漏抗的大小反映的是发电机端部绕组所匝链的端部区域漏磁链的多少。传统计算发电机端部漏抗的方法多是基于经验公式和经验系数，然而这些经验公式或经验系数往往忽略了电机实际结构和材料等因素对电机电抗参数的影响，具有一定的局限性。随着发电机结构、材料等技术的不断革新，基于有限元数值法求解发电机端部漏抗，可以较为真实地描述发电机的端部的实际结构特征和端部区域结构的属性对端部漏抗的影响，对发电机端部漏抗的计算更能接近于实际值。基于解析法或准三维求解发电机端部电磁场忽略了发电机端部结构件分布及物理属性对端区磁场的影响，也直接影响发电机端部漏抗计算的精确性，可能会使发电机端部漏抗计算结果与实际值偏差较大。

5.4.2　基于磁场储能原理和解析法的定子端部漏抗

结合 Tabu 算法（禁忌搜索算法）进行迭代计算，直至电压和功率因数分别与指定运行工况下的实际电压和功率因数差值满足设定的误差范围，进而将满足条件的目标值加载到三维电磁场数学模型进行求解，计算得到的 150、330MW 发电机端部定子绕组匝链的漏磁分布，如图 5 - 21（a）和图 5 -21（b）所示。

端部储能区不包括转子轴和铁心区域，因此储能区 V 为整个求解域扣除转子轴和铁心区域的部分。通过有限元法求得发电机一端区域 V 内各节点的磁感应强度矢量 B 和磁场强度矢量 H 以后，即可求出该区域磁场能量

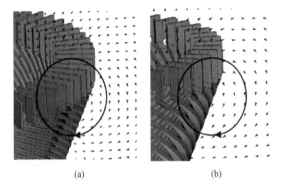

图 5 - 21　发电机端部定子绕组匝链的漏磁分布
(a) 150MW；(b) 330MW

$$W_{\mathrm{ml}} = \frac{1}{2} \int_{\Omega} BH \, \mathrm{d}V \qquad (5 - 7)$$

发电机两端结构基本一致，认为两端储能相等。则发电机端部总储能为

$$W_{\mathrm{E}} = 2W_{\mathrm{ml}} \qquad (5 - 8)$$

$$W_{\mathrm{E}} = \frac{1}{2} \sum_{i=1}^{n} L_i i_i{}^2 + \sum_{i,j=1}^{n} M_i i_i i_j \quad (i = 1、2、\cdots、n; j = 1、2、\cdots、n; i \neq j) \qquad (5 - 9)$$

发电机定子电流表示为

$$\begin{cases} i_{\mathrm{A}} = I_{\mathrm{m}} \cos \omega_{\mathrm{e}} t \\ i_{\mathrm{B}} = I_{\mathrm{m}} \cos\left(\omega_{\mathrm{e}} t - \frac{2}{3}\pi\right) \\ i_{\mathrm{C}} = I_{\mathrm{m}} \cos\left(\omega_{\mathrm{e}} t + \frac{2}{3}\pi\right) \end{cases} \qquad (5 - 10)$$

式中：I_{m} 为定子电流幅值；ω_{e} 为电角频率；t 为时间。发电机端部所储存的能量为

$$W_E = \frac{1}{2}(L_A i_A^2 + L_B i_B^2 + L_C i_C^2) + M_{AB} i_A i_B + M_{BC} i_B i_C + M_{AC} i_A i_C \qquad (5-11)$$

式中：L_A、L_B、L_C 分别为发电机的定子各相的自感；M_{AB}、M_{BC}、M_{AC} 分别为发电机定子各相之间的互感。

对于发电机三相对称绕组，各相自感和各相之间互感相等，有

$$\begin{cases} L_A = L_B = L_C = L \\ M_{AB} = M_{BC} = M_{AC} = M \end{cases} \qquad (5-12)$$

假设

$$\begin{cases} \psi(I_m, t) = (i_A{}^2 + i_B{}^2 + i_C{}^2) \\ \varphi(I_m, t) = (i_A i_B + i_B i_C + i_A i_C) \end{cases} \qquad (5-13)$$

三相绕组端部总能量可进一步表示为

$$W_E = \frac{1}{2}L\psi(I_m, t) + M\varphi(I_m, t) \qquad (5-14)$$

对以上公式进行整理和进一步推导，可以得出

$$\begin{aligned}(I_m, t) &= I_m^2 \left[\cos^2 \omega t + \cos^2 \left(\omega t - \frac{2}{3}\pi \right) + \cos^2 \left(\omega t + \frac{2}{3}\pi \right) \right] \\ &= I_m^2 \left[\frac{3}{2} + \frac{\cos(2\omega t) + \cos\left(2\omega t - \frac{2}{3}\pi\right) + \cos\left(2\omega t + \frac{2}{3}\pi\right)}{2} \right] \\ &= \frac{3}{2} I_m^2 \end{aligned} \qquad (5-15)$$

$$\begin{aligned}(I_m, t) &= I_m^2 \left[\begin{array}{l} \cos\omega t \cos\left(\omega t - \frac{2}{3}\pi\right) + \cos\omega t \cos\left(\omega t + \frac{2}{3}\pi\right) + \\ \cos\left(\omega t - \frac{2}{3}\pi\right)\cos\left(\omega t + \frac{2}{3}\pi\right) \end{array} \right] \\ &= I_m^2 \left[-\frac{3}{4} + \frac{\cos(2\omega t) + \cos\left(2\omega t - \frac{2}{3}\pi\right) + \cos\left(2\omega t + \frac{2}{3}\pi\right)}{2} \right] \\ &= -\frac{3}{4} I_m^2 \end{aligned} \qquad (5-16)$$

将式（5-15）和式（5-16）代入到式（5-14）中，可得

$$W_E = \frac{3}{4}(L - M) I_m^2 \qquad (5-17)$$

令 $L_{\sigma E} = L - M$，则端部漏抗可表示为

$$X_{\sigma E} = 2\pi f L_{\sigma E} = \frac{16\pi f W_{ml}}{3 I_m^2} \qquad (5-18)$$

式中：$L_{\sigma E}$ 为端部漏电感。

以上的推导过程可以通过电路原理给出合理的解释，发电机定子端部漏电感是由端部漏自感和漏互感组成的，图 5-22 给出了发电机端部定子漏自感和漏互感的耦合电路等效为定子漏自感电路的过程。可以看出，经过对漏自感—漏互感电路解耦，发电机一相的漏电感可以等效为漏自感和漏互感的代数差。图中箭头表示等效过程的流程导向。

传统解析法计算发电机端部漏电抗是解析公式结合试验和经验系数进行修正的综合结

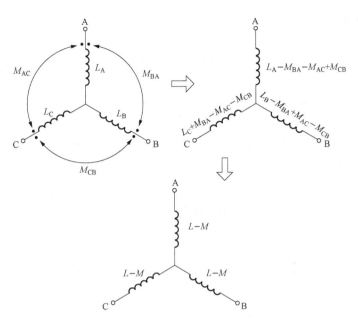

图 5-22　端部定子漏电感电路的等效过程

果，对于不同绕组连接方式，端部漏电抗的计算有所差异。式（5-19）和（5-20）给出了不同绕组连接方式时，端部漏电抗的修正系数计算公式。

当星形连接时

$$K_x = 0.407 \left(\frac{N_1}{10}\right)^2 \frac{I_N}{U_N} \frac{1}{p} \frac{f}{50} \tag{5-19}$$

当角形连接时

$$K_x = 0.137 \left(\frac{N_1}{10}\right)^2 \frac{I_N}{U_N} \frac{1}{p} \frac{f}{50} \tag{5-20}$$

式中：I_N 和 U_N 分别为额定电流和额定电压；p 为电机极对数；f 为频率。

K_x 对于绕组星形连接方式，根据式（5-21）可计算得到发电机端部定子漏抗标幺值为

$$X_{\sigma E}^* = K_x \frac{1}{3p} K_{W1}^2 D \times 10^{-1} \times 100\% \tag{5-21}$$

式中：K_{W1} 为定子绕组系数；D 为定子铁心内径。

　　基于磁场储能原理通过场域计算得到的定子端部漏抗与传统经验公式计算得到的定子端部漏抗标幺值如图 5-23 所示。从图中可以看出，基于磁场储能原理计算得到的大型同步发电机端部漏电抗略大于传统解析法计算得到的发电机端部漏抗。此外由式（5-17）可知，端部磁场储能大小与定子电流幅值的平方呈正比，与时间量无关，因此不同时刻电机端部漏抗值为常值。

　　对不同时刻定子端部漏抗取平均值，基于磁场储能法得到的定子端部漏抗和传统解析公式得

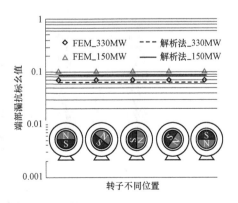

图 5-23　汽轮发电机不同时刻端部漏抗数值

到的定子端部漏抗值见表 5 - 3。

表 5 - 3 定子端部漏抗标幺值

样机	磁场储能法	传统解析格式
300MW	0.072	0.065
150MW	0.103	0.088

传统解析公式结合试验和经验系数确定发电机端部漏抗的缺陷：传统解析公式计及绕组匝数和绕组连接与排布形式（绕组系数）及铁心尺寸等相关因素对发电机端部漏抗的影响；在传统解析设计公式中仅给出了定子铁心内径一个结构尺寸相关量；然而发电机端部绕组漏感不仅与端部绕组的匝数有关，还与绕组的长度有关，从式（5 - 21）可以看出，传统公式没有对端部绕组长度进行相关修正。

5.5　发电机端部涡流损耗的抑制

在发电机中，采用镂空式齿压板来降低涡流损耗。涡流方向如图 5 - 24（a）所示。涡流在不同位置的方向是周期性的。涡流的方向在整个轭侧是相同的。而在相邻的齿中涡流的方向是相反的。铜板的电导率为 $58 \times 10^6 \, \mathrm{S/m}$。齿压板的电导率为 $1.1 \times 10^6 \, \mathrm{S/m}$。本研究中，板的相对磁导率为 1。涡流主要受电阻限制。图 5 - 24（b）为屏蔽压板内涡流分布。涡流沿四个封闭路径分布。

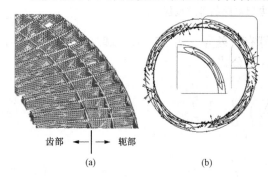

齿部 ←——|——→ 轭部

(a)　　　　　　　(b)

图 5 - 24　涡流分布

(a) 齿压板；(b) 屏蔽压板

铜有很高的导电性，可以用作屏蔽。铜屏蔽板的形状、位置和放置方式对发电机端部区域的涡流损耗有很大影响。

本节对不同情况下的涡流损耗进行了分析。在发电机设计的基础上，提出了几种铜结构元件，包括铜环和铜板，以抑制端部齿压板元件的涡流损耗。图 5 - 25 和图 5 - 26 显示了不同的端部区域。

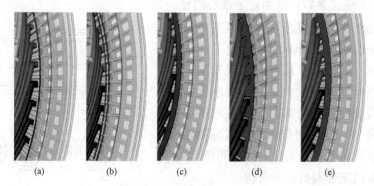

(a)　　(b)　　(c)　　(d)　　(e)

图 5 - 25　不同模型形状

(a) 一根铜环；(b) 两根铜环；(c) 铜板；(d) 前铜板；(e) 后铜板

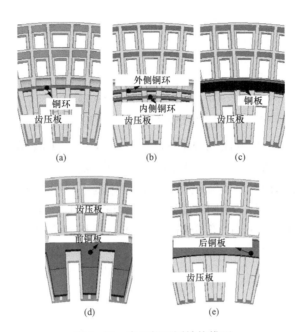

图 5 - 26　齿压板不同结构模型

（a）只有一根铜环；（b）两根铜环；（c）铜板；（d）前铜板；（e）后铜板

得到的结果见表 5 - 4，可以看出，在齿压板上添加铜环可以降低端部涡流损耗。当有两个铜环时，后带铜环的端部的涡流损耗比前后都带铜环的端部的涡流损耗小。此外，当在齿压板上增加一个筒状结构的垂直铜板时，可以减少压圈和屏蔽压板的损耗，但铜板和齿压板的损耗都显著增加因此并不是优先考虑的。

表 5 - 4　　　　　　　　　　几种典型结构的端部结构件涡流损耗　　　　　　　　　　（W）

结构	原样机结构	a	b	c	d	e
压圈	1147	454	257	907	1487	179
齿压板	34084	28531	28772	45604	22386	27991
屏蔽压板	21557	16492	16972	17007	15987	15960
外铜条	—	480	410	—	—	—
内铜条	—	—	901	—	—	—
铜板	—	—	—	18200	34942	1641
总计	56789	45958	47314	81720	74803	45773

核电发电机端部设置有五层磁屏蔽，为了有效固定磁屏蔽，在磁屏蔽上设有屏蔽压板。发电机运行在额定工况时，屏蔽压板中会产生大量涡流损耗，而屏蔽压板体积较小，导致其热密度大约为齿压板的 2.75 倍，温度会显著升高，因此采用屏蔽压板涡流损耗抑制策略对于有效降低发电机端部结构件温度具有重要工程价值。在原始屏蔽压板结构的基础上给出四种改进结构，分别将屏蔽压板沿周向二等分、四等分、六等分和八等分，如图 5 - 27 所示。通过将屏蔽压板分块的方式，阻断涡流路径，达到有效降低屏蔽压板涡流损耗的效果。

核电发电机额定工况下屏蔽压板原始结构和四种新结构涡流损耗对比结果如图 5 - 28 所

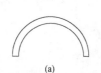

图 5-27　屏蔽压板涡流损耗抑制结构

(a) 二等分；(b) 四等分；(c) 六等分；(d) 八等分

示。由图可知，屏蔽压板采用原始结构时，20～60ms 区间内涡流损耗平均值大约为 21.28kW；当采用二等分结构时，相同时间内涡流损耗幅值和均值都有所下降，平均值为 20.99kW；采用四等分结构时，涡流损耗与原始结构基本持平，相同时间区间内平均值为 21.26kW。采用六等分结构时，相同时间区间内涡流损耗相较于四等分结构产生了较大幅度下降，平均值为 20.52kW；采用八等分结构时，屏蔽压板涡流损耗在相同时间内继续大幅下降，平均值大约为 19.40kW。

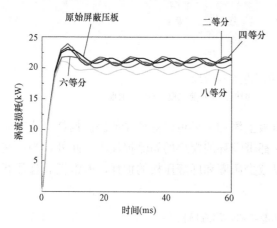

图 5-28　屏蔽压板涡流损耗对比

同时，给出了四种改进结构屏蔽压板涡流分布规律和涡流损耗生成机理，分别提取四种结构涡流分布矢量图和云图。如图 5-29 所示，当采用新型结构对屏蔽压板进行分块时，块间留有狭小空气隙，对涡流产生明显的阻断作用。由于核电发电机转子为四极，屏蔽压板采用原始结构时会产生四个较大涡环，采用分块结构后，大涡环被有效分割成相对较小的涡环。屏蔽压板二等分结构对涡环分割效果有限，因此相对于原始结构，涡流损耗并未明显降低，二等分结构仅仅抑制了 1.36% 的涡流损耗。当采用四等分结构时

由于转子同样是四极结构，当磁极角度和分割块角度相同时，这种分割结构反而对涡环的形成起到一定程度的促进作用，因此采用四极结构时涡流损耗随时间波动较大，但平均值与原始结构持平；当采用六等分和八等分结构时，无论转子处于何种角度，原始四个涡环均能被较好地分割，因此屏蔽压板六等分和八等分结构时涡流损耗产生明显的下降，相对于原始结构分别降低了 3.58% 和 8.83%。

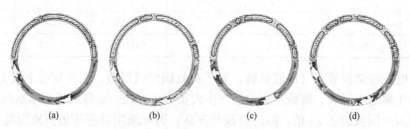

图 5-29　四种结构屏蔽压板涡流分布情况

(a) 二等分；(b) 四等分；(c) 六等分；(d) 八等分

当屏蔽压板结构发生变化时，自身电磁和损耗分布随之改变，同时也会对周围结构件电

磁分布产生一定影响。在探究屏蔽压板损耗抑制策略时，其他结构件的涡流损耗变化同样不可忽视。图 5 - 30 给出屏蔽压板采用多种结构时，端部结构件涡流损耗对比。由图可知，当采用二等分屏蔽压板结构时，齿压板产生的涡流损耗最低，八等分屏蔽压板结构的齿压板涡流损耗略高于二等分结构；四等分和六等分屏蔽压板结构的齿压板涡流损耗大致相同，但略高于原始结构。四种屏蔽压板结构对应压圈的涡流损耗大致相同。

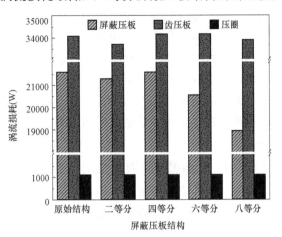

图 5 - 30　多种屏蔽结构端部结构件损耗对比

　　图 5 - 31 给出多种屏蔽结构下屏蔽压板、压圈和齿压板总涡流损耗对比。采用四等分屏蔽压板时，总涡流损耗最高，高于原始结构；与原始结构和四等分结构相比，二等分屏蔽压板结构下总涡流损耗略有降低，但幅度不大；采用六等分和八等分屏蔽压板结构时，总涡流损耗大幅降低。相较于原始结构，六等分结构总涡流损耗降低约 1.65%，八等分结构总涡流损耗降低约 5%。

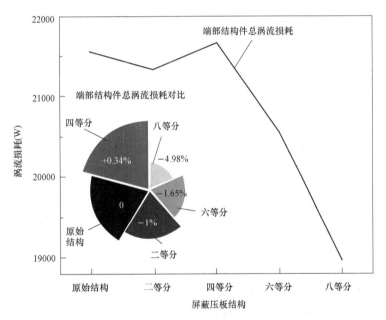

图 5 - 31　多种屏蔽结构总涡流损耗对比

5.6　发电机端部结构件涡流损耗影响因素分析

　　汽轮发电机端部漏磁场作为一种无用寄生场，是引起发电机端部区域结构件过热，产生破坏性电磁力及诱发机械振动的根源，发电机运行时，端部漏磁尽可能通过磁阻最小的路径形成闭路，端部结构件中感应出涡流使结构件发热，特别是直接冷却或氢气冷却的安匝数大的发电机，此种发热尤为显著。为削弱端部漏磁，通常采取"抵磁"或"聚磁"两种抑磁措施，前者利用高电导率的金属所感生的涡流来抵抗发电机端部漏磁；后者采用导磁体将端部空间漏磁聚集到磁阻较低的路径闭合。对于大型汽轮发电机，通常采用铜板或铝板作为金属屏蔽。金属屏蔽作为端部区域的抵磁构件，可以有效削弱一部分漏磁。这种对端部漏磁场的抵制作用因材料属性的差异而不同，金属屏蔽自身感生的涡流也因材料的不同而异。有关大型发电机端部区域磁场与损耗的研究已有诸多成果，但是鲜有关于金属屏蔽固有属性对磁场和损耗影响的阐述。鉴于此，本节在计算发电机端部三维瞬态电磁场的基础上，研究端部结构件电磁属性（金属屏蔽电导率和压圈相对磁导率）对发电机端部漏磁分布和涡流损耗的影响。

5.6.1　屏蔽电导率对大型发电机端部漏磁场和涡流损耗的影响

发电机端部漏磁分布和空间磁场强度与端部屏蔽的电导率直接相关，因此需探究不同金属屏蔽材料对发电机端部定子铁心表面漏磁分布的影响，图 5 - 32 给出了 330MW 水—氢—

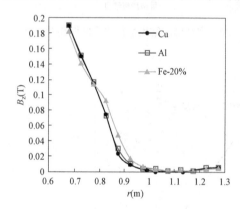

图 5 - 32　端部铁心表面磁通密度基波
有效值轴向分量 B_z

氢汽轮发电机端部铁心表面轴向磁通密度 B_z 的基波有效值沿径向的变化，铜屏蔽和铝屏蔽厚度均为 12mm。从图中可以看出，当采用铜、铝两种屏蔽时，端部铁心表面轴向磁通密度变化趋势基本一致，轴向磁通密度沿径向方向由齿部至轭部衰减；当端部采用 Fe - 20％Cu 合金屏蔽结构时，齿部磁通密度较采用铜和铝屏蔽均低，轭部磁通密度较采用铜或铝屏蔽稍大。

图 5 - 33 给出了某截面处金属屏蔽附近的漏磁矢量分布，揭示了这种半包围型金属屏蔽对定子铁心的屏蔽效果：一部分漏磁被金属屏蔽驱逐，没有侵入端部铁心，然而漏磁并未被完全驱散，仍沿着屏蔽表面绕向端部轭部的最大半径处。即便该部分的漏磁绕到端部铁心轭部，但其值已经衰减得很小；另一部分漏磁没有被有效地抵消，而是直接挤入端部铁心齿部。因此，采用该种结构的金属屏蔽时漏磁在定子铁心端面轭部较小，在齿部较大。

图 5 - 34 给出了发电机端部区域采用不同金属屏蔽时压圈内缘的磁通密度分布。图 5 - 34（a）中金属屏蔽厚均为 12mm，对于相同厚度的金属屏蔽而言，采用铜屏蔽时压圈内缘磁通密度较采用铝屏蔽时低，而采用合金屏蔽时压圈磁通密度在 A - B - C 段较大，在 C - D 段与采用铜或铝屏蔽时磁通密度值相差甚小。由于漏磁在不同电导率金属中的透入深度不同，工程实际中对不同金属屏蔽厚度的选择不同，通常铜制屏蔽厚度通常设计在 12～20mm，铝制屏蔽厚度设计范围在 20～30mm，图 5 - 34（b）分析了 12mm 和 20mm 铜和铝两种材料屏蔽对压圈外缘磁通密度分布的影响。不难看出，采用 12mm 铜屏蔽或 20mm 铝屏蔽时，压圈 A - D 外

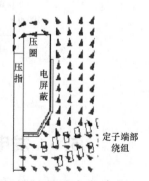

图 5 - 33　金属屏蔽附近
漏磁分布

缘磁通密度相近。

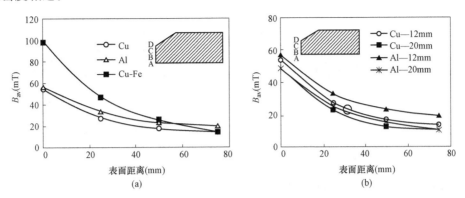

图 5 - 34　压圈内缘 A - D 处磁通密度

(a) 不同金属屏蔽结构压圈磁通密度分布；(b) 铜和铝屏蔽时压圈磁通密度分布

采用 OLYMPUS GX71 型倒置式金相显微镜对 Fe - 20%Cu 合金组织进行金相观察，如图 5 - 35 所示，其中条状物为工业铜，对铜铁合金试样进行导电与导磁性能测试，合金材料导磁特性曲线如图 5 - 36 所示。

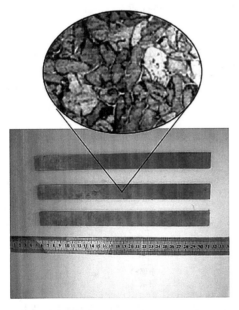

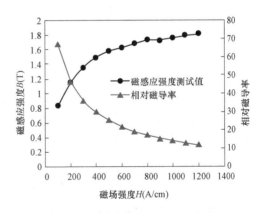

图 5 - 35　OLYMPUS GX71 型倒置式金
相显微镜观测的 Fe - 20%Cu 材料试样

图 5 - 36　铜铁合金材料导磁特性

通过对采用合金屏蔽的发电机端部三维瞬态磁场计算，得到了该 Fe - 20%Cu 合金屏蔽的相对磁导率分布，如图 5 - 37 所示。可以看出，在 Fe - 20%Cu 合金屏蔽内缘区相对磁导率最低，磁饱和程度高。

电机运行时，端部漏磁场在定子金属结构件中感应出涡流并产生涡流损耗，图 5 - 38 给出了 $t = 0.3s$ 时刻金属屏蔽涡流分布趋势，由于所分析电机为全速电机（两极），屏蔽涡流沿着一对空间对称、漩涡相反的路径闭合分布，分别抵消两极漏磁。

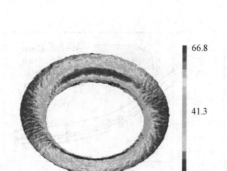

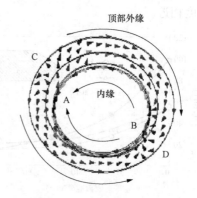

图 5-37　铜铁合金屏蔽的相对磁导率分布　　　　图 5-38　电屏蔽涡流分布

图 5-39 为采用不同材料金属屏蔽时端部各结构件的涡流损耗。对于金属屏蔽自身损耗，铜屏蔽损耗较铝屏蔽损耗小，铜铁合金屏蔽的损耗最高。虽然铜铁合金的损耗较大，但是由于该种材料兼备导磁和导电的特性，使其能够从两方面削弱端部漏磁：一方面感生涡流来抵消漏磁；另一方面回收漏磁以减小进入压圈的漏磁。因此这种合金的磁导特性在一定程度上也起到了屏蔽的作用。为进一步分析 Fe-20%Cu 合金磁导性能对减小端部损耗的作用，对失去磁性的合金屏蔽的端部电磁场进行了单独计算，其端部损耗明显高于 Fe-20%Cu 导磁合金，如图 5-39 所示。

设定额定负载时发电机端部区域总损耗为 1；图 5-40 中标记号为最大绝对误差标记，最大误差设定为 0.04，从图中看出采用不同金属屏蔽材料时端部各结构件涡流损耗占比的差别均不超过最大绝对误差，表明各结构件涡流损耗占比基本不受金属屏蔽材料变化的影响，主要是由金属屏蔽结构所决定。

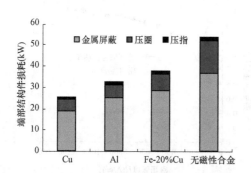

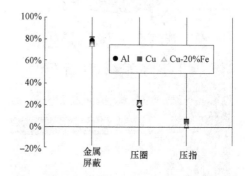

图 5-39　采用不同材料金属屏蔽时端部　　　图 5-40　不同屏蔽时端部结构件涡流损耗占比
　　　　　结构件的涡流损耗

5.6.2　压圈相对磁导率对发电机构件涡流损耗影响

压圈相对磁导率大小会对端部漏磁及结构件涡流损耗产生影响，在保证金属屏蔽电导率不变的情况下，分别计算压圈不同磁导率时汽轮发电机端部漏磁分布及端部结构件涡流损耗的大小。图 5-41 给出了压圈相对磁导率变化时金属屏蔽和压圈的涡流损耗。由于压圈的磁导性能的增强，发电机端部所寄生的漏磁便于进入压圈。由于金属屏蔽的存在，金属屏蔽自身感生涡流增大，有效抵制了端部的漏磁。因此，压圈的漏磁非但没有因为磁导率的增加而增加，反而增加了金属屏蔽的屏蔽作用。

可见压圈磁导率的增加有效地降低了压圈自身的涡流损耗，虽然金属屏蔽的涡流损耗有所略增，但其增加的程度远远小于压圈涡流损耗的减小程度，而没有导致总损耗的增加。当压圈的相对磁导率为 50 时，压圈涡流损耗约为其相对磁导率为 1 时涡流损耗的 1/9；对于金属屏蔽，压圈相对磁导率为 50 时其涡流损耗仅为压圈相对磁导率为 1 时的 1.18 倍。

将计算得到的发电机端部涡流损耗作为求解发电机端部三维温度—流体耦合场的热源，计算得到发电机端部屏蔽和压圈的温度，图 5-42 为压圈相对磁导率变化时金属屏蔽和压圈的最高温度的计算结果。可以看出：随着压圈相对磁导率的增加，金属屏蔽的温度增加，压圈的温度逐渐减小。

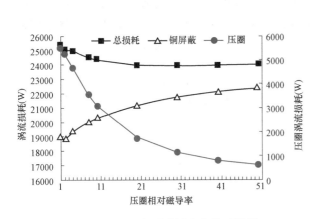

图 5-41　压圈相对磁导率变化时端部
结构件涡流损耗

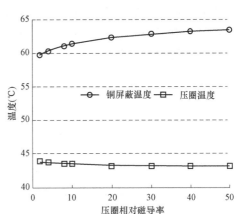

图 5-42　压圈相对磁导率变化时端部
结构件最高温度

5.6.3　发电机端部磁屏蔽和铜屏蔽综合性能比较

大型发电机端部电屏蔽和磁屏蔽对漏磁分布的影响机理有着本质上的区别，发电机端部屏蔽不同材料属性会对发电机端部漏磁分布及结构件涡流损耗产生影响，图 5-43 给出了150MW 全空冷汽轮发电机端部具有不同屏蔽时大压圈底部表面漏磁分布，图中箭头所指的位置为磁通密度最大值出现的位置。可以看出，在端部有磁屏蔽时，压圈底部表面漏磁分布具有与金属屏蔽结构件和无屏蔽时不同的分布特点。

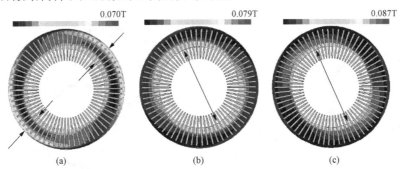

图 5-43　不同屏蔽时大压圈底部表面磁通密度分布
(a) 磁屏蔽；(b) 无屏蔽；(c) 铜屏蔽

当发电机端部采用磁屏蔽时，端部各点位置的磁通密度最大值位置出现了一定角度的飘移，明显与不采用任何屏蔽和采用较高电导率的金属屏蔽时磁通密度最大值位置不同。此外，当发电机端部采用磁屏蔽结构时，压圈表面磁通密度最大值出现在内圆和外圆两个边缘区域，中间漏磁磁通密度较低。而对于发电机端部不采用任何屏蔽和采用金属屏蔽时，压圈表面磁通密度最大值仅出现在内圆侧，漏磁磁通密度的大小由压圈的内圆区域沿径向逐渐向外圆区域衰减。对于上述三种不同的屏蔽形式，发电机端部大压圈底部表面磁通密度的最大值分别为 0.070T、0.079T 和 0.087T。

进一步分析以上三种不同屏蔽形式对发电机额定负载工况下端部漏磁分布影响，图 5-44 给出了三种不同情况下发电机端部局部区域的漏磁矢量分布和压指的漏磁磁通密度分布。对于以上三种不同屏蔽形式，发电机端部压指的最大磁通密度值均为 0.822T。对比不同屏蔽形式时压圈磁通密度分布，发现磁屏蔽结构可以有效疏散端部漏磁通，采用磁屏蔽结构时压指的低磁通密度区域的面积较采用金属铜屏蔽和无屏蔽结构时压指的低磁通密度区域的面积要大，图中双向箭头的跨距表示发电机压指的低磁通密度区的区域范围。

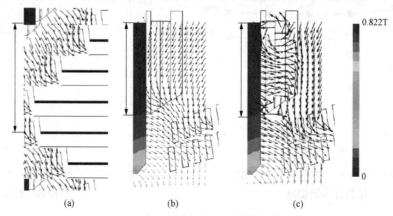

图 5-44　不同屏蔽时发电机端部磁通分布趋势
（a）磁屏蔽；（b）无屏蔽；（c）铜屏蔽

图 5-45 给出了额定工况时发电机端部不同屏蔽时 M 处磁通密度分布，可以看出当采用磁屏蔽结构时 M 处的磁通密度明显较采用其他屏蔽时磁通密度值大，图 5-45（b）是图 5-45（a）的放大图，当端部采用铜屏蔽时，M 处漏磁磁通密度最低。

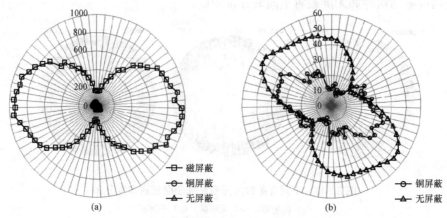

图 5-45　额定工况时发电机端部不同屏蔽时 M 处磁通密度分布（单位：mT）
（a）不同屏蔽；（b）局部放大图

图 5-46 给出了空载工况时发电机端部不同屏蔽时 M 处磁通密度分布，可以看出当采用磁屏蔽结构时 M 处的磁通密度也明显较采用其他屏蔽时磁通密度值大，图 5-46（b）是图 5-46（a）的放大图，当端部采用铜屏蔽时，M 处漏磁磁通密度最低。发电机空载运行时，M 处漏磁磁通密度较额定负载运行时磁通密度低。

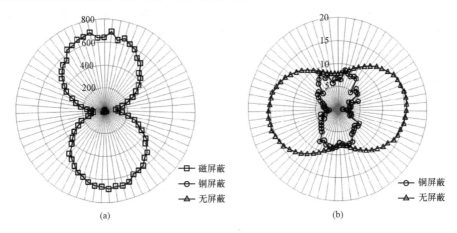

图 5-46　空载工况时发电机端部不同屏蔽时 M 处磁通密度分布（单位：mT）
(a) 不同屏蔽；(b) 局部放大图

发电机端部区域合成漏磁场是相对于定子旋转的磁场，根据法拉第电磁感应定律，定子结构件将被感应涡流；图 5-47 给出了额定负载和空载运行工况下不同屏蔽属性（导电性、导磁性和真空特性）时发电机端部结构件涡流损耗。额定负载时，当发电机端部采用铜屏蔽时端部各结构件的涡流损耗总和最小；无论是空载还是额定负载工况，当发电机端部采用铜屏蔽时端部大压圈的涡流损耗最小。尽管采用铜屏蔽可以降低端部其他结构件的涡流损耗，但铜屏蔽自身也产生较大的涡流。端部不同屏蔽属性对压指涡流损耗的影响程度较小，采用磁屏蔽时压圈的涡流损耗较采用其他屏蔽时压圈的涡流损耗大。这表明磁屏蔽具有分磁作用，而铜屏蔽具有阻磁作用。

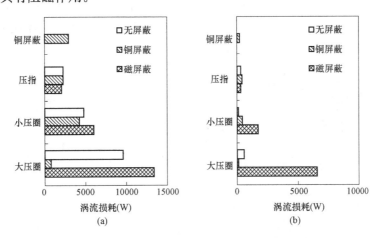

图 5-47　不同屏蔽时端部结构件涡流损耗
(a) 额定负载；(b) 空载

在发电机端部结构中，由于端部绕组在空间沿渐开线伸展，绕组内电流不仅具有轴向分量，还同时具有轴向和径向分量。这使得端部漏磁通具有轴向分量，发电机端部漏磁磁通密度轴向分量 B_z 的存在会使得端部结构件产生 x-y 平面内涡流，使损耗增加，引起电机结构件发热。图 5-48 给出了进入发电机端部第一至第五铁心段的轴向磁通量，进入第一至第五铁心段的轴向磁通量分别用 Φ_1、Φ_2、Φ_3、Φ_4 和 Φ_5 示，计算结果表明：无论是空载还是额定负载工况，轴向磁通量由第一铁心段至第五铁心段衰减。对于发电机端部采用磁屏蔽结构，进入端部铁心段的轴向漏磁通要比不采用屏蔽结构和铜屏蔽时进入端部铁心段的轴向漏磁通要小很多。

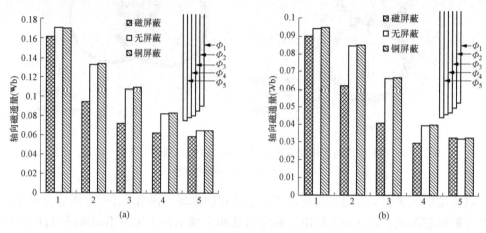

图 5-48　不同屏蔽时边段铁心轴向漏磁通

(a) 额定负载；(b) 空载

额定负载时端部磁屏蔽结构下发电机边段铁心表面磁通密度分布如图 5-49 所示，发电机齿部磁通密度比轭部高，齿部饱和程度明显较轭部严重，齿顶磁通密度最大，进一步研究发电机端部采用不同屏蔽对发电机边段铁心齿部齿顶磁通密度影响，图 5-50 给出了发电机端部采用磁屏蔽、铜屏蔽和无屏蔽结构时齿顶轴向磁通密度 B_z 沿轴向的变化趋势。可以看出：对于每一段铁心，发电机齿顶磁通密度轴向分量均沿轴向衰减，且第一段铁心的齿顶磁通密度较其余四段铁心的齿顶磁通密度高。

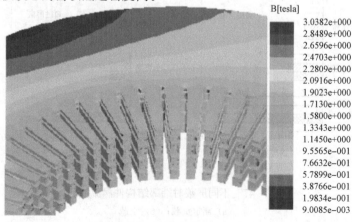

图 5-49　额定负载时发电机端部铁心磁通密度分布（单位：T）

5.6.4　大型汽轮发电机金属屏蔽结构阻磁系数

　　大型汽轮发电机端部漏磁通进入端部铁心引起端部铁心发热及由热应力会导致端部铁心叠片翘曲，在发电机端部设有金属屏蔽。金属屏蔽的作用是利用其自身的高电导率特性，在漏磁场中感生涡流来阻碍端部漏磁进入其他结构件。在以往的电磁场研究中，多是基于透入深度的概念来研究磁场的衰减程度。透入深度是电磁场理论中的一个理想概念，它的定义是在金属平板无限长的理想前提条件下提出的，在实际中无法按照透入深度的定义来具体获知有限体积的金属结构前后表面磁通密度的具体衰减程度是多少。此外经过一个透入深度磁通密度衰减为表面磁通密度的 0.368 倍，也仅仅是针对某一特定频率下的电磁波而言的。在实际的发电机端部漏磁通还会有谐波含量，对于同一种材料的透入深度会变

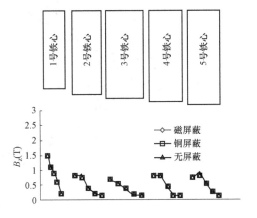

图 5 - 50　额定负载时端部铁心齿部
磁通密度轴向分量（单位：T）

小，即金属材料对高频漏磁通的抵御能力更为显著，因此谐波的存在会使得漏磁通经过一个透入深度厚的金属屏蔽后小于 0.368 倍的表面磁通密度。

　　基于上述原因，实际中具有特定结构形状的导体在含有谐波的非正弦分布的磁场中实际的透入深度不能够严格地满足透入深度这一概念，使得金属屏蔽两侧漏磁通的衰减程度无法用传统的理论来准确地确定。为了对发电机端部金属屏蔽周围漏磁通磁通密度的衰减程度进行分析与研究，本节提出金属材料致磁通衰减程度的概念（阻磁系数），阻磁系数定义为在最短距离的金属结构件背磁通侧磁通密度幅值 B_{in} 和迎磁通侧磁通密度幅值 B_{out} 大小的比值，记为 $k=B_{in}/B_{out}$。显然，阻磁系数的大小表征为金属结构件抵消漏磁通的能力。阻磁系数越小，说明漏磁衰减的程度越大，屏蔽作用越显著。

　　图 5 - 51 给出了屏蔽上的 1～13 个圆环位置，来分析不同位置漏磁通衰减程度，即屏蔽阻磁系数。图 5 - 52 给出了额定负载运行时发电机金属屏蔽的涡流矢量分布，可以看出端部金属屏蔽中的涡流沿圆周对称分布。

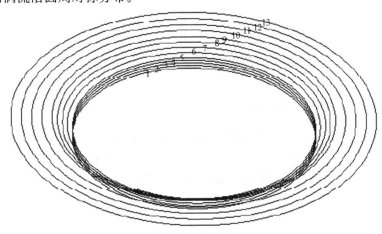

图 5 - 51　金属屏蔽表面的采样位置

139

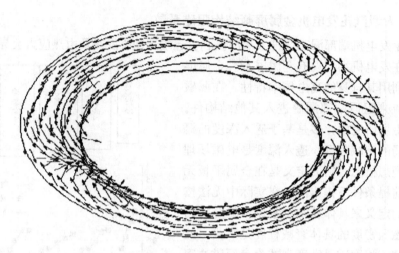

图5-52　铜屏蔽涡流矢量分布

图5-53给出了铜屏蔽不同位置的涡流电流密度的最大值，随着远离端部铁心及径向方向的增加，金属屏蔽的涡流电流密度逐渐降低。在漩涡（涡流）中，相反矢量空间距离趋近于0的位置定义为涡心，图5-54给出了各采样位置涡流电流密度最大值在圆周方向出现的位置。

当涡流电流密度切向分量最大值出现位置相差180°时，表明涡流的涡心在该区域。从图5-54中可以看出，采样圆环1和8的涡流电流密度正值最大值出现位置的偏差接近180°；表明涡流的涡心既不在金属屏蔽上侧，也不在金属屏蔽的下侧，而是在金属屏蔽的过渡区域的采样线8的附近。

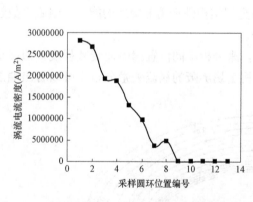

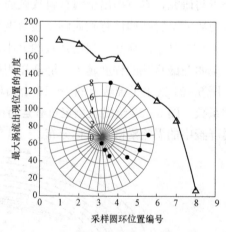

图5-53　金属屏蔽表面不同位置涡流电流密度最大值　　图5-54　涡流电流密度切向分量最大值出现位置

设导体为半无限大，x轴与导体表面垂直，y轴与导体表面重合，如图5-55所示。在导体内部磁通密度B仅有y分量。式（5-22）～式（5-26）描述了无限大平板磁通密度的衰减，图5-56给出了漏磁通衰减倍数与透入深度的关系。

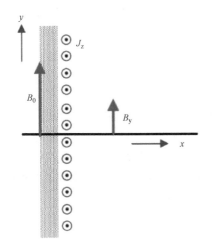

图 5-55　无限长平面的磁通衰减

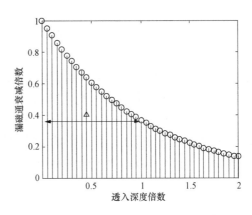

图 5-56　漏磁通衰减与透入深度的关系

$$B = \mathrm{j}B_y(x) \tag{5-22}$$

此时涡流方程简化为一维标量方程

$$\frac{\partial^2 B_y}{\partial x^2} = \mu\sigma\frac{\partial B_y}{\partial t} \tag{5-23}$$

在正弦稳态下的 B_y 为

$$B_y = \mathrm{Re}\left[B_y \mathrm{e}^{\mathrm{j}\omega t}\right] \tag{5-24}$$

因此有

$$\frac{\partial^2 B_y}{\partial x^2} = \mathrm{j}\omega\mu\sigma B_y \tag{5-25}$$

对上述微分方程求解可以得到

$$B_y = B_0 \mathrm{e}^{-(1+\mathrm{j})\frac{x}{\Delta}} \tag{5-26}$$

则有

$$B_y = B_0 \mathrm{e}^{-\frac{x}{\Delta}}\cos\left(\omega t - \frac{x}{\Delta}\right) \tag{5-27}$$

式中：B_0 为导体表面处磁通密度，Δ 为透入深度。

金属材料对阻磁系数有着较大影响，图 5-57 给出了 330MW 水—氢—氢冷汽轮发电机端部金属铜屏蔽的阻磁系数。结果表明采用 12mm 的金属铜屏蔽，阻磁系数在 0.2 左右。从图中还可以看出在铜板的两端，阻磁系数较大，这是因为两端位置磁通已经不平行于屏蔽透入，在屏蔽的两端，金属屏蔽已经失去了屏蔽漏磁的作用。

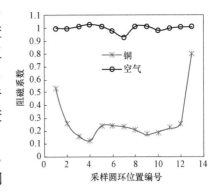

图 5-57　阻磁系数

进一步研究发电机端部采用金属铜屏蔽的作用，将模型中的铜设置为空气，假设空气的位置与原来铜屏蔽位置重合，重新进行计算，同样对空气板两侧的表面漏磁通进行分析，计算结果表明即便空气的磁阻相对于铁磁材料较大，但在短距离内空气几乎没有削弱磁通的能力，空气的阻磁系数接近于 1。

5.7 小　结

本章详细阐述了大型同步发电机端部电磁场生成机理及抑制策略，介绍了 Electromagnetics Suite 软件分析大型同步发电机二维和三维电磁场流程。并以 AP1000 核电半速汽轮发电机为例，详细分析了其端部漏磁通分布情况。并分别介绍了解析法和数值法在大型同步发电机端部磁场分析方面的应用。阐述了端部结构件涡流损耗产生原因、分析了多重影响因素对端部涡流损耗影响因素并给出了端部结构件涡流损耗抑制策略。

第6章 大型同步发电机的发热与冷却

本章以大型汽轮发电机为主要研究对象，介绍了大型汽轮发电机主要的通风系统。并以AP1000型核电发电机为代表，从流体网络和有限元法入手，对大型发电机的散热进行详细的探讨与分析。流体网络法基于流体动力学原理，能够清晰地描述冷却介质在电机结构件内的分布情况。通过流体网络，能够迅速获取冷却介质流量的分配情况，并将其作为发电机全域流场有限元分析的边界条件，这样能够最短时间获取发电机内部冷却介质的流动状态，进而深入研究并优化发电机的散热性能。

6.1 大型同步发电机的冷却技术特点

6.1.1 大型汽轮发电机空冷系统特点

电机的通风系统主要依据定子铁心的风路进行分类，包括轴向通风系统、径向通风系统以及轴向—径向混合通风系统。在转子局部内冷的通风系统（转子内冷而定子外冷）方面，其分类也不出上述三类。实际上，在转子局部内冷之后，通常采用后两类通风系统。至于转子通风方式，主要有转子本体表面冷却和转子绕组局部（或全部）内冷两种[34]。

（1）轴向通风。

轴向通风系统可分为全轴向通风和半轴向通风两种类型。

在全轴向通风系统中，空气气流在两端风扇的作用下，从电机的一端进风，另一端出风。而在半轴向通风系统中，气流在两端风扇的作用下，穿过气隙和铁心内的轴向通风孔，

冷却电机后，从铁心中部的径向风沟排出。轴向通风系统通常在定子铁心轭部开设通风孔，由于齿部磁通密度较高，一般不设置孔洞。采用这种通风系统，定子轭硅钢片局部的冷却效果较好，但孔洞数量和大小受限，导致冷却面积较小，轴向风阻较大，风量分布不合理，沿轴向温升不均匀，出风端温升通常较高。此外，长期运行后，轴向孔内的积垢难以清理，影响冷却效果。因此，轴向通风系统主要应用于铁心长度较短的空冷汽轮发电机。图6-1给出了汽轮发电机轴向通风系统。

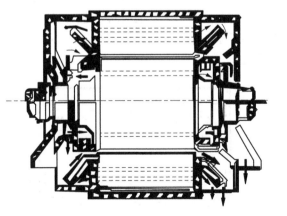

图6-1 汽轮发电机轴向通风系统

（2）径向通风。

径向通风系统是指电机内部气流主要沿径向流动的通风系统。此类通风系统主要包括以下几种形式。

1）单边径向进风系统：此类系统仅依赖单一风扇，确实有助于提高机械效率。然而，与二端均装离心式风扇的电机相比，其轴向长度缩短幅度有限。定子径向通风道的制造过程较为复杂，为确保气流沿特定方向流动，通风道需配备挡风板进行隔离。然而，采用这种单边进风冷却方式会导致铁心温升分布不均，原因是气流从一端进入，未安装风扇的另一端冷却条件较差。图 6-2 给出了汽轮发电机单边进风通风系统。

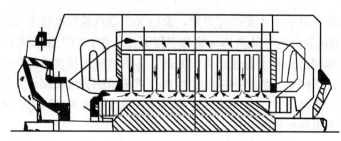

图 6-2　汽轮发电机单边进风通风系统

2）两边进风径向通风系统：一般在汽轮发电机气隙较大时适用，该系统左右两部分冷却状况对称。气流从两端风扇吸入，一部分进入气隙后流向径向风道，另一部分进入转子轴向风道，通过中部径向孔排出，从而提高转子表面散热能力。该系统结构简单，机座直径较小，因此对于容量较小的电机，从结构和冷却效果两方面分析，均具有较优性能。与轴向通风系统相比，径向通风系统更有利于齿部冷却。图 6-3 给出了两边进风径向通风系统。

3）多流式径向通风系统：在转子附设小槽的局部内冷通风系统未被采纳之前，若要提升发电机容量，若不改进通风系统，则无法达到预期目标。因此，轴向分段冷却系统应运而生，作为径向冷却系统的优化版本，也称为多流式通风系统。多流式源于出风室的数量，铁心沿轴向交替划分为进、出风区或进、出风道。冷风进入电机后，经风扇鼓风，气流分为三路：其一，经定子线圈端部吹拂铁心两侧的结构件，进入定子机座通风管，最终到达定子铁心背部，再通过定子铁心通风道进入气隙；其二，直接进入气隙；其三，从转子护环下方进入，吹拂转子绕组端部表面后，进入定子和转子之间的气隙（转子内冷除外）。这三路气流在气隙汇聚，经铁心出风风道，从铁心背部出风区排出。图 6-4 汽轮发电机多流式径向通风系统。

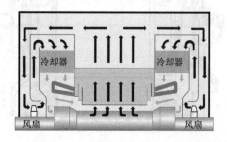

图 6-3　两边通风径向通风系统

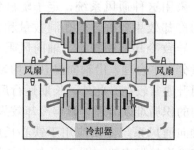

图 6-4　汽轮发电机多流式径向通风系统

6.1.2　大型汽轮发电机氢冷系统特点

容量为 50MW 及以上的汽轮发电机绝大多数采用氢气冷却。冷却方式从氢气表面间接冷却（又称外冷）发展到氢气对发热体内部直接（无隔热层）冷却（又称内冷）。

（1）氢外冷。

对于 100MW 以下的电机，转子损耗密度较低（约为 $1.5W/cm^3$），可采用氢气表面冷却。在氢气表面冷却（也称氢外冷）电机中，定子通常采用径向通风系统。在这种系统中，铁心沿轴向划分为若干冷热风区。一部分冷却气体从铁心背部径向流入，进入气隙，然后由相邻的热风区径向流出；另一部分气体则直接从气隙进入热风区。该系统的特点是定子绕组及铁心的冷却较为均匀。当铁心较长时，还可进一步划分出更多的进风区和出风区。径向通风可分为压入式和抽出（或吸入）式闭路循环通风系统。在压入式系统中，冷却气体在风扇作用下被压入定、转子，由热风区流出，经冷却器冷却后再次进入风扇。这种系统能使定子

绕组及铁心的端部得到较好的冷却，是我国应用较为广泛的一种通风系统。在抽出式系统中，冷却气体被风扇从有效部分抽出，然后经冷却器冷却后再进入铁心背部。这种系统的特点是进入有效部分的冷却气体温度不受风扇损耗的影响。通常，抽出式系统被广泛应用于定、转子线圈均采用水内冷，铁心采用氢外冷的电机中。图 6-5 给出了汽轮发电机氢外冷通风系统。

（2）氢内冷。

当汽轮发电机的单机容量达到 100MW

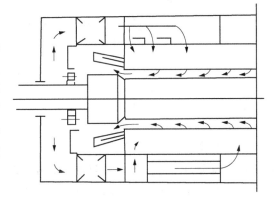

图 6-5　汽轮发电机氢外冷通风系统

及以上时，仅依靠氢气表面冷却来传热难以满足电机的冷却需求，所以一般采用氢内冷。在定子氢内冷系统中，最常见的通风方式为全轴向通风。该系统的工作原理：冷却气体在高压风扇（如高压离心风扇或多级风）的推动下，从定子线圈的一端进入轴向风道，流经定子线棒的全长后，从另一端排出。此过程中，冷却气体在冷却器的作用下，部分进入定子线圈的轴向风道，另一部分则进入铁心的轴向风道以实现铁心的冷却。同时，还有一部分冷却气体从护环下方进入转子线圈的轴向风道。在高压风扇的作用下，冷却气体从定、转子的另一端被抽出，并进入冷却器进行冷却。图 6-6 给出了汽轮发电机氢内冷通风系统。

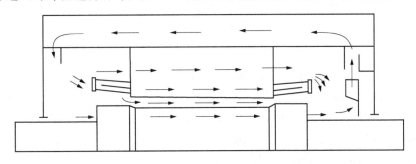

图 6-6　汽轮发电机氢内冷通风系统

除全轴向通风系统以外，另一种通风系统为半轴向通风系统。在这种系统中，冷却气体在两端风扇的作用下，从轴向通风孔的两端进入定子绕组和铁心，并通过铁心中部的径向风沟排出至冷却器。此外，径—轴向通风系统也得到了发展。在该系统中，高压风扇将冷却气体压入冷却器，随后分为两路：一路通过护环下方进入转子的轴向风道，另一路则进入定子铁心背部。进入定子铁心背部的通风路径又可细分为三部分：第一部分进入径向风沟以冷却铁心，随后由气隙排出；第二部分进入定子轴向风道，用以冷却定子绕组；第三部分则从转轴另一端的护环下方进入轴向风道，并在转子中部通过径向风沟排出至气隙。图6-7给出了半轴向氢内冷通风系统。

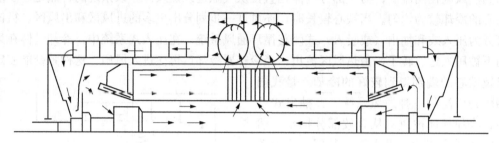

图6-7　半轴向氢内冷通风系统

此外，还有一种槽底副槽的氢内冷系统。在此通风系统中，带横向沟的铜线应用对一般端部绕组形态产生改进和改变。线匝通常采用铜焊接成直角状，形成矩形线圈端部。这使得在整个端部全长范围内，两个线圈之间可嵌入楔子，从而在运行过程中，尤其是短时调峰运行时，保持完好形态。此外，与本体部分铜线相同，横向通风可实现特别均匀的温度分布，而无过热点。也就是说，端部绕组同样采用横向密集沟的冷却系统。冷却气体通过一组轴向进气孔进入端部绕组下方，横向流过线圈端部，然后通过另一组位于下护环外端头的轴向风孔排出；吸风扇将气体吸入气隙。图6-8给出了汽轮发电机槽底副槽系统。

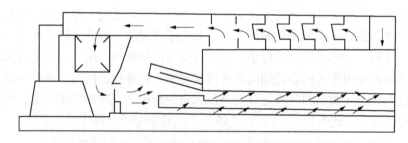

图6-8　汽轮发电机槽底副槽系统

（3）全氢冷。

全氢冷电机在具备氢冷电机优势的基础上，由于仅采用一种冷却介质——氢，使得结构更为简化，维护方便。以从美国西屋公司引进的全氢冷技术为例，其定、转子绕组均用氢内冷，而定子铁心则用氢外冷。在这种电机内，定子绕组采用轴向冷却方式，实心铜线中夹若干矩形空心镍铜合金管，使氢气在管中流过，以导出铜线热量。不锈钢管与铜导线相互绝缘。相应地，转子绕组也采用轴向冷却——全轴向或1/2轴向。由于通风管道较长，风阻较大，通常需采用高压风扇，从而导致风扇消耗功率及通风损耗增大，降低电机效率。此外，定子电压较高，受爬电距离限制，定子绕组只能采用全轴向通风冷却形式，以保持定子绕组绝缘完整性。全氢内冷电机制造较为复杂，冷却方式适用于 100～600MW 汽轮发电机。图 6-9 给出了表面全氢冷通风系统。

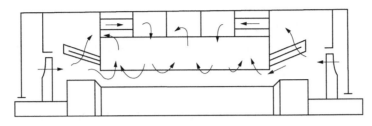

图 6-9　表面全氢冷通风系统

6.1.3　大型汽轮发电机水冷系统特点

水作为冷却介质具有导热系数高、相对密度大、散热能力好等优点，可应用于电机的热源集中部件的冷却，如定子线圈、转子线圈和定子铁心等。在水冷汽轮发电机中，有多种冷却措施，如定子线圈水内冷或转子线圈水内冷，甚至定子线圈和转子线圈同时采用水内冷，以及除线圈水内冷外，再采取定子铁心水冷等。本节将集中讨论定、转子采用水冷，铁心及相关结构件采用空气和水冷却这几种方式。

（1）定子线圈水冷。

定子线圈水冷是将汽轮发电机产生的基本铜损耗（即直流铜损耗）和附加损耗（即交流附加损耗）等热量从线圈内部直接由水带走的一种技术。铜与水介质的温差约为 1℃，而氢气冷却的导体与氢气的温差高达 30℃，故水冷定子线圈的电流密度可高于空冷线圈数倍，通常选取 5～10A/mm²。此外，水冷流通道较氢气流通道小，因此在某一确定容量的定子线圈中，采用水冷可大幅减少铜用量。然而，定子铁心的磁负荷变化较小，槽齿宽度与空冷电机相差不大。为降低铜用量，只能减少导线股数，从而使水冷定子线圈的高宽比较低。相较于空冷电机定子线棒断面高宽比约为 1∶3，水冷定子线圈的高宽比为 1∶2，因此，水冷定子铁心外径可缩小，节省矽钢片。

在水内冷的定子线圈中，既通电又通水，因此，线圈端部的连接结构与空冷、氢冷电机存在差异。它不仅涉及上下层间或极间连接线的电联结，还必须是一个可靠的水电接头。水电接头既能确保定子线圈按照电路接通，又能便于外部水系统引入水或从线圈内排出水。

水电接头是水冷电机中的关键部件，其可靠性和设计的合理性对发电机运行具有重大影响。若水电联结不可靠，出现渗水、漏水等情况，将严重影响电机的稳定和安全运行。针对电机的水电接头结构，通常有以下几点要求：

1）结构简单可靠，易于装配，焊接热容量小，焊接过程中不影响定子线圈的绝缘性能。

2）易于拆卸，便于检修。

3）水电接头具备良好的反磁性、耐腐蚀性，或采取可靠的防腐措施。

绝缘引水管的性能要求如下。

1）耐电压：绝缘引水管的一端与定子线圈相连，与线圈同电位；另一端与总进出水管相连，接近零电位。因此，每根绝缘引水管都承受一定的电压。以额定电压 18kV 的定子线圈为例，连接线圈的绝缘引水管在正常工作状态下，需承受 10kV 的对地电压。

2）耐温：出水的绝缘引水管中，水温根据设计要求可达 80℃。在异常情况下，短期可承受水的沸点100℃。同时，绝缘管应能随水温变化（冷热交替）正常工作。

3）耐水压：根据水路设计结构特点，定子进水压力一般在0.2~0.3MPa，而在制造过程中，各工序检验时，需耐受1MPa以上的压力。

4）耐腐蚀：长期使用后，绝缘引水管应不易腐蚀和结垢。

5）耐老化：在90℃以下和0.5MPa以上长期运行，寿命应在10年以上。

6）抗振性：具有较强抗振动性能。

（2）转子绕组水冷。

水冷转子的水路系统通常有两种，这与发电机的冷却方式及结构布局设计等因素相关。不同的冷却方式会导致采用的水路系统有所差异。当发电机的机座内充满空气冷却介质时，无需像氢冷电机那样设置密封机座、端盖轴承及密封装置等，因此，可采用中心孔进水、出水箱出水的水路系统。一般而言，水路设计是从励磁机端进水，汽轮机端出水（也可在励磁机端同时进、出水）。然而，当发电机内部采用氢气冷却介质时，由于两侧轴端布置了氢密封结构，转子进出水口只能同时设在励磁机端，采用中心孔进、出水或中心孔进水、偏心孔出水的方式。图6-10给出了水冷转子槽截面。

图6-10 水冷转子槽截面

转子水回路的路径如下：冷却水通过进水装置，从外部水系统静止的管道引入高速旋转的转子中。进水装置上设有水密封，以防冷却水渗漏。冷却水从进水门流向转子轴向中心孔衬管，经过轴向水管进入汇水箱，然后通过绝缘引水管，将水分成多个支路，经过金属引水线（或管）进入转子线圈。在转子线圈内，冷却水循环，吸收励磁损耗的热量，变为热水。热水从线圈出口流出，通过金属引水线（或管）及绝缘引水管由汇水箱排出，或通过中心孔套管、转轨偏心孔排出。中心孔进水、出水箱出水这一水路系统的主要特点在于，充分利用转子进出水的位差产生的离心水泵作用，从而获得所需水量。系统中，进口压力随着转子转速的提高和水流的抽水泵作用增大而自动降低，甚至变为负压。进水与出水位置的径向距离较大，水泵作用较强，水量也较大。在进口水压力不加调整的情况下，随着转速的增加，水量也随之增加。外部水系统只需增加0.1MPa的压力即可，因此，这种水系统的水路结构较为简单，所需外加水泵压力大大减少，从而降低了转子进水密封的要求。中心孔进、出水系统的水泵作用较小，水量不随转速变化。若要增加水量，需增加水路数以减少水阻，或提高外加水压。图6-11给出了转子引水弯角。

（3）水—水—空冷却系统。

一般双水内冷汽轮发电机选用径向通风系统及高效螺桨式风扇。定子铁心母档叠片厚度一般为50~60mm，采用工字型钢条铆焊于0.5mm厚的硅钢片或钢板上作为风道隔板。风道每档宽度约为10mm。为降低端部漏磁通并防止端部结构件过热，压圈、齿压指通常采用无磁性钢材料制作。压圈表面还附有磁屏蔽和电屏蔽。压圈电屏蔽板上设有空心铜导管通水，用以带走各构件杂散损耗产生的热量。

双层线棒的水冷定子线圈，采用环氧粉云母绝缘，具有良好的电气和机械性能。除线圈用水内冷外，定子极间连接线及引出线也采用水直接冷却。每个定子档内，定子线棒之间均

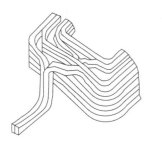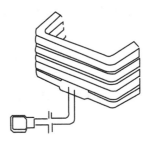

图 6-11　转子引水弯角

埋有测温元件，以测量定子线圈温度。鉴于水内冷电机定子线负荷较高，槽内线圈及端部电动力较大，故需加强定子线圈的槽口和端部固定。目前，槽内一般采用适形材料及胀管预压定位（即在扁管内通压缩空气，使之膨胀，施加压力），然后配装用环氧玻璃布板制成的对斜槽楔（即槽楔结合处由两个斜面对接）或槽楔下装波纹板固定。

　　整体锻件的水冷转子本体采用强度高、导磁性好的合金钢制成，护环和中心环采用非磁性钢制造。125MW 及以上容量的转子采用悬挂式护环，以避免因转子挠度引起护环与转子本体接触面处应力集中，从而产生裂纹导致护环损坏。转子线圈采用水直接冷却，但转子线圈至混环之间的引线仍为空冷。通常由多根薄铜带组成，大容量转子线则采用含银铜带以提高材料强度。由于转子中心孔进水，引线滑环至转子线圈间的引线采用通过转子轴上开偏心孔的结构。QFS 系列电机采用座式轴承，为缩短轴承挡之间的距离，转子滑环放置在轴承外侧。但受材料和轴颈尺寸限制，滑环尺寸不能任意增加，因而滑环上的电流密度一般较高。滑环表面车制螺纹槽，以改善滑环与电刷的表面接触。两个滑环之间安装风扇以加强冷却。为降低滑环与碳刷间因摩擦和通风气流等产生的噪声，电机滑环通风采用封闭式下通道出风结构。图 6-12 给出了水—水—空冷却系统结构。

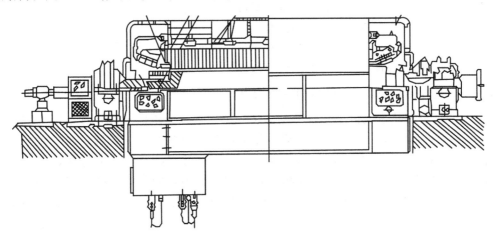

图 6-12　水—水—空冷却系统结构

　　采用多种冷却介质的混合冷却方式，既能满足冷却需求，又能提高经济效益。这种多介质冷却方式还能较为顺利地突破单一冷却介质汽轮发电机的容量极限。

　　水—氢—氢汽轮发电机在转子部分采用氢内冷设计，相较于其他水冷电机，省略了转子进出水口机构及通水管道。

从冷却效能来看，相较于定子，转子的损耗较小，采用氢内冷可满足需求。与全氢冷电机相比，水—氢—氢汽轮发电机的定子绕组采用水内冷，冷却效果优于氢。水内冷有效降低了定子线圈的温升，定子损耗较高，水内冷提供了良好的冷却效果。另外，在相同热量带走的情况下，水内冷所需的功率小于氢内冷。加之，定子绕组水内冷技术成熟，当汽轮发电机容量较大时，通常采用水—氢—氢冷却方式。图 6-13 给出了水—氢—氢冷却结构。

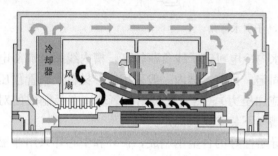

图 6-13 水—氢—氢冷却结构

水—氢—氢汽轮发电机根据定、转子不同的冷却需求，分别采用水内冷（定子绕组）、氢内冷（转子绕组）和氢冷（定、转子铁心）。这种方式既提升了定子绕组的冷却效能，又简化了结构。尽管此类电机需要同时配备冷却水系统和氢气系统，但随着定子绕组水冷技术的发展和完善，以及氢冷技术的成熟，这种冷却方式已在实践中得到广泛应用。

（4）全水冷却系统。

水—水—空冷却系统的进一步发展是采用全水冷（或全液冷）冷却方式，即定子、转子绕组，定子铁心和其他发热结构件均采用水冷。由于水具有独特的散热性能，采用这种冷却系统的电机可能采用较高的电磁负荷。

目前，主要有两种冷却方法：一是定子铁心叠片段间安装径向冷却片，与铁心叠片方向平行，通过通水冷却实现。冷却片由硅铝合金按照定子扇形片的形状铸造而成，埋置于其中的冷却管由不锈钢管制成。

另一种方法是通过无磁性不锈钢管轴向穿过定子叠片孔来冷却铁心。轴向冷却管为双层同心套管，冷却水从内层管道流向汽轮机端，然后从外层管道四路流回汽轮机端，从而将铁心传给外层管的热量带走。管道外部包裹有环氧浸渍的粉云母、玻璃布绝缘层。绝缘层与铁心之间的间隙需用导热性好、弹性差的填料填满。

6.1.4 AP1000 汽轮发电机冷却系统特点

AP1000 核电汽轮发电机采用水—氢—氢冷结构，且为轴向通风，其中定子绕组采用水内冷，定子铁心和转子均为氢气冷却。转子转轴设有多级高压风扇，通过转子旋转带动风扇旋转，来带动发电机内部气体流动。转子直线段导线均为空心导线，每匝在转子中部都有相互独立的通风孔，各匝为相对独立的通风道，导线空心的内表面和氢气进行热交换带走热量。在转子中部的出风口出风后再经由气隙流出，图 6-14 为转子线圈的结构示意图。

转子绕组采用副槽径向通风系统，转子绕组本体采用双排径向出风孔，斜副槽设计，冷氢气由副槽口进入，通过径向出风孔冷却转子绕组。发电机定子采用多路径向通风方式。发电机定子沿轴向分成若干个风区，进出冷热风区交替分布。核电汽轮发电机的定子端部风道设计较为复杂，主要包括横向通风孔以及纵向通风沟，氢气分别从定子直线段和定子铁心背部流入横向通风孔和纵向通风沟，对定子铁心、屏蔽铁心等端部构件起到冷却作用。定子端部冷却系统如图 6-15 所示。

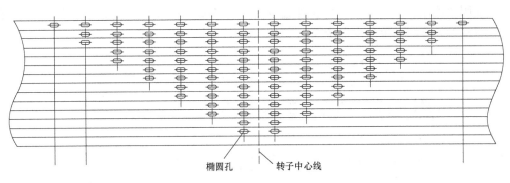

椭圆孔　　转子中心线

图 6-14　转子线圈的结构示意图

位于转子励端的多级风扇对热氢气进行加压并送入冷却器进行冷却，经过冷却后的热氢分多路进入发电机定子和转子。一部分冷却气体从汽端端部流入并分为两路，一路从汽端端部轴向通风孔内流入定子铁心，另一路从转子汽端端部流入转子绕组；一部分冷却气体从励端端部流入，对励端端部结构件进行直接冷却；剩余冷却气体沿转子励端端部流入转子绕组。冷却气体流入转子后，部分气体对转子绕组端部进行冷却后直接流入气隙，剩余气体流入转子绕组直线段中，对直线段进行冷却后沿转子中部出风口流入气隙。气隙中的冷却气体和励端端部的冷却气体汇集，再次回到多级风扇进行加压，继续参与到循环之中。如图 6-16 所示给出了核电汽轮发电机剖面结构及冷却介质在发电机内流动情况。

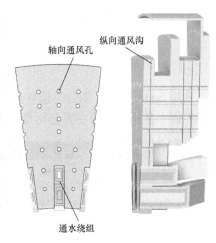

轴向通风孔　　纵向通风沟

通水绕组

图 6-15　定子端部冷却系统

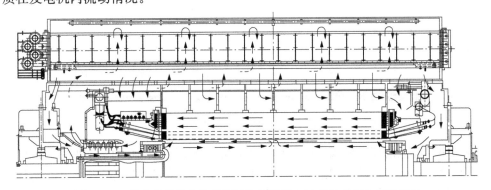

图 6-16　核电汽轮发电机剖面结构及冷却介质在发电机内流动情况

6.2　大型同步发电机传热分析模型

Ansys 软件集成了集合建模、前处理、CFD 计算以及后处理模块，极大程度地提高了大型同步电机发热与冷却计算分析效率。首先在 Ansys Workbench 中建立项目，如图 6-17

所示。应用"流体流动"模块，可快速建立传热分析流程，流程包括：模型建立、网格划分、求解模型设置和结果分析等步骤。

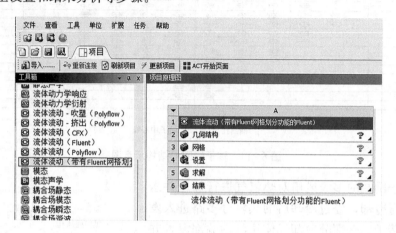

图 6-17 项目建立

利用 Space Claim 集合建模软件建立大型同步电机传热分析模型，图 6-18 给出了软件操作界面。常用的界面主要包括菜单功能区、结构面板、选项面板以及设计窗口。

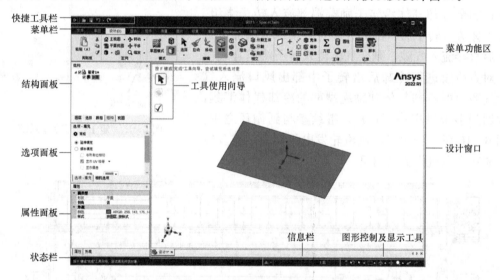

图 6-18 Space Claim 界面

进入菜单功能区的草图模式，可以在一个平面上绘制定子铁心的基本形状；退出草图模式后，可以通过拉伸、移动、切割等方式创建汽轮发电机端部的几何模型，在几何建模过程中，无论是固体还是流体，均要建成实体模型。除了这些基础的操作，对于一些数量大且排列规律的形状，可以通过阵列的方式来进行创建，拿通风孔举例，可以先在定子铁心圆环上绘制一组槽和通风孔，再沿着圆环 360°的方向阵列 48 份，如图 6-19 所示。

模型外部的空气域可以通过创建外壳来实现，在"准备"选项卡中，点击"外壳"，再选中整个模型，创建一个圆柱形的外壳作为空气域。如图 6-20 所示。

最后还要对模型进行共享拓扑的操作。在建模过程中，若存在多个部件，则要保证多个

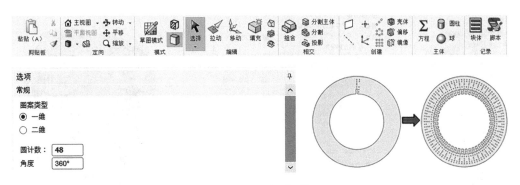

图 6-19 阵列操作

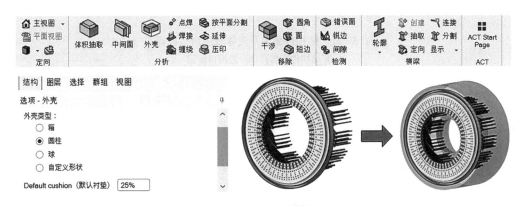

图 6-20 空气域的创建

部分之间保持连续性和一致性。共享拓扑操作可以将一个部分的几何形状与其他部分共享，这是在主体相交处进行网格划分的唯一方法，并且也是确保主体相交处完美网格化的唯一方式。在"workbench"选项卡中对整体模型进行共享拓扑。共享拓扑完成后，需要对模型不同部件进行命名，并标记流体进出口，更有利于后续网格划分及模型设置。图 6-21 给出了结构件命名及流体域进出口标记。

模型建立完成后，方可对其进行网格离散。Fluent Meshing 模块将网格离散流程化，更有利于操作。首先导入模型，而后根据模型实际情况添加局部尺寸并生成面网格，如图 6-22 所示。

面网格划分完成后，对几何模型及其边界进行描述，同时指出流体域及固体域数量。如图 6-23 所示。

最后生成体网格并检查网格质量，Fluent Meshing 基于"马赛克"技术的 Poly - Hex-core 体网格生成方法，能够使六面体网格与多面体网格实现共节点连接（无 interface 面），而且不需要任何的额外手动网格设定（对比传统六面体网格划分），从而在保证工作完全自动化的状态下，提升网格中六面体的数量，以达到提升求解效率与精度的目的。图 6-24 给出了体网格生成、改进与质量检查。

当体网格的质量较差时，可以在"概要视图"页面中选中所有体网格，并右键打开"自动节点移动"进行修复，如图 6-25 所示。

网格离散完成后，便可进入模型设置流程，图 6-26 给出了设置首先在流程树中打开能量方程，并选择合适的湍流模型。图 6-26 给出了流程树中模型设置部分，本案例选择了标

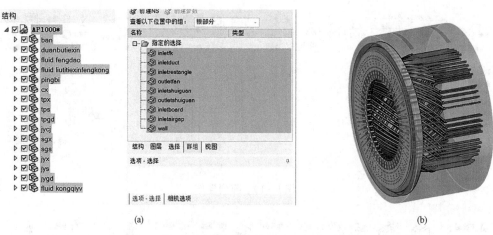

图 6-21　结构件命名及流体域进出口标记

(a) 结构件命名；(b) 进出口标记

图 6-22　导入并生成面网格

图 6-23　几何模型及其边界描述

准 k-e 模型。

　　根据发电机实际情况，添加材料并赋予适当属性，其中包括固体和流体材料。图 6-27 给出了案例所需材料添加流程。

　　材料添加完成后，将赋到所建模型当中，同时为模型添加热源。将电磁计算所得损耗作为发热热源并根据结构件体积计算热密度添加到材料属性当中。图 6-28 给出了模型属性设置。

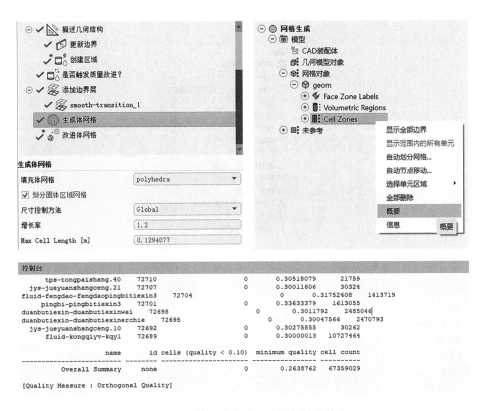

图 6-24　体网格生成、改进与质量检查

图 6-25　自动节点移动

　　模型属性设置完成后，对边界条件进行设置，边界条件包括壁面、内部、入口和出口，根据电机实际情况，对边界条件进行赋值。如图 6-29 所示。

　　Fluent 根据不同湍流方程，提供了多种计算方法，根据不同方法的优缺点结合发电机

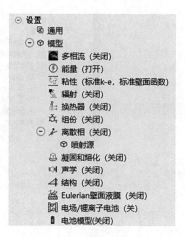

图 6-26 模型基本设置

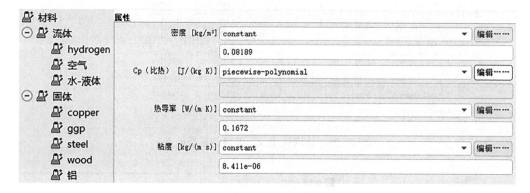

图 6-27 材料添加及属性设置

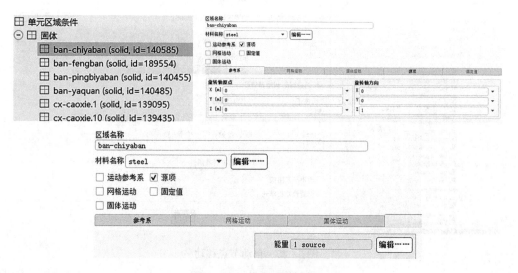

图 6-28 模型属性设置

实际情况选择合适的方法，可以大幅提升计算精度，同时降低计算成本。图 6-30 给出了求解方法设置。

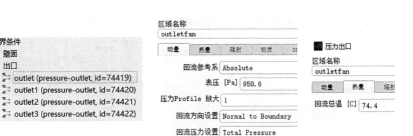

图 6-29 边界条件设置

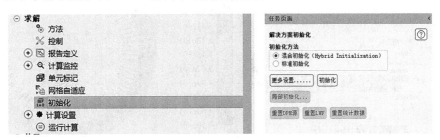

图 6-30 求解方法设置

方法设置完成后，在计算前对模型进行初始化，其目的是赋予模型计算初始值。合理的初始值有助于求解收敛。图 6-31 给出了初始化设置。

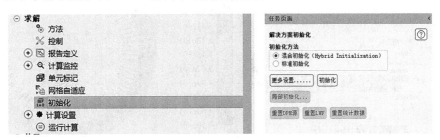

图 6-31 初始化设置

初始化完成后便可对模型进行计算，判断计算完成标准较多，目前常用残差收敛作为评判标准，当残差小于预设范围时，即为计算收敛。图 6-32 给出了计算流程及残差图。

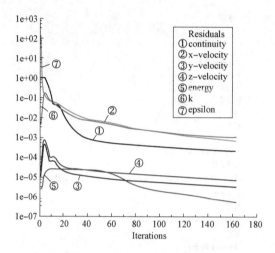

图 6-32　计算流程及残差图

　　计算完毕后，可在"结果"选项卡中查看云图和矢量图，以齿压板温度云图为例，新建云图，并在"着色变量"选项栏中选择"Temperature"，并选择"Static Temperature"来查看稳态温度，选中要查看的结构件，生成该结构件的温度云图，如图 6-33 所示。当云图显示不明显时，可以取消勾选"自动范围"，手动输入最小温度和最大温度来确定界限。

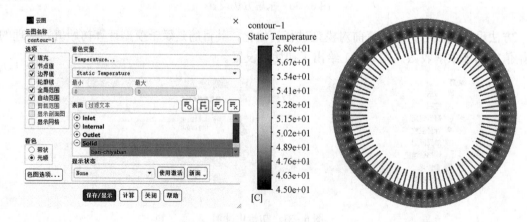

图 6-33　生成云图

如果想查看齿压板上具体某一个位置的温度，可以在"表面"选项卡中创建相应的点线面，以齿压板上某一点为例，通过输入齿压板上对应点的坐标，并在"报告"选项卡"表面积分"中查看结果，如图 6-34 所示。

图 6-34　表面积分计算流程

6.3　大型同步发电机流体网络

6.3.1　核电发电机全域流体网络模型

根据核电发电机通风系统的实际结构，再结合上述流体动力学理论，在 flomaster 软件中搭建如图 6-35 所示的核电发电机全域通风系统等效流体网络模型。该核电发电机整体采用轴向通风方式，其中定子为全轴向通风，转子为半轴向通风。冷氢从发电机定子汽端端部流入，沿轴向通风孔贯穿定子铁心，对定子铁心齿部和轭部进行直接冷却；剩余大部分冷氢经由转子护环，从转子绕组端部入口进入。转子端部和直线段绕组均设有独立通风道，一部分冷却介质对转子绕组端部进行冷却后进入气隙，剩余冷却介质流入直线段通风道中，经由转轴中部出风口进入气隙。位于气隙和发电机端部的冷却介质受多级风扇的加压作用流入冷却器中，重新参与循环过程。

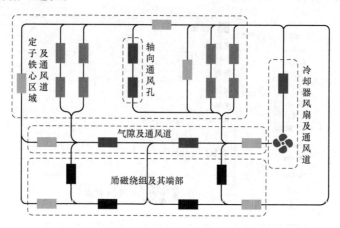

图 6-35　核电发电机全域流体网络模型

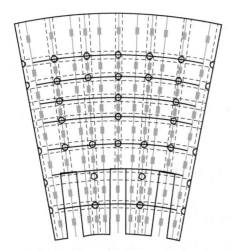

图 6-36　定子铁心叠片间径向
通风沟内流阻分布

根据核电发电机端部通风沟和通风孔排布情况对径向通风沟进行了合理分割，充分考虑通风孔和通风沟交错排布对流阻的影响，更准确地模拟核电发电机端部复杂区域冷却介质流动分布。图 6-36 为定子铁心叠片间径向通风沟内流阻分布。

核电发电机转子采用半轴向通风结构，转子槽内每根绕组均为独立的空心股线，股线间均为并联结构。冷却介质分别沿发电机两端进入转子绕组直线段，进行充分冷却后，在位于转轴中部的出风口流出至气隙。图 6-37 给出了转子中部出风口附近单转子槽内局部流阻分布。

6.3.2　核电发电机全域冷却介质流量分布

根据所建全域流体网络模型，计算得到核电汽轮发电机全域内冷却介质流量分配情况，结果见表 6-1。

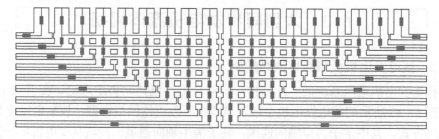

图 6-37　转子中部出风口附近单转子槽内局部流阻分布

表 6 - 1　　　　　　　　　　　核电发电机通风系统流量分配情况

主要支路	流量（m³/s）	占总流量百分比
整机通风系统	35.84	100%
定子铁心	5.97	16.6%
转子汽端	7.68	21.4%
转子励端	8.01	22.3%
汽端端部铁心	4.04	11.3%
汽端磁屏蔽	1.33	3.7%
励端端部铁心	2.00	11.2%
励端磁屏蔽	1.31	3.7%

16.6% 的冷却介质沿定子铁心轴向通风孔贯穿电机定子铁心，对定子铁心进行直接冷却；21.4% 和 22.3% 的冷却介质分别从发电机两端护环下进入到转子绕组中，其中 5.4% 和 5.7% 的冷却介质对转子绕组汽端和励端端部进行冷却后直接流入到气隙中，剩余冷却介质分别进入到转子绕组两侧直线段中，通过并联排布的转子空心股线对转子绕组直线段进行冷却，流入两侧直线段的冷却介质大约占全部冷却介质流量的 16.0% 和 16.6%。发电机两侧端部定子铁心径向通风沟内流过的冷却介质流量分别占总体流量的 11.3% 和 11.2%；两侧磁屏蔽径向通风沟内流过的冷却介质流量均占总体流量的 3.7%，电机内冷却介质整体分布均匀，位于励端和汽端的结构件内冷却介质流量基本呈平均分布，有利于保障发电机整体温度分布的均匀性。

6.4　核电发电机全域冷却介质流动特性分析

本节从流体力学角度分析冷却介质流动对通风系统冷却效能的影响。将流体网络方法所得结果作为初始边界条件应用到数值分析当中，可大幅提升核电发电机全域内流场研究效率。

6.4.1　发电机全域流场有限元模型

该核电发电机的全域模型包括发电机直线段和励端、汽端两侧端部，具体模型如图 6 - 38 所示。

在 Fluent 软件中对该核电发电机全域内流场进行计算，发电机内部冷却介质流动应当符合质量守恒和动量守恒定律。

为提高计算效率，基于以下基本假设对核电发电机全域内流场分析过程进行合理简化。

1）发电机内冷却介质流动状态为定常流动。

2）冷却介质雷诺数远大于 2300，属于湍流流动，但可视为不可压缩流体。

3）忽略冷却介质浮力和重力。

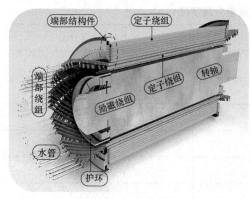

图 6-38 核电发电机全域有限元分析模型

6.4.2 发电机全域内流场

以流体网络计算所得流量分布情况作为有限元分析基本边界条件，结合流体动力学理论，对核电发电机通风系统全域流场有限元分析模型进行计算分析。由图 6-39 可以看出，从汽端流入的冷却介质在发电机端部主要分成了两路，一路冷却介质从轴向通风孔进入定子铁心；另一路冷却介质从转子护环下方进入转子端部绕组。但在整个汽端端部区域内，部分冷却介质流动受发电机外壁影响形成了较大的环流；部分冷却介质受到了发电机定子端部绕组的阻碍作用，以上两个因素对发电机汽端端部冷却介质流动造成较大的影响。与汽端端部相似，从励端流入的冷却介质同样受到了发电机外壁和定子端部绕组的影响而形成了环流或受到了阻碍作用。

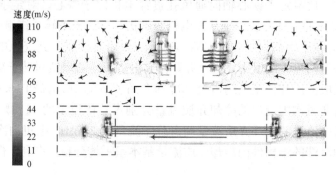

图 6-39 核电发电机全域剖面冷却介质流动矢量分布

核电发电机转子为半轴向通风，这种特殊的结构导致了汽端气隙和励端气隙冷却介质流动分布不均匀。图 6-40 为发电机气隙内冷却介质流速情况。冷却介质在汽端气隙入口处流入时流速较高，受到气隙内狭长流道的影响，流道内流速呈下降趋势。在汽端直线段平稳部分流速大约为 12m/s。发电机转轴内的冷却介质在转轴中部汇集并流至气隙，因此在转轴中段处冷却介质流速突升，当冷却介质流速达到平稳后，稳定流速有所升高，大约在 20m/s。在靠近励端气隙出口处，冷却介质受到多

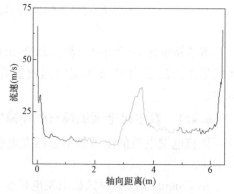

图 6-40 气隙内冷却介质流速

级风扇的作用，流速再次大幅升高并与励端的冷却介质汇合。

6.5 核电发电机端部流固耦合传热特性

核电发电机端部较强的漏磁场会在端部结构件中感生出涡流损耗，进而引起端部结构件发热。且端部结构通风路径复杂，其中冷却介质经历多个交汇点。轴向通风孔和径向通风沟

这两种通风路径在端部内部区域多次交汇，如图 6 - 41 所示，使得核电发电机端部散热行为要复杂于直线段。

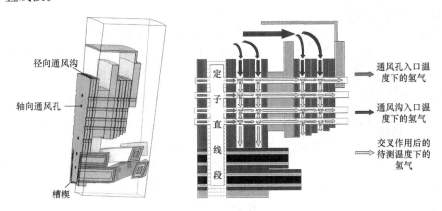

图 6 - 41　端部主要通风路径

6.5.1　发电机端部三维流固耦合分析模型

核电发电机端部结构件包括端部定子铁心、齿压板、压圈、挡风板、磁屏蔽和屏蔽压板和端部定子绕组。定子绕组分为上下两层，每层内部置有水管，外部包有绝缘。定子端部绕组呈渐开线结构，上下层绕组旋转方向相反。定子铁心和磁屏蔽之间分别置有径向通风沟。除挡风板外其他端部结构件上均匀设置轴向通风孔。核电汽轮发电机端部求解域共有 5 个氢气入口、一个冷却水入口、一个冷却水出口和一个氢气出口。图 6 - 42 给出了汽轮发电机端部流—固耦合模型及边界条件。

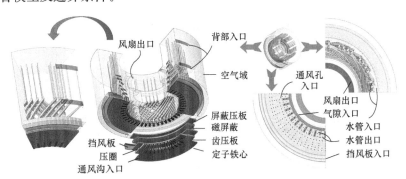

图 6 - 42　汽轮发电机端部流—固耦合模型及边界条件

采用有限元法对求解域进行计算需要对模型进行前处理，使用多面体网格对求解域进行离散划分，求解域网格总数约 669734205。图 6 - 43 给出了求解域和网格离散情况。

基于流体动力学理论和传热学原理计算核电汽轮发电机端部流固耦合模型，在质量守恒方程和能量守恒方程的基础上，加入能量守恒方程[40]

$$\frac{\partial(\rho_0 T)}{\partial t} + \mathrm{div}(\rho \boldsymbol{u} T) = \mathrm{div}\left(\frac{\lambda}{c}\mathrm{grad} T\right) + S_\mathrm{T} \qquad (6-1)$$

式中：T 为温度，℃；λ 为导热系数，W/m·K；c 为比热容，J/kg·K；S_T 为有限元分析计算所得焦耳功率密度，W/m³。

图 6-43 求解域网格离散

所建流固耦合模型壁面散热边界条件为

$$\lambda \frac{\partial T}{\partial n}\bigg|_{S_A} = -\alpha(T - T_f) \quad (6-2)$$

式中：α 为散热表面的散热系数，$W/(m^2 \cdot K)$；S_A 为散热面；T 为待求温度，K；T_f 为散热面周围流体的温度，K；n 为法向向量。

6.5.2 端部冷却介质流动分布

图 6-44 为发电机端部流固耦合场求解域流体迹线分布情况。冷却气体分别从五个入口进入发电机端部，对发电机端部进行充分冷却后汇集在风扇出口流出，求解域端部结构件轴向通风孔和径向通风沟内的冷却介质流速高、流量大，冷却介质流速最高处出现在设置于端部定子铁心齿部的轴向通风孔处。

在流体域取截面 ABCD，如图 6-45 所示。其中冷却介质分别从各自入口以不同流速流入端部求解域，一部分冷却介质经由背部入口和气隙入口直接进入流体域中；另一部分冷却介质经由挡风板入口、通风沟入口和通风孔入口先流入端部结构件中，对端部结构件进行充分冷却后再进入端部流体域。端部流体域的冷却介质在出口处聚集并流出。

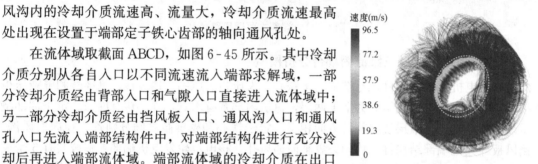

速度(m/s)
96.5
77.2
57.9
38.6
19.3
0

图 6-44 求解域流体迹线分布

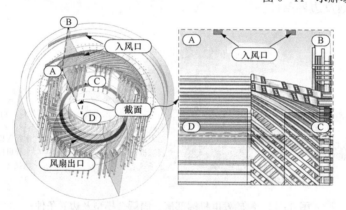

图 6-45 截面 ABCD 位置

图 6-46 为截面 ABCD 流速分布。一部分冷却介质沿端部铁心和磁屏蔽间设置的径向通风沟流入，对端部结构件直接冷却后沿径向流入端部流体域中。从轴向通风孔流入的冷却介质沿轴向贯穿了包括定子铁心、齿压板、压圈、屏蔽铁心和屏蔽压板在内的端部结构件。背部入口 1 流入的冷却介质一部分受到挡风板和屏蔽压板的阻碍作用在区域 V1 处形成环流；另一部分沿径向进入流体域，与轴向通风孔中流出的冷却介质在定子绕组处汇集并相互影响，由于发电机定子绕组端部呈渐开线结构，对冷却介质流动起到了一定的阻碍作用，汇集后的冷却介质在靠近定子绕组的 V2 处形成环流。背部入口 2 流入的冷却介质一部分在区域 V3 处形成环流；一部分受发电机端部区域壁面的阻碍作用在 V4 处形成环流；剩余大部分

冷却介质沿径向直接进入流体域中,与穿过定子绕组的其他冷却介质在靠近风扇出口处汇集并流出流体域。通风沟入口和挡风板入口流入的冷却介质一部分随着通风孔中的冷却介质从轴向流出端部结构件,另一部分仍沿着端部结构件内侧径向流出。其中定子铁心通风沟中流出的冷却介质和定子铁心轭部轴向通风孔中流出的冷却介质在气隙处与气隙入口流入的冷却介质汇集。汇集后的冷却介质受转轴影响,在靠近风扇出口处形成环流 V5。

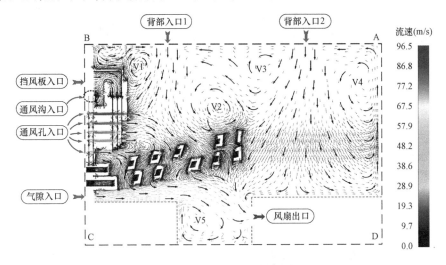

图 6-46　截面 ABCD 流速分布

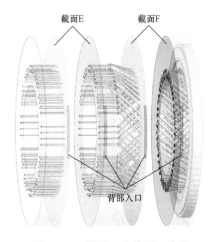

图 6-47　截面 E 和截面 F 位置

核电发电机背部入风口的冷却介质进入励端端部后,流动分布情况复杂。其中一部分冷却介质受定子端部绕组的阻碍作用,流动方向和速度产生了较大的改变。如图 6-47～图 6-50 所示,截面 E 处冷却介质受端部绕组的影响比截面 F 要大,在远离入风口侧截面 F 温度小于截面 E 温度。在截面 E 处,冷却介质从入风口流入受到绕组的阻碍作用,一部分冷却介质沿着端部绕组空隙继续沿径向流动;另一部分沿周向散布并在靠近入口处形成环流。截面 F 处的冷却介质没有受到端部绕组影响,因此大部分冷却介质在截面内径处沿求解域内壁周向流动,另一部分在水管空隙间沿周向穿插流动。两截面近风端温度较低、远风端温度较高。受端部绕组作用,截面 E 靠近内径处绕组内外流速温度差异较大。在内侧受来自气隙入口和其他入口流入的冷却介质影响,温度分布明显低于外侧。

6.5.3　屏蔽压板表面散热程度

屏蔽压板是核电发电机端部损耗密度最大的结构件,同时也是空载和额定负载工况下温差较大的结构件,屏蔽压板的散热情况与温度分布规律可以直接反映出发电机整体的散热水平。依然以 AP1000 型核电汽轮发电机为例,取屏蔽压板沿轴向直接与外部流体域接触的平面为 G 截面,与径向通风沟直接接触的平面为 H 截面,与 H 截面相连且与挡风板内部流体

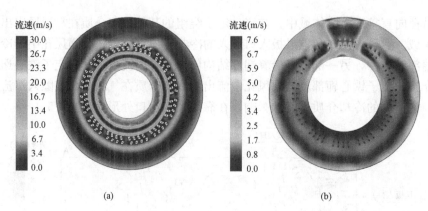

图 6-48　EF 截面流速分布

(a) 截面 E 流速分布；(b) 截面 F 流速分布

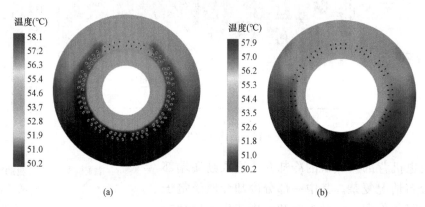

图 6-49　EF 截面温度分布

(a) 截面 E 温度分布；(b) 截面 F 温度分布

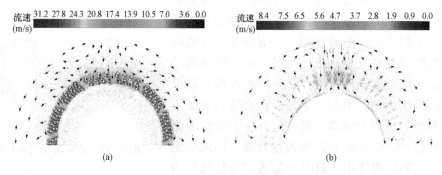

图 6-50　EF 截面矢量分布

(a) 截面 E 流速矢量分布；(b) 截面 F 流速矢量分布

域直接接触的平面为 I 截面。图 6-51 为三个截面的具体位置。

图 6-52 为负载工况下 G、H、I 三个截面的温度分布图，图中 X 轴为该点距离求解域轴心的径向距离，Y 轴为该点所在求解域坐标的圆周角度；上方投影为平面颜色映射图，下方投影为平面等温线图。

G 截面温度分布随着径向距离的增加呈现先增大后减小的趋势。且由于 G 截面直接与端部流体域接触，散热效果直接受端部冷却介质流动影响。受背部入口流入的冷却介质影响，端部流体域冷却介质流动不对称，因此 G 截面同一径向距离不同圆周角度的温度不同。

H 截面是屏蔽压板与径向通风沟相接触的平面，其温度分布受径向通风沟内冷却气体流动的影响。同样由于风路的不对称性，相同径向距离下周向温度随着圆周角度的不同而变

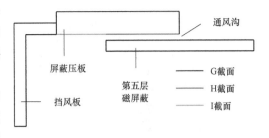

图 6-51　屏蔽压板取样平面

化，但由于通风沟内冷却介质流动受端部流体域的影响较小，因此 H 截面温度径向变化程度远低于其他平面。

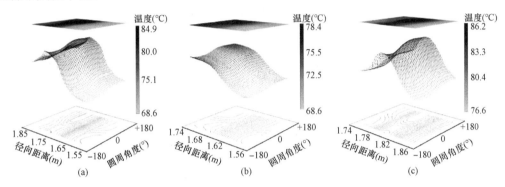

图 6-52　平面温度分布
(a) G 截面温度；(b) H 截面温度；(c) I 截面温度

I 截面是屏蔽压板和内部流体域相接触的平面，其温度分布受内部冷却介质流动影响。内部流体域的冷却介质在靠近挡风板处形成了环流从而阻碍了冷却介质的流动，在相同圆周角度下，I 截面径向温度分布随着径向距离的增大呈现先增大后减小的趋势。

6.6　核发电机端部结构件温度分布

核电发电机齿压板在两种工况下损耗差别较大，额定负载时损耗大约为空载时的 2.4 倍。因此齿压板在两种工况下温度分布具有较大差异。空载时齿压板平均温度 50.18℃，最高温度 52.12℃；额定负载时齿压板平均温度 64.11℃，最高温度 68.44℃。相比于轭部，齿部周围冷却介质流动分布情况更好，因此齿部温度明显低于轭部。齿压板上通风孔为沿周向两排和四排交错分布，两种工况下最高温度均出现在轭部两排通风孔内侧。图 6-53 给出了齿压板温度分布情况。

由于屏蔽压板仅在内侧设有一排轴向通风孔，因此其内侧温度明显低于外侧。风路的不对称导致屏蔽压板温度分布不对称，其中两种工况下最高温度均出现在距入风口的远风端，分别为 46.25℃ 和 88.67℃；平均温度分别为 45.89℃ 和 80.05℃，最低温度出现在距入风口最近的近风端处。屏蔽压板在额定负载工况下损耗大约是空载工况下的 52 倍，因此在两种工况下温度分布有着很大差异。相对于其他端部结构，屏蔽压板体积较小，表面散热面积较小，但其损耗较大，因此屏蔽压板的热密度度在所有端部结构件中均是最高的，额定负载工

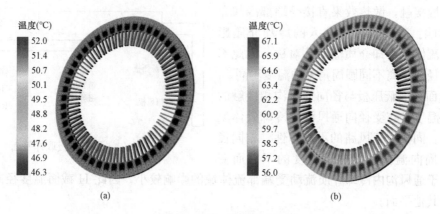

图 6-53　齿压板温度分布
（a）空载齿压板温度；（b）负载齿压板温度

况下热密度度大约为齿压板的 2.8 倍、压圈的 25 倍。屏蔽压板的最高温度同样高于其他结构。图 6-54 给出了两种工况下屏蔽压板温度分布。

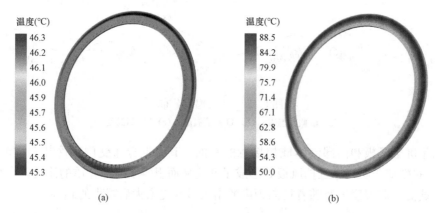

图 6-54　屏蔽压板温度分布
（a）空载屏蔽压板温度；（b）负载屏蔽压板温度

　　核电发电机压圈外径大于齿压板和磁屏蔽，外缘伸出部分能得到冷却介质的充分冷却，温度相对较低。空载状态压圈下最大温度 51.05℃，平均温度为 48.38℃；额定负载状态下压圈最大温度 66.88℃，平均温度 61.74℃。和齿压板类似，压圈上的轴向通风孔同样是两排和四排交错式结构，最高温度出现在两排通风孔内侧。压圈在两种工况下损耗差别同样较大，额定负载时损耗大约为空载时的 5 倍。但相对于其他端部结构件，压圈中产生的损耗是最小的，热密度度和温度同样也是最小的。图 6-55 给出了两种工况下压圈温度分布。
　　由于核电发电机定子铁心外缘半径略大于齿压板，铁心外缘超出部分温度较低。端部定子铁心齿部不与其他端部结构件直接接触，通风情况良好，采用水冷结构的定子绕组不会对铁心释放过多热量，使得发电机定子铁心温度分布不均匀，轭部温度较齿部更低。在两种工况下，端部铁心最高温度分别为 53.92℃和 66.32℃，平均温度分别为 49.15℃和 56.98℃。和压圈与齿压板类似，最高温度同样出现在两排通风孔的内侧。图 6-56 给出了端部定子铁心的温度分布。

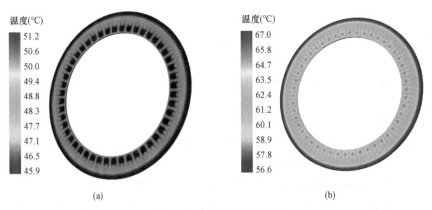

图 6-55　压圈温度分布

（a）空载压圈温度；（b）负载压圈温度

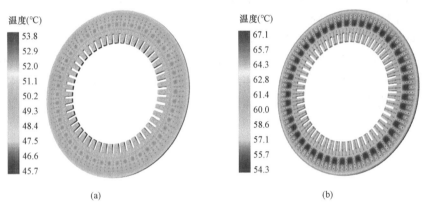

图 6-56　端部定子铁心温度分布

（a）空载端部铁心温度；（b）负载端部铁心温度

核电发电机定子端部绕组整体采用冷却效果良好的水冷结构，使得额定负载工况下端部定子绕组整体温度较低且温度分布均匀。其中最高温度出现在绕组末端的鼻端处，分别为49.88℃和57.77℃。两种工况下端部定子绕组平均温度分别为50.22℃和55.61℃。图 6-57给出了两种工况下定子绕组温度分布情况。

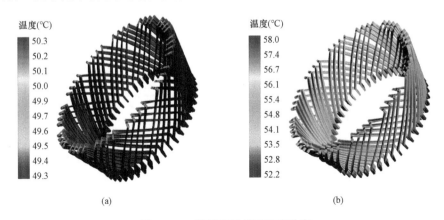

图 6-57　端部定子绕组温度分布

（a）空载端部绕组温度；（b）负载端部绕组温度

6.7 小　　结

本章系统阐述了核电发电机全域内流体分布特性以及发电机端部发热与冷却特点。具体总结如下：

（1）核电发电机两侧端部、转子两侧端部和直线段内冷却介质流量分布均匀且合理。由于转子采用半轴向通风方式，电机励端侧气隙内冷却介质流量和流速略大于汽端侧。发电机两侧端部定子绕组和外壁对端部的冷却介质流动产生了明显的阻碍作用，导致冷却介质流动方向发生改变并形成涡流，对通风冷却系统的效率产生了较大影响。

（2）核电发电机轴向通风孔内冷却介质流速存在较大差异，最内侧通风孔和最外侧通风孔内流速整体大于中层通风孔。径向通风沟内冷却介质流速随半径降低整体呈下降趋势。压圈和齿压板内侧冷却介质受端部绕组影响较小，而五层磁屏蔽内侧冷却介质受端部绕组的阻碍作用较大，整体流速明显降低。

（3）核电发电机额定负载工况下，屏蔽压板的温度最高；压圈、齿压板和端部铁心的温度相近；端部磁屏蔽温度较低。而在空载工况下，屏蔽压板温度下降最为明显，幅度大于其他结构件。由于核电发电机定子绕组采用水内冷结构，冷却水有效的带走了绕组所产生的热量，因此发电机端部绕组和绝缘温度整体保持较低水平。

第 7 章　基于深度森林模型的大型同步调相机端部传热预测

调相机端部结构件的冷却主要靠冷却介质流动带走热量来完成。大型电机的冷却条件优化在多变量条件下，每次调整一个变量都需要重新进行计算，工作量巨大[41]。本章将调相机端部温度计算与深度森林预测模型进行结合，可以使得电机在多个冷却变量改变时对调相机端部结构件最高温度进行快速准确预测，减少工程设计的成本。

7.1　深度森林预测模型

电机温度预测对其模型精度要求较高，传统的浅层模型的精度不能满足精度要求。近年来深度神经网络发展迅速，精度高，但是深度神经网络参数规模大，不易于训练，其中深度森林相比于深度神经网络具有参数少，精度高，易于训练的优点，更适合用于工程应用问题[42]。基于大型发电机制备成本较高、设计周期较长、构建样本困难的问题，提出联合多物理场有限元数值与集成高斯过程的大型同步调相机的温升预测模型，将温度计算与机器学习相结合，尝试进行初步理论探讨。在多方案计算中保证计算精度的同时，减小时间成本[43]。

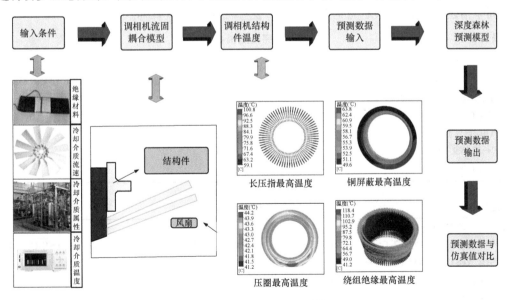

图 7-1　深度森林模型预测计算过程

本章以调相机端部风扇入口温度、风扇入口流速、冷却介质导热系数及绝缘导热系数作为影响因数，对端部各结构件的最高温度进行预测。采用深度森林预测模型代替复杂实验，减少工程时间成本，为选取调相机冷却方案提供理论参考。深度森林是利用多粒度扫描在有限的特征数据中获取更多的子样本，以提高级联森林的效果。图 7-1 为深度森林模型预测计算过程，图 7-2 为多粒度扫描处理。

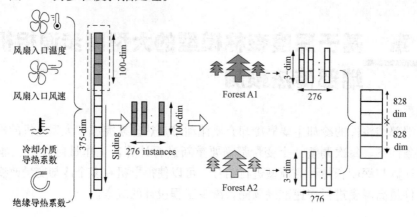

图 7-2　多粒度扫描

通过多个尺度的滑动窗口来获取 input 中的局部数值（不同于卷积操作，这里的窗口仅用于数值的获取，未进行数值的重新表示）。将处理得到的结果序列作为 Forest A1 和 Forest A2 的输入，由森林得出每个输入对应类别的概率。将多个森林的多个结果进行拼接作为转换后的特征。

Forest A1 和 Forest A2 分别为随机森林和完全随机森林。两种森林的不同主要在于其特征空间的不同，完全随机森林是在完整的特征空间中随机选取特征来分裂，而随机森林是在一个随机特征子空间内通过基尼（GINI）系数来选取分裂节点。通过两种算法对其过程进行简单描述，表 7-1 表示完全随机森林，表 7-2 表示随机森林。

表 7-1	算法 1 完全随机森林

ALGORITHM 1：(D_t, Q, N, α)

INPUT：D_t - TRAINING SET，Q - FEATURE SET，N - NUMBER OF TREES，α - PROBABILITY OF USING DETERMINISTIC TEST - SELECTION

OUTPUT：E - A COLLECTION OF TREES

　FOR $i \in N$ DO

　$E \leftarrow E \cup \text{VR - TREES}(D_t, Q, \alpha)$

　　RETURN E

表 7-2	算法 2 随机森林

ALGORITHM2：(D_t, Q, N, α)

INPUT：D_t - TRAINING SET，Q - FEATURE SET，N - NUMBER OF TREES，α - PROBABILITY OF USING DETERMINISTIC TEST - SELECTION

OUTPUT：E - A COLLECTION OF TREES

　FOR $i \in N$ DO

　$D_b \leftarrow$ GENERATE A BOOTSTRAP SAMPLE FROM D_t

　$E \leftarrow E \cup (\text{VR - TREES})(D_b, Q, \alpha)$

　　RETURN E

　　对于具体的随机森林算法，在为每棵决策树有放回地选取了一部分训练数据后，决策树的每个节点构建时，还需要从 n 个特征中随机有放回地选取 n_0 个（一般 $n_0 = \sqrt{n}$），按照基尼系数对决策树进行构建。随机森林的随机主要是两个方面：①随机有放回的抽取样本；②随机选取特征变量。

　　随机森林基于基尼系数来筛选分裂节点。基尼系数表示在样本集合中一个随机选中的样本被分错的概率。分类和回归树使用基尼系数来选择分裂，基尼系数可以用来评估所有潜在特征的良好性，并沿着相应的特征分割。筛选节点的基本思想是选择基尼系数值最小的属性作为分裂属性。根据节点的分裂属性，利用二进制递归分割技术将当前样本集分成两个子样本集，递归形成一棵简单的二叉树。考虑由 n 个特征组成的数据集 F，每个记录属于 i 个类中的一个。基尼公式如下

$$GINI(F) = 1 - \sum_{i=1}^{n} p_i^2 \tag{7-1}$$

式中：p_i 为第 i 个类包含在 F 中的概率。

　　如果 F 被分成两个子集，基尼的系数为

$$GINI(F_1, F_2) = \left| \frac{F_1}{F} \right| GINI(F_1) + \left| \frac{F_2}{F} \right| GINI(F_2) \tag{7-2}$$

式中：F_1、F_2 为 F 的两个子集。

　　多粒度扫描使用滑动窗口来扫描原始输入以生成特征，由图 7-3 可知，整个多粒度扫描过程为原始输入有 4 个原始特征（风扇入口温度、风扇入口风速、不同冷却介质导热系数、绝缘导热系数），先输入一个完整的 375 维样本，然后通过一个长度为标量 100 的采样窗口进行滑动采样（默认步长为 1），得到 276 个 100 维特征子样本向量，接着每个子样本都用于完全随机森林和随机森林的训练并在每个森林都获得一个长度为 3 的概率向量，这样每个森林会产生长度为 828 的表征向量（即通过随机森林转换并拼接的概率向量），最后把每层的森林的结果拼接在一起得到本层输出，将本层的输出传递到下一层作为级联森林的输入。

　　由于多样的结构对于级联学习是很重要的，深度森林这个结构是一种由决策树的混合堆叠集成改进的结构，图 7-3 为深度森林模型。

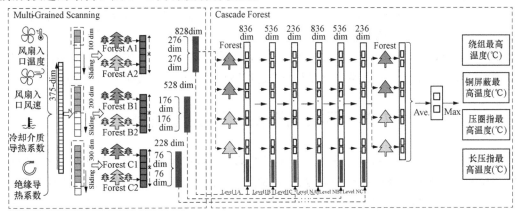

图 7-3　深度森林模型框架

　　使用级联结构通过级联一个随机森林和一个完全随机森林使深度森林做表征学习，将多粒度扫描得到的特征向量作为本层的输入，每一层的级联接收前一层处理的特征信息，并将处理结果输出到下一层（为了降低过拟合风险，每个森林的学习的数据利用5折交叉验证把数据平均分为五份，375组数据选300组作为训练，75组数据进行验证，最后求得五组数据的平均值作为结果输出）。每一层将得到两个输出，一个为各个森林的预测结果，另一个是各个森林预测的平均结果，然后再与原始特征相结合作为下一层的输入。

　　为评估模型性能，判断模型泛化能力是否良好，需要对不同的数据集进行测试，而由于原始数据有限，评估模型泛化能力较为困难，同时为防止模型过拟合，所以采用5折交叉验证的方法对模型进行评估。5折交叉验证方法如图7-4所示，首先将原始数据随机平均分成5份，每一次挑选其中1份作为测试集，剩余4份作为训练集用于模型训练。重复上述过程5次，这样每个子集都有一次机会作为测试集，其余机会作为训练集。

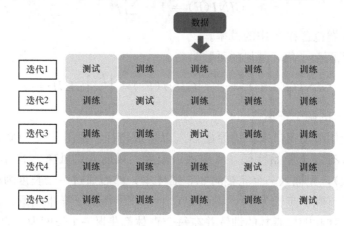

图7-4　五折交叉验证方法

　　在每个训练集上训练后得到一个模型，用这个模型在相应的测试集上测试，计算并保存模型的评估指标，计算5组测试结果的平均值作为模型精度的估计，并作为当前5折交叉验证下模型的性能指标。

　　由于本方法为多输入单输出，每次得到1个预测值，经过多次实验，最终得到4个预测结果（长压指最高温度、压圈最高温度、铜屏蔽最高温度、绕组绝缘最高温度）。在深度森林模型的训练过程中，会自动调整级联森林的级数，在每次增加新的级后，使用验证集在整个级联森林模型上进行评估，如果没有显著的性能增益，训练过程将终止。与模型的复杂性固定的大多数深度神经网络相反，深度森林能够适当地通过终止训练来决定其模型的复杂度。

7.2　调相机端部结构温度预测

　　调相机采用的全空冷的冷却方式，调相机端部由损耗产生的热量主要由冷却介质流动完成热交换带走，冷却介质的速度及温度对端部散热效果产生重要的影响。冷却介质主要采用空气，它与其他冷却介质相比密度较大，较高的流速会使端部产生较大的风磨损耗。合理的选择冷却介质的流速和冷却介质温度关系到端部结构件热交换的效率，冷却介质流速过高，导致风量浪费及沿程阻力增大风磨损耗增加；冷却介质温度过低使得冷却介质与端部结构件热交换效率低，冷却成本增加；冷却介质流速过低；不能及时将热量带走，冷却效果不佳；冷却介质温度选取过高调相机端部结构件冷却不充分；冷却介质不能及时有效带走电磁损耗产生的热量来抑制温升，结构件温度集中部分受热变形，定子端部绕组温升过高严重时，损坏甚至烧毁绝缘导致调相机运行故障。

7.2.1　冷却介质流速对调相机冷却效果影响

本节主要研究流体速度对调相机端部结构温度的影响，保证其入风口的流体温度保持不变，流固耦合温度计算模型计算条件不变，考虑轴流式风扇实际控制流体速度在 64.45～76.45m/s。图 7-5 为在不同流体流速下端部结构的温度变化。

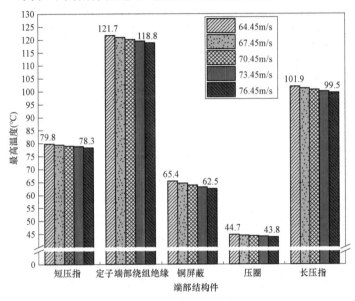

图 7-5　不同流体流速下端部结构的温度变化

受到冷却介质的影响，端部结构温度随着流速增加温度均呈现下降趋势。以风速最低为基准，在风速增加后短压指最高温度降低 1.88%、定子端部绕组绝缘最高温度降低 2.38%、铜屏蔽最高温度降低 4.43%、压圈最高温度降低 2.01% 及长压指最高温度降低 2.36%。端部压紧件中铜屏蔽受到风速影响最大，从最高的 65.4℃ 降到 62.5℃。为了更好探究流体流速对端部区域流体分布及端部结构件温度变化规律的影响，以风速 67.45、70.45m/s 及 73.45m/s 为例的端部截面温度及流体场分布如图 7-6 所示。

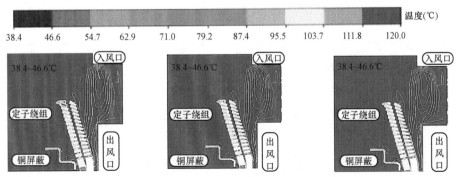

图 7-6　端部截面温度及流体场分布

图中迹线代表流体流动趋势，空气从入风口进入后冷却端部绕组及结构件从出风口流出。端部结构的温度会受到入口风速的影响，同时结构件所处的位置也会对本身的冷却效果造成影响。调相机端部最高温度出现在端部绕组上，入口风速会直接影响到端部定子绕组及端部结构件的温度。风速增加调相机端部绕组及端部结构温度均会呈现一定程度的降低，风速在一定范围内增加会起到较好的冷却效果。流体的流动速度会随着流动衰减，热交换后温度也会上升，端部结构所处位置不同收到的冷却效果会出现差异化。为研究端部区域关键位置流体受到入口流速的影响规律，对关键位置进行取样观察，取样位置如图 7-7 所示。

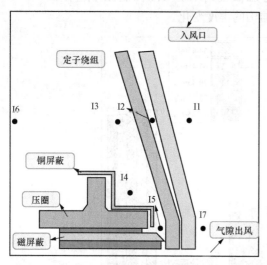

图 7-7 取样位置

从图 7-7 看出 I1 为冷却介质最先开始热交换的位置，在流经上下层绕组后经过 I2、I3 点，流体速度衰减但伴随着温度上升，冷却效果变差。其中 I4、I5 为冷却介质流向端部结构压紧件的主要流道。I6、I7 是流体在通风系统内完成热交换后流出端部区域的关键位置，分析该位置的冷却介质流速及温度，可以确定其对调相机定子直线段冷却作用。计算出关键点的流体属性如图 7-8 所示。

在经过 I1 点时流体流速相差较大，因为未开始热交换温度相差不大。在图 7-8（a）中入口风速为 73.45m/s 时 7 处关键节点处的流体流速均为最高，冷却介质在一定范围内增大流速会达到降低调相机端部温度的效果。在 I4、I5 区域流向端部压紧件处的关键流道流体流速可以到达 15～20m/s，起到较佳的冷却作用。

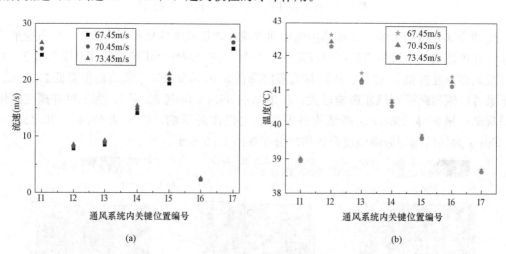

（a）

（b）

图 7-8 关键点的流体属性
（a）流速；（b）温度

图 7-9 对铜屏蔽的位置进行了编号，并给出了铜屏蔽内外表面的散热系数。可以看出，冷却介质流速发生变化后的铜屏蔽中 a 内缘周围流体的流速及温度都发生了改变。图 7-10

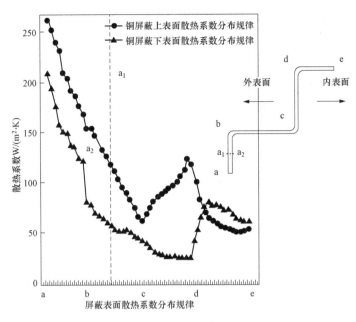

图 7-9　铜屏蔽内外表面散热系数

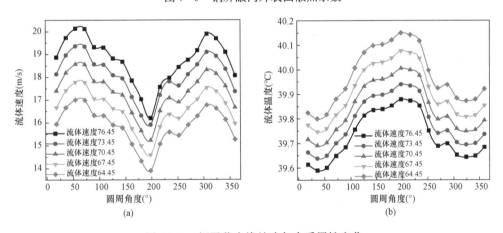

图 7-10　铜屏蔽内缘处冷却介质属性变化
（a）流速；（b）温度

（a）给出了铜屏蔽内缘的流体速度，图 7-10（b）给出了铜屏蔽内缘的流体温度。从图 7-10（a）可以看出，铜屏蔽内缘周围的空气因受顶部空气腔的影响，空气的流速及铜屏蔽表面温度沿圆周呈现非均匀分布。与近风室侧相比，背空气室侧冷却介质流速较低，铜屏蔽温度偏高；沿 0°～180° 呈现对称趋势。在入口流速 76.45m/s 时，铜屏蔽周围空气最高流速达到 20.12m/s，出现在近风室侧；最低空气流速为 16.20m/s，出现在背风室侧。在入口流速 64.45m/s 时，最高流速达到 16.99m/s，最低流速为 13.91m/s，分别出现在近风室侧和背风室侧。从图 7-10（b）可以看出，随着入口风速增加，铜屏蔽内缘周围流体温度降低。在冷却介质流速增加后，图 7-9 中铜屏蔽 a_1、a_2 表面处冷却介质最高温度从 40.15℃ 降至 39.87℃。综合而言，当冷却介质入口流速增加 13.96％ 时，铜屏蔽内缘周围最高流速增加了 18.41％、最低流速增加了 16.58％。冷却介质流量的小比例增加获取了铜屏蔽周围冷却介质流量的大幅度增加，这对提升铜屏蔽的冷却具有显著的作用。

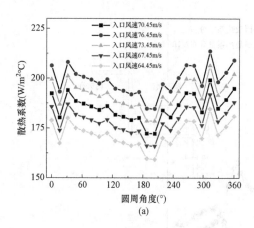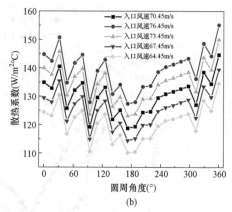

图 7-11　铜屏蔽内缘表面圆周散热系数分布

(a) a_1 处；(b) a_2 处

图 7-11 给出了不同冷却介质流速时铜屏蔽 a_1、a_2 处的散热系数沿圆周的变化规律，铜屏蔽外表面 a_1 散热系数高于内表面 a_2 散热系数。从图中可以看出，流体流速从 64.45 m/s 增至 76.45m/s，铜屏蔽内缘处散热系数增加显著。随着冷却介质流速增加，铜屏蔽内外侧散热系数呈现线性增加。

7.2.2　冷却介质温度对调相机冷却效果影响

调相机所处环境的温度变化或者通过改变冷却介质温度都会影响调相机端部区域的冷却效果。图 7-12 中可直接观察到调相机端部结构受到入口空气温度的影响，冷却介质温度对端部结构的温度变化影响较线性。

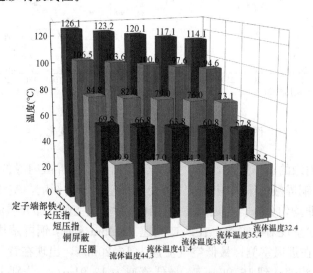

图 7-12　不同流体流速下端部结构的温度变化

图 7-12 中可以看出端部结构的最高温度随着冷却流体温度的降低呈现降低趋势，其中铜屏蔽由最初的 69.8℃降为 57.8℃，压圈由最高的 49.9℃降为 38.5℃。为更好地了解端部结构发热的严重程度，图 7-13 给出端部各结构件最高温度出现位置。

长压指自身热密度低，长压指温升主要来源定子铁心传热引起。定子铁心最高温度出现

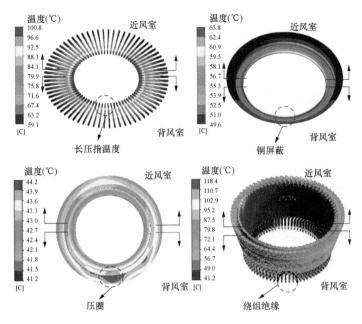

图 7-13　端部各结构件最高温度出现位置

在定子齿部，长压指的最高温度出现在长压指与定子齿接触部分。

端部漏磁通沿着磁阻最小路径闭合，因此定转子耦合的漏磁通主要集中在定子压圈内缘，铜屏蔽内缘。压圈及铜屏蔽的最高温度均出现在各自的内缘处。定子绝缘受到冷却介质影响，温度最高位置出现在绕组直线段绝缘，该位置与定子齿部接触，此处通风效果差，温升严重。层绕组热密度较下层绕组热密度高，冷却介质流速沿着定子通风沟流速逐渐衰减。经计算与实际测量，绝缘的最高温度出现在上层绕组绝缘与匝间绝缘接触处。调相机结构件最高温度出现区域的范围是固定的，这是由于电机结构没有发生变化，所以最高温度出现位置没有变化。另外，调相机受自身的通风结构特点影响，其背风室侧冷却介质流速偏低，导致结构件温度最高点位置均出现在背风室侧。

7.3　深度森林模型预测精度

考虑到大型电机的冷却要求，通常选用空气、氦气和氢气作为冷却介质。根据工程要求，保温材料的导热系数选取在 $0.16 \sim 0.28$ W/(m·K) 范围内，受实际工程及工程造价的影响，冷却介质流速控制在 $64.45 \sim 76.45$m/s，温度控制在 $32.4 \sim 44.4$℃。输出变量 Y 分别包括 Y_1、Y_2、Y_3、Y_4。Y_1 为绕组绝缘最高温度、Y_2 为铜屏蔽最高温度、Y_3 为压圈最高温度、Y_4 为指板最高温度。

输出特性及影响因素分布如图 7-14 所示，表示每一组数据的因变量与自变量之间的对应关系。把 $X_1 \sim X_3$ 的数据范围平均分成 5 等份，每一个变量取了 5 个数值，进行抽取数据。考虑到大型电机的冷却要求，通常选用空气、氦气和氢气作为冷却介质，氢气、空气、氦气三种冷却介质作为变量 X_4。X_1 为风扇入口温度、X_2 为风扇入口速度、X_3 为冷却介质导热系数、X_4 为绝缘导热系数。图 7-15 表示在上述自变量的条件下，有限元（FEM）计算值与深度森林（DFPM）预测值的对比。图 7-16 和图 7-17 为过励磁和欠励磁两种工况下的预测值与计算值的相对误差和绝对误差。

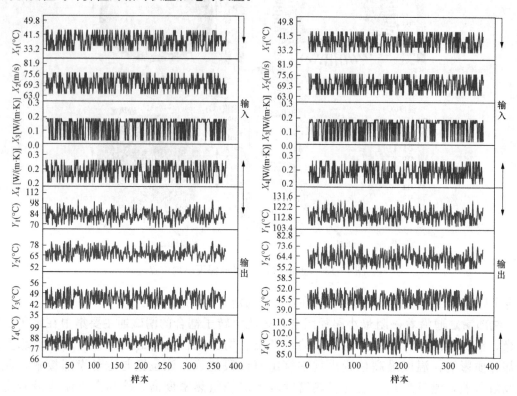

图 7-14　输出特性及影响因素分布

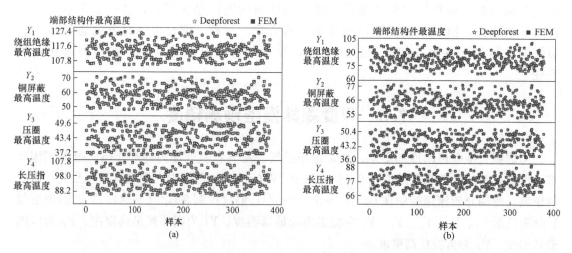

图 7-15　同步调相机端部结构件温度的有限元计算与 DFPM 模型对比

（a）300Mvar（过励磁）；（b）-150Mvar（欠励磁）

如图 7-16、图 7-17 所示，预测值与计算值吻合较好，深度森林模型能够准确预测冷凝器端部结构的最高温度。由于大型冷凝器冷却系统的复杂性，DFPM 可以替代复杂的实

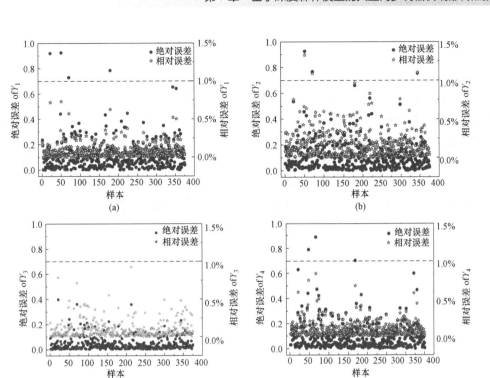

图 7-16　DFPM 预测值与有限元计算值误差分析（300Mvar）

(a) Y_1；(b) Y_2；(c) Y_3；(d) Y_4

验，降低成本和时间，这对下一步冷凝器的结构优化具有重要意义。影响冷凝器温升的因素有很多。未来需要考虑更多的因素和输出参数，以促进 DFPM 的推广。本书建立的 DFPM 只是为了预测凝汽器温度场的计算结果。DFPM 不涉及机械应力、电磁振动、热应力等分析。在考虑未来多领域和复杂非线性系统时，有必要建立更深入的预测模型。未来可以进一步探索深度预测模型的应用，使深度预测模型充分发挥模型的优势。本书主要应用预测方法对单个大型电机的工作温度进行预测。未来，当涉及电力系统与电机的联合运行时，需要为电力系统获取更多的数据，建立更复杂的预测模型，进一步提高模型在复杂系统下的预测能力。

均方误差（MSE）作为反映预测值与实际值偏差程度的指标，与预测模型的精度呈反比。设 $\hat{y}_i$ 为第 i 个样本的预测响应，y_i 为期望响应，有 n 个样本，可得

$$MSE(y,\hat{y}) = \frac{1}{n}\sum_{i=1}^{n}(y_i - \hat{y}_i)^2 \qquad (7-3)$$

R^2 为决定系数，用来描述数据对模型拟合程度的好坏，它的取值范围一般为 0~1。其值越接近 1，模型的预测误差越小，预测越准确。R^2 表示为

$$R^2(y,\hat{y}) = 1 - \frac{\sum_{i=1}^{n}(y_i - \hat{y}_i)^2}{\sum_{i=1}^{n}(y_i - \bar{y})^2} \qquad (7-4)$$

R_2^2 为优化决定系数，表示为

$$R_2^2(y,\hat{y}) = 1 - \frac{\sqrt{\sum_{i=1}^{n}(y_i - \hat{y}_i)^2}}{\sqrt{\sum_{i=1}^{n}(y_i - \overline{y}^2)}} \qquad (7-5)$$

R_2^2 的取值范围通常为 $0\sim1$。其值越接近 1，模型的预测误差越小，预测越准确。R^2 和 R_2^2 对最大预测误差和最小预测误差比较敏感，是基于 MSE 的评估的重要补充。为了验证模型预测的准确性，本书选取风扇入口温度 X_1、绝缘导热系数 X_2、不同冷却介质导热系数 X_3、风扇入口风速 X_4 为自变量，绝缘最高温度 Y_1、铜屏蔽最高温度 Y_2、压圈最高温度 Y_3、压指最高温度 Y_4 为因变量，分别采用 R_2^2、均方误差（MSE）、平均绝对误差（MAE）和平均误差绝对值（MEAE）为评价指标对深度森林模型进行评价得到结果见表 7-3～表 7-5。

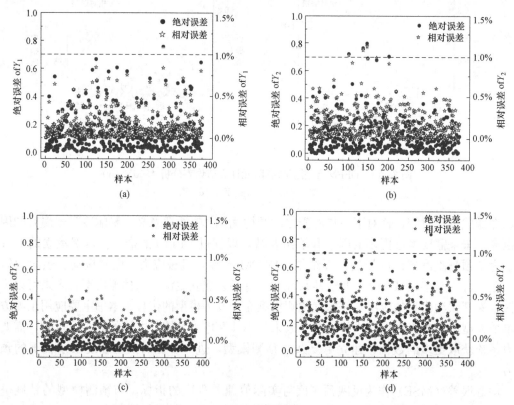

图 7-17　DFPM 预测值与有限元计算值误差分析（−150Mvar）

(a) Y_1；(b) Y_2；(c) Y_3；(d) Y_4

表 7-3　　　　　　　　　　　　　深度森林运行深度

最大深度	R_2^2	MAE	MEAE	MSE
10	0.981763	0.061390	0.046067	0.007034
15	0.980985	0.063732	0.047314	0.007647
20	0.981187	0.063441	0.050144	0.007485
25	0.981191	0.063424	0.049847	0.007483
30	0.981191	0.063424	0.049847	0.007483

表 7 - 4　　　　　　　　　　　　　　　深度森林模型树的数量

树的数量	R_2^2	MAE	MEAE	MSE
30	0.981242	0.062601	0.045155	0.007442
50	0.981654	0.061451	0.047688	0.007118
70	0.981870	0.059622	0.041263	0.006952
100	0.981191	0.063424	0.049847	0.007483
150	0.979304	0.068721	0.052674	0.009059
200	0.977686	0.071364	0.051567	0.010531

表 7 - 5　　　　　　　　　　　　　　　n _ estimators 选取

n _ estimators	R_2^2	MAE	MEAE	MSE
2	0.981763	0.061390	0.046067	0.007034
3	0.977953	0.074135	0.056379	0.010280
4	0.975267	0.081455	0.062875	0.012938
5	0.977162	0.078075	0.057728	0.011031
6	0.976297	0.079672	0.062304	0.011882

7.4　调相机端部传热预测结果分析

通过与支持向量回归（SVR）里面径向基函数（RBF）核，K 最近邻（KNeighbors），高斯过程回归（GPR），拉索岭（Lasso Ridge），里面核马特思（Matern），多层感知器（MLP）模型进行比较，对比结果见表 7 - 6。

表 7 - 6　　　　　　　　　　　　　　　多模型数据对比表

模型	运行工况	R_2^2				MSE			
		Y_1	Y_2	Y_3	Y_4	Y_1	Y_2	Y_3	Y_4
Ridge	300Mvar	0.685	0.309	0.935	0.670	3.099	0.072	16.260	3.582
	−150Mvar	0.458	0.638	0.900	0.662	16.988	0.183	5.568	3.235
MLP	300Mvar	0.053	0.113	0.164	0.006	28.140	26.838	12.308	33.411
	−150Mvar	0.132	0.003	0.155	0.236	43.625	42.196	13.121	16.558
KNeighbors	300Mvar	0.882	0.876	0.976	0.875	0.437	0.009	0.525	0.514
	−150Mvar	0.500	0.881	0.963	0.740	14.4728	0.023	0.601	1.906
GPR（Matern）	300Mvar	0.872	0.856	0.797	0.867	0.508	0.723	0.704	0.580
	−150Mvar	0.729	0.838	0.968	0.876	4.249	0.018	1.102	0.432
Lasso	300Mvar	0.344	0.256	0.751	0.365	13.481	0.953	23.259	10.123
	−150Mvar	0.163	0.244	0.780	0.374	40.550	0.883	24.259	11.129
Deepforest	300Mvar	0.974	0.975	0.987	0.976	0.020	0.019	0.002	0.018
	−150Mvar	0.945	0.972	0.983	0.952	0.169	0.032	0.004	0.064

表 7 - 7 为深度森林模型与有限元预测计算精度的比较。

表 7 - 7 深度森林模型与有限元预测计算精度的比较

模型 运行工况		深度森林		有限元	
		300Mvar	−150Mvar	300Mvar	−150Mvar
铜屏蔽	计算结果	63.9℃	68.9℃	63.8℃	68.6℃
	测量结果	64.4℃	67.9℃	64.4℃	67.9℃
	精度	99.22%	98.53%	99.07%	98.97%
定子铁心	计算结果	102.3℃	82.6℃	102.4℃	82.1℃
	测量结果	101.9℃	81.7℃	101.9℃	81.7℃
	精度	99.61%	98.90%	99.51%	99.51%
定子绝缘	计算结果	114.5℃	83.2℃	114.5℃	83.5℃
	测量结果	113.4℃	82.7℃	113.4℃	82.7℃
	精度	99.03%	99.39%	99.03%	99.03%

表 7 - 8 给出了传统有限元与深度森林模型结合有限元的时间比较。可以看出对于传统的三维有限元方法，计算一个样本的时间成本为 2.94h。750 个样品的总计算时间为 2205h。对于深度森林模型，预测时间为 72s。由于使用了五次交叉验证，数据样本的构建时间为 441h。

表 7 - 8 传统的三维有限元与 DFPM 模型结合有限元的时间比较（750 个样本）

模型	传统三维有限元	深度森林结合有限元
时间	2205h	441h+72s

表 7 - 9 比较了不同机器学习方法的预测时间和准确性，虽然深度森林耗时最大，但其精度在所有机器学习方法中最高，可作为调相机的传热预测模型。

表 7 - 9 深度森林模型与其他机器学习方法的预测时间和准确性比较

模型	时间（s）	精度
SVR	1.80	90.2%
Ridge	2.01	95.1%
MLP	20.20	92.0%
KNeighbors	1.88	92.2%
GPR	33.81	97.5%
Lasso	1.94	90.6%
Deepforest	72.10	99.1%

7.5　小　　结

对于调相机端部结构件的最高温度，基于深度森林预测模型的预测结果与有限元模拟结果的差值小于 1.0%。因此，该模型适用于预测所分析的调相机的端部结构温度。深度森林预测模型更适合用于多变量的预测，因为它适合用大量数据进行训练，并在每一层选择许多不同的随机森林。深度森林预测模型通过调整树的数量和深度来适应更多类型的数据模型。该模型也适用于各种不同通风和冷却方式的其他电机。然而，这需要对深度森林进行重新参数化，并对深度森林模型进行重新训练，以适应其他电机的传热预测。

第8章 基于数据驱动与机器学习的大型发电机传热预测

核电发电机转子槽内填充件主要起到固定转子绕组、维持转子稳定的作用。采用不同电磁特性的转子槽楔还可以起到改善电机运行状况、提高电机整体稳定性的重要作用。但磁导材料的填充件会在电机内交变磁场的作用下感生出涡流，进而产生大量的涡流损耗。槽楔和垫条产生的涡流损耗，会加剧转子绕组的发热情况，导致转子发热不均匀，情况严重时甚至会加速绝缘老化、造成转子槽内松动和偏心故障等严重问题。由于大型发电设备制造和开展实验成本较高，前期的设计、分析和计算变得尤为重要，充分的仿真计算可帮助设计者进行可行性分析，合理地评估与预测电机各方面性能，进而降低试错成本。发电机转子槽内填充件涡流损耗预测同样是开展前期工作的重要环节之一。

8.1 多重因素对大型发电机端部结构件涡流损耗影响机理的预测

8.1.1 多层感知器（MLP）反向（BP）神经网络的预测机制

BP 神经网络是广泛应用的神经网络模型之一，其独特之处在于，它运用反向传播算法自动调节权重和偏置。此种结构为其赋予了出色的自学习能力和自适应性。BP 神经网络由输入层、隐含层和输出层组成，各层内的神经元相互独立且并行，而层间神经元则采用全互连方式[44]。

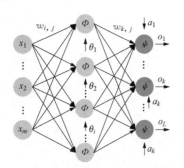

图 8-1 BP 神经网络的基本结构图

图 8-1 为 BP 神经网络的基本结构。图中 x_j 为输入量，其中 $j = 1、2、3、4、\cdots、m$；$w_{i,j}$ 为输入层节点 j 和隐含层神经元 i 的连接权值；θ_i 为隐含层节点 i 的阈值；Φ 为隐含层激励函数；$w_{k,i}$ 为输入层节点 k 到隐含层节点 i 之间的权值，其中 $i = 1、2、3、4、\cdots、q$；a_k 为输出层节点 k 的阈值，其中 $k = 1、2、3、4、\cdots、L$；ψ 为输出层的激励函数；o_k 为输出层节点 k 的输出[45]。

神经网络输出值与期望值之间的差异称为 BP 神经网络的误差，在 BP 神经网络中误差与输入信号的传播方向相反，通过反向传播的过程调整各层的权值和阈值，结果反馈到输入层后再次进行正向传播，通过不断的迭代循环使得误差降低至预期标准以内，图 8-2 给出了 BP 神经网络训练流程。

元启发式算法作为一种广泛应用的随机方法，可以有效解决复杂优化问题，特别是针对非线性、非凸、不可微、高维和困难优化问题，具有高效的求解效率。元启发式算法的优化过程，主要通过在问题求解空间中运用随机搜索和随机算子来实现。首先，随机生成部分候选解，然后基于算法步骤不断更新候选解在求解空间中的位置，提升初始解的质量[46]。

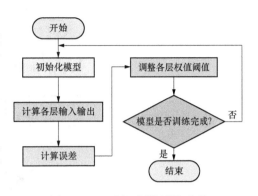

图 8-2　BP 神经网络训练流程

基于减法平均的优化器（SABO）是一种通过使用个体的减法平均值来更新群体成员在搜索空间中位置的全新优化算法，具有寻优能力强、收敛速度快等特点[47]。与其他寻优算法类似，SABO 算法首先在目标空间内对种群进行初始化

$$x_{i,j} = lb_j + r \cdot (ub_j - lb_j) \tag{8-1}$$

式中：$x_{i,j}$ 为种群内个体；lb_j 为下边界、ub_j 为上边界；r 为 $[0, 1]$ 之间的随机数。

定义搜索代理 B 与搜索代理 A 的"$-v$"算法为

$$A - vB = \text{sign}[F(A) - F(B)](A - \vec{v} * B) \tag{8-2}$$

式中：$\vec{v}$ 为 m 维向量，其分量从集合 $\{1, 2\}$ 中随机生成；$F(A)$ 和 $F(B)$ 为个体 A 和 B 的适应度。

通过每个搜索代理 X_i 和 X_j 的"$-v$"减法算术平均值确定每个搜索代理的新位置

$$X_i^{\text{new}} = X_i + \vec{r}_i * \frac{1}{N}\sum_{j=1}^{N}(X_i - vX_j) \quad i = 1,2,\cdots,N \tag{8-3}$$

式中：N 为搜索代理总数；$\vec{r}$ 为 m 维向量，其值在区间 $[0, 1]$ 之间呈正态分布。

若更新位置后，目标结果更优，则可作为相应代理的新位置进行替换，反之则保持原状。

$$X_i = \begin{cases} X_i^{\text{new}}, & F_i^{\text{new}} < F_i \\ X_i, & \text{else} \end{cases} \tag{8-4}$$

式中：F_i^{new} 和 F_i 分别为搜索代理 X_i^{new} 和搜索代理 X_i 的目标函数值。

BP 神经网络具有独特的误差反向传播机制，使其具备算法简单、训练效率高、收敛性好和泛化能力强等优点。但同时，采用传统梯度下降法的 BP 神经网络也存在着收敛速度慢、易陷入局部极值、网络结构难以确定和泛化能力难以保证等不足[48]。

SABO 减法平均优化器和 BP 神经网络是两种不同的算法，适用于解决不同的问题。BP 神经网络是模仿生物神经系统的信息处理系统，而 SABO 减法平均优化器是一种元启发式算法，可用于寻找最优解。BP 神经网络的隐含层神经元数、节点间的权值和阈值均是影响其学习效率和预测精度的关键参数，对于隐含层节点数目前尚未有明确且适用性广泛的评估准则。为优化 BP 神经网络结构、提高其在预测核电发电机转子槽内填充件涡流损耗上的精度，采用 SABO 减法平均优化器对 BP 神经网络进行优化。将 BP 神经网络拓扑结构、权值和阈值作为 SABO 每个搜索代理的位置向量，将训练样本集输出误差作为适应度函数，通过 SABO 搜索最佳 BP 神经网络拓扑结构和最优权值及阈值。图 8-3 给出了 SABO-BP 的流程。

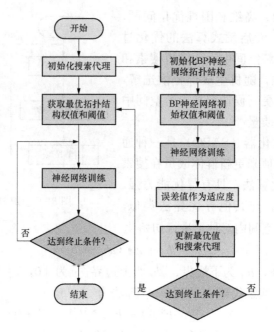

图 8-3　SABO-BP 流程

8.1.2　大型发电机转子槽内填充件涡流损耗预测

核电发电机转子槽内填充件涡流损耗大小影响因素较多，而填充件材料自身电磁特性会直接对其涡流分布和涡流损耗大小产生影响。本书探究了转子槽楔和垫条在应用不同材料即电导率和磁导率不同的情况下涡流损耗变化情况。此外，考虑到电机定子铁心电导率和转子外径同样会对电机内磁场分布情况产生较大影响，本书还探讨了定子铁心电导率和转子外径改变时转子槽内填充件涡流损耗变化情况。槽楔材料和垫条材料的选择，选用电机制造常用金属材料，包括铝含量不同的纯铝、1070 铝和 1050 铝和铜、钢、不锈钢等金属材料用作制造槽楔和垫条。表 8-1 给出了所选金属材料及电磁特性。

表 8-1　　　　　　　　　　　　　金属材料及电磁特性

材料	电导率（S/m）	相对磁导率
铜	58000000	0.999991
钢	2000000	1.1
不锈钢	1100000	1
铝	38000000	1.000021
1070 铝	36000000	1.000021
1050 铝	33000000	1.000021

为探究超大容量核电发电机转子槽内填充件涡流损耗影响因素，在考虑谐波电流的前提下，建立二维瞬态有限元分析模型。依据合理的边界条件对核电发电机直线段电磁场分布情况进行计算分析。图 8-4 给出了核电发电机额定工况下直线段部分磁场分布情况。

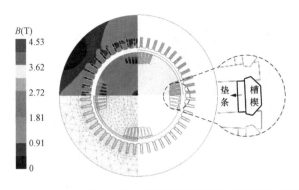

图 8 - 4　核电发电机额定工况下直线段部分磁场分布情况

核电半速汽轮发电机转子槽内设有槽楔和垫条，槽楔采用梯形结构，可对发电机电磁振荡起到有效地抑制作用，发电机中存在谐波磁场，会在槽楔和垫条中感生出涡流损耗，而涡流损耗的大小与转子槽内填充件的电导率和相对磁导率直接相关。为了探寻填充件电导率和相对磁导率改变对涡流损耗大小的影响，针对槽楔和垫条采用上述金属材料进行组合时涡流损耗进行计算，图 8 - 5 给出了槽楔和垫条选用不同材料时涡流损耗变化。

上述材料中铜的电导率最大、相对磁导率最小，因此当槽楔和垫条全部采用铜质材料时，产生的涡流损耗最小。和铜相比，三种铝质材料电导率较小而相对磁导率大致相同，因此当填充件全部采用铝质材料时，其产生的涡流损耗略有所上升。而钢与不锈钢材料电导率明显低于铜和铝，其中钢的电导率仅为铜的 3.4%，不锈钢的电导率仅为铜的 1.8%，因此当采用钢和不锈钢作为转子槽内填充件时，其涡流损耗会大幅增加，与全铜质材料相比，全不锈钢材料的涡流损耗增大近 3 倍。

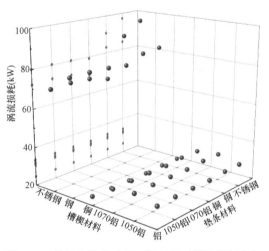

图 8 - 5　槽楔和垫条选用不同材料时涡流损耗变化

核电发电机定子铁心相对磁导率和转子拓扑结构变化会对气隙及转子磁场产生影响，进而间接影响了转子槽内填充件涡流损耗。图 8 - 6 给出了发电机转子外径和定子铁心磁导率对槽内填充件涡流损耗的影响。当发电机转子外径增大时，气隙长度变短，转子槽内磁通密度变大，导致填充件涡流损耗明显增大；当发电机定子铁心相对磁导率增大时，转子槽内磁通密度同样会略微增大，进而导致槽内填充件涡流损耗相应提升。

通过有限元法对核电发电机转子槽内填充件涡流损耗进行分析时，计算成本随着所考虑影响因素的增多而显著提高，为准确高效地评估核电发电机转子槽楔和垫条涡流损耗在多重影响因素作用下的变化情况，搭建 SABO - BP 核电发电机转子槽内填充件涡流损耗预测模型。将定子铁心相对磁导率、转子外径和槽楔材料、垫条材料作为输入变量，槽楔和垫条的涡流损耗作为输出变量。首先初始化 BP 神经网络拓扑结构和节点间权值、阈值，在模型训练过程中，根据输出误差采用 SABO 减法平均优化器调整 BP 神经网络拓扑结构和权值、阈

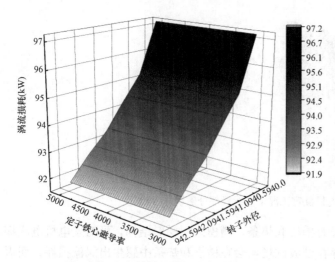

图 8-6 发电机转子外经和定子铁心磁导
率对槽内填充件涡流损耗的影响

值，误差达到合理范畴后，利用测试集样本对所建模型进行验证。图 8-7 给出了 SABO-BP 预测模型框架。

基于有限元法分析了核电发电机转子槽楔相对电导率和相对磁导率、垫条相对电导率和相对磁导率、转子直径以及定子铁心相对磁导率变化时，转子槽楔及垫条的涡流损耗分布情况。构建了大容量核电发电机转子槽内填充件涡流损耗数据样本，所建样本包含 10800 个有限元分析数据，将样本随机分配为训练样本集（8800 个数据）和测试样本集（2000 个数据）。

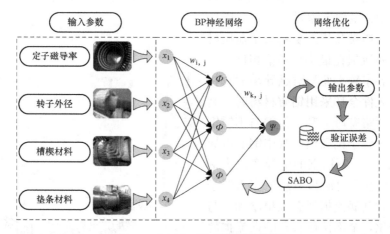

图 8-7 SABO-BP 预测模型框架

8.1.3 预测结果分析与实验验证

SABP-BP 预测模型输出特性如图 8-8 所示，可以看出测试集样本的预测值与有限元数据吻合极好，误差散布均匀，最大误差率约为 0.611%。证明 SABO-BP 模型可对大数量样本下核电发电机转槽内填充件涡流损耗进行预测。

为进一步评估 SABP-BP 模型在核电发电机损耗预测方面的优越性，构建了标准 BP 神经网络预测模型和基于粒子群优化的 BP 神经网络预测模型（PSO-BP）进行对比。采用相同的训练集对标准 BP 神经网络预测模型和 PSO-BP 预测模型进行训练，并将相同测试集作为输入条件，针对上述模型的预测结果进行了对比分析。

图 8-9 和图 8-10 给出了对比结果。PSO-BP 预测模型与有限元吻合较好，最大误差率为 -0.58%；相对于其他两个模型，标准 BP 神经网络模型最大误差率较大，约为 -1.152%。表 8-2 给出了三个模型的 MSE 和 RMSE 指标对比，由表可知采用优化算法有

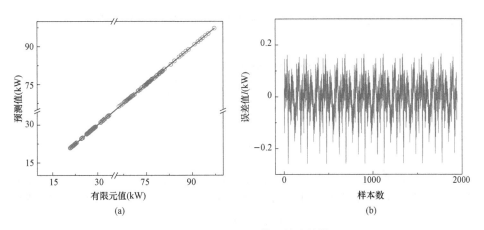

图 8 - 8　SABO - BP 模型输出特性

（a）SABO - BP 预测值与有限元对比；（b）SABO - BP 误差

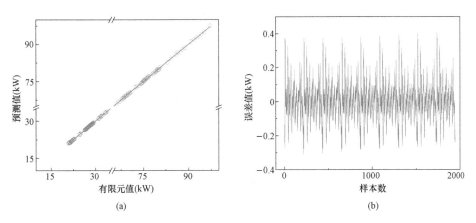

图 8 - 9　标准 BP 预测值与误差

（a）标准 BP 预测值与有限元对比；（b）标准 BP 误差

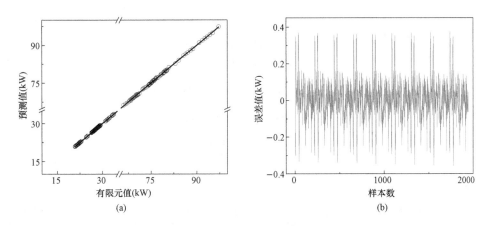

图 8 - 10　PSO - BP 预测值与误差

（a）PSO - BP 预测值与有限元对比；（b）PSO - BP 误差

助于提高 BP 神经网络预测涡流损耗精度。与 PSO（粒子群算法）相比，采用 SABO（减法平均优化器）的 BP 神经网络模型在预测核电发电机转子槽内填充件涡流损耗方面效果更好。

表 8 - 2   模型 MSE 和 RMSE 指标对比

模型	MSE	RMSE
标准 BP	0.01469	0.12119
PSO - BP	0.01358	0.11654
SABO - BP	0.00534	0.07311

基于有限元法对核电发电机转子槽内填充件涡流损耗进行了计算分析并构建样本库，为了验证分析方法和所建模型的准确性，对超大容量核电半速汽轮发电机开展了空载和短路实验，将实验结果与有限元方法所得结果进行对比，验证了方法和模型的准确性。采用直流并联法测量核电发电机励磁电流，将高精度标准电阻并联在励磁绕组两端，通过测量高精度电阻申压得到实际的励磁电流。发电机空载特性测试实验开展步骤如下：当核电汽轮发电机在空载状态下启动后，首先将电源电压提升至额定电压的 130%，调整发电机励磁电流，使得定子电流为最小值。此时读取外加电源电压、频率和定子电流。单向逐步降低电源电压，逐次调整并记录各测试点定子电流最小时的励磁电流。图 8 - 11 给出了测试定点结果与有限元数值分析法计算结果的曲线对比。由图 8 - 11 可看出空载和短路实验测定结果与有限元分析结果基本相符，误差均在合理范畴，证实了有限元法及所建模型的准确性。

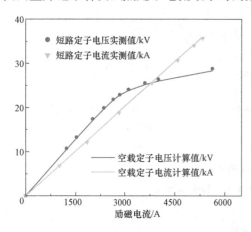

图 8 - 11   测试定点结果与有限元数值分析法
计算结果的曲线对比

为证实机器学习算法在核电发电机大规模工程计算应用的优越性，将其与工程计算常用的有限元法和集总参数网络法进行对比。如表 8 - 3 所示，有限元法计算时间和资源占用均明显高于其他模型，但精度也是最高的；机器学习在大幅缩减计算时间和资源占用的同时，还能保持较高的计算精度；集总参数网络法占用时间和资源同样低于有限元法，但与有限元法和机器学习相比，计算精度略低。经过对比证实了机器学习算法可在保证计算精度的前提下提高工程计算效率，有着良好应用前景。

表 8 - 3   模型 MSE 和 RMSE 指标对比

指标	有限元法	机器学习	集总参数网络法
计算时间	10800 组模型~48h	8000 组训练＋2800 组预测<20min	＞机器学习≪有限元法
计算精度	高	较高	较低
资源占用	CPU、内存占用较高	CPU、内存占用较低	CPU、内存占用低

通过对比分析和实验所得结论如下：

（1）核电发电机转子槽楔材料和垫条材料会直接对其涡流损耗大小产生直接影响，采用铜质材料时涡流损耗最小；采用铝质材料时涡流损耗略有上升；而采用钢和不锈钢时，涡流损耗会大幅升高。同时，当核电发电机转子外径和定子铁心相对磁导率增大时，发电机转子槽楔内填充件涡流损耗会相应增大。

（2）与标准 BP 神经网络和 PSO-BP 预测模型相比，SABO-BP 预测多重因素影响下核电发电机转子槽内填充件涡流损耗的精度有较大程度提升，通过与预测集数据对比，证实了 SABO 优化 BP 神经网络模型的有效性，以及 SABO-BP 算法预测的准确性。此外，对比机器学习方法与有限元法和集总参数网络法计算性能，说明了机器学习算法在大规模工程计算方面有着良好效果及应用前景。

（3）大型发电机建造和开展实验成本较高，依照电机出厂时开展的空载和短路实验，间接验证了所建模型和计算结果的准确性。

8.2　基于深度高斯过程回归的大型发电机转子槽楔涡流损耗预测

8.2.1　大型发电机转子槽楔涡流损耗预测数据构建

核电汽轮发电机转子涡流损耗的影响因素包括转子槽楔电导率、转子槽楔的相对磁导率、转子垫条电导率、转子垫条的相对磁导率、转子内径、定子铁心相对磁导率等，为了研究相关因素对汽轮发电机转子涡流损耗的影响，计算了额定负载和空载时不同情况下电机转子槽楔与垫条的涡流损耗。由于预测需要构建大量的数据样本，共建立 1407 个负载和 1000 个空载时有限元数值分析模型，计算了两种情况下的汽轮发电机转子槽楔与垫条涡流损耗。构建如图 8-12 和图 8-13 所示的汽轮发电机负载和空载时转子槽楔与垫条涡流损耗样本库[49]。

其中，输入包括转子槽楔电导率（S/m）、转子槽楔的相对磁导率、转子垫条电导率（S/m）、转子垫条的相对磁导率、转子内径（mm）、定子铁心相对磁导率，分别为 X_1、X_2、X_3、X_4、X_5、X_6，输出为转子槽楔和垫条的涡流损耗定义为 Y。

在样本构建过程中，单独使用 FEM 方法对额定负载时不同情况下电机转子槽楔与垫条的涡流损耗进行计算。转子涡流损耗的影响因素包括转子槽楔电导率、转子槽楔的相对磁导率、转子垫条电导率、转子垫条的相对磁导率、转子内径、定子铁心相对磁导率

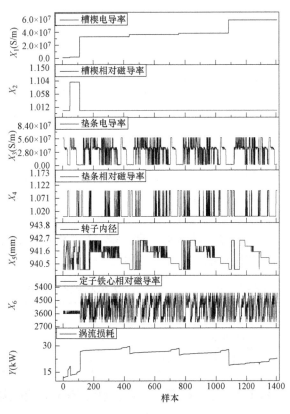

图 8-12　核电汽轮发电机负载状态下涡流损耗的样本集

193

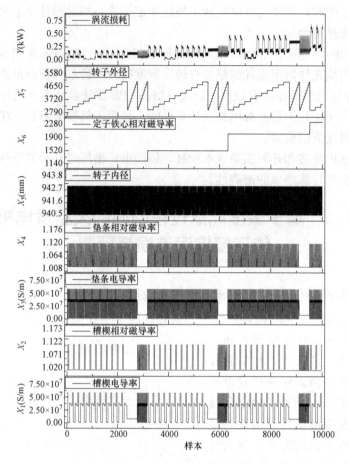

图 8 - 13　核电汽轮发电机空载状态下涡流损耗的样本集

等。使用 FEM 方法计算速度比较慢，一个参数组合的计算需要耗费 20min，共有 1407 条样本。因此，完成样本构建工作的涡流损耗所花费计算时间为 70350min（约 2931h）。此外，一台大型发电机价值上亿元，如果 1407 条样本是由 1407 台真实大型发电机实测出来，经济成本太高，显然是不实际的。样本库的构建在很大程度上节约了样本制备经济成本，大型发电机涡流损耗的样本构建成本见表 8 - 4。

表 8 - 4　　　　　　　　　　　　大型发电机涡流损耗的样本构建成本

成本	数量	单位成本	总成本
时间成本	1407	50min	2931h
经济成本	1407	1 亿元	1407 亿元

8.2.2　深度高斯过程回归转子槽楔涡流损耗预测

　　高斯过程（GP）等同于无限宽单隐层的贝叶斯神经元网络，其结构描述如图 8 - 14（b）所示。深度高斯过程（DGP）回归方法，则类似一个具有无限宽隐藏层的多层神经网络，其结构描述如图 8 - 14（a）所示。深高斯过程是高斯过程的一种深度学习模型，对于大型汽轮发电机这样的复杂系统，不同类型高斯过程的叠加可以有效地避免单一核函数对回归精度的影响，而增加深度高斯层数可以提高回归精度。与深度神经网络不同，在深度高斯过程（DGP）回归中，不同的层是基于高斯过程映射的。因此，深高斯过程回归可以实现非参数建模和不确定性估计，表现出较强的泛化能力[50]。

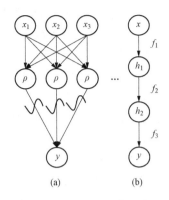

　　早期的深度高斯模型对于大数据处理能力还不够，一种能够适应于大数据样本的深度高斯回归模型可解决该问题。由于大电机样本数据模型较大，而深度模型中精确贝叶斯学习在解析上很难实现，因而采用近似推理。大型核电汽轮发电机转子槽内金属紧固件涡流损耗深度高斯过程预测模型，利用一个伪点稀疏矩阵降低高斯过程回归的计算成本，直接对期望传播能量函数进行了优化，找到超过诱导输出的近似后验概率。模型的优化采用自适应矩阵估计（Adaptive Moment Estimation，Adam）算法进行优化。提出的深度高斯过程预测模型如图 8-15 所示。

图 8-14　典型的高斯过程模型
（a）深度高斯过程；（b）高斯过程

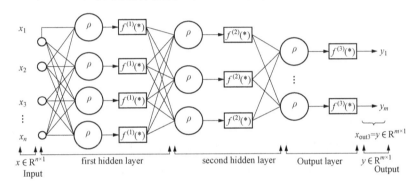

图 8-15　两层深度高斯回归模型

　　Adam 算法是将动量（Momentum）算法和均方根传播（RMSProp）算法结合起来使用的一种算法。首先要初始化梯度的累积量和平方累积量

$$v_{dw} = 0, v_{db} = 0, s_{dw} = 0, s_{db} = 0 \tag{8-5}$$

式中：v_{dw}、v_{db} 为权重（w）和偏差（b）的指数加权平均；s_{dw}、s_{db} 为 dw 和 db 的平方值的指数加权平均。

　　经过 n 轮训练，可以计算得到 Momentum 算法和 RMSProp 算法的参数更新

$$\begin{cases} v_{dw} = \beta_1 v_{dw} + (1-\beta_1)dw \\ v_{db} = \beta_1 v_{db} + (1-\beta_1)db \\ s_{dw} = \beta_2 s_{dw} + (1-\beta_2)dw^2 \\ s_{db} = \beta_2 s_{db} + (1-\beta_2)db^2 \end{cases} \tag{8-6}$$

式中：β_v、β_s 为控制 v_{dw}、v_{db} 和 s_{dw}、s_{db} 指数加权平均的超参数。

　　为了防止移动指数平均值在迭代中产生差异，对式（8-6）进行偏差修正

$$\begin{cases} v_{dw}^c = \dfrac{v_{dw}}{1-\beta_1^n}, v_{db}^c = \dfrac{v_{db}}{1-\beta_1^n} \\ s_{dw}^c = \dfrac{s_{dw}}{1-\beta_1^n}, s_{db}^c = \dfrac{s_{db}}{1-\beta_1^n} \end{cases} \tag{8-7}$$

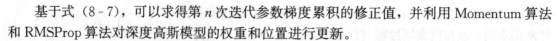

基于式（8-7），可以求得第 n 次迭代参数梯度累积的修正值，并利用 Momentum 算法和 RMSProp 算法对深度高斯模型的权重和位置进行更新。

为了提升模型的训练速度并降低内存占用，数据因素被捆绑在一起。由于深度高斯模型层数的增加会导致数据参数复杂度的提升，因此采用概率反向传播方法进行近似求解，以降低模型参数的复杂度。该近似通过网络的第一层高斯传播返回非高斯分布的矩，然后在下一层重复相同的步骤。各中间层高斯近似的均值和方差均可解析计算，得到各中间层高斯近似相对于输入分布均值和方差的梯度，以及当前各层的参数。将这些结果存储在正向传播步骤中，计算出输出层的近似 logZ 及其梯度，并在反向步骤中使用链式法通过假设密度滤波（ADF）过程进行微分。

本模型的参数主要有迭代次数 no_epochs、batch 的数量 no_points_per_mb、隐层的数量 n_hiddens、诱导点的数量 M、模型的层数 nolayers。每个参数选取见表 8-5。模型优化 Adam 的抽样率参数使用默认的 0.2。采用预测均方误差（MSE）、均方根误差（RMSE），R^2 和 R_2^2 四种评价指标评测模型的预测性能。

表 8-5 模型主要参数

参数	值范围	参数	值范围
no_epochs	[100，200，300，500，700，1000]	M	[50，100，150]
no_points_per_mb	[40，50，60，70]	nolayers	[2]
n_hiddens	[1，2，3]	—	—

预测模型结果：将图 8-12 的样本切分为训练集和测试集，将前 1000 个样本作为训练集，剩余的样本作为测试集合。根据表 8-5 总共存在 216 个参数组合，经过 1000 次迭代训练和测试，当参数 no_points_per_mb 为 50，n_hiddens 为 2，M 为 150 时，得出一个最优模型的预测误差 MSE 为 0.0951，RMSE 为 0.3083，R^2 为 0.9944，R_2^2 为 0.9254。如图 8-16 示，这时的 MSE 和 MSE 最小，而 R^2 和 R_2^2 最接近于 1。

模型的预测值和 FEM 的仿真对比如图 8-17 所示，方块代表预测值，三角代表 FEM 的仿真值，其数据吻合较好。图 8-17 为预测值与 FEM 值误差的对比，预测误差绝对值大于 1.0 为 9 个样本，预测误差绝对百分比大于 10% 为 2 个，预测值和 FEM 仿真值误差较小。预测值与 FEM 值误差的比较如图 8-18 所示。

为了更好地验证本模型的有效性，深度高斯回归模型（DGP）与 RBF 核、RationalQuadratic 核、Matern 核、ExpSineSquared 核、DotProduct 核的高斯过程回归模型（GP）进行对比，实验结果见表 8-6。

表 8-6 DGP 模型与其他高斯过程回归模型的误差对比

回归模型	MSE	RMSE	R^2	R_2^2
GP（RBF）	0.5416	0.7359	0.9683	0.8218
GP（RationalQuadratic）	0.5862	0.7656	0.9656	0.8146
GP（Matern）	0.5414	0.7358	0.9683	0.8218
GP（ExpSineSquared）	12.3426	3.5132	0.2765	0.1494
GP（DotProduct）	16.8511	4.1050	0.0122	0.0061
DGP	0.0951	0.3083	0.9944	0.9254

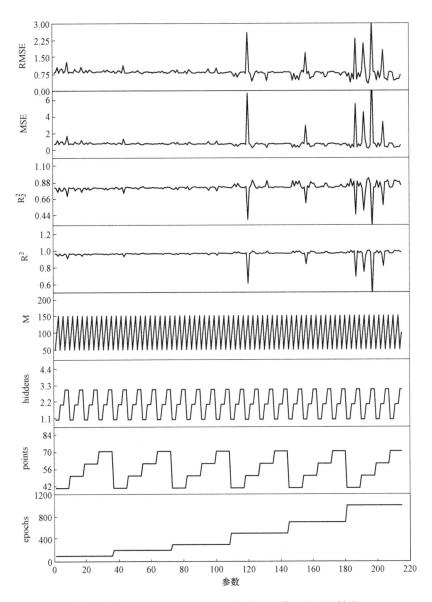

图 8 - 16　不同参数情况下深度高斯回归模型的预测精度

DGP 模型的 MSE、RMSE 小于 RBF 核、RationalQuadratic 核、Matern 核、Ex-pSineSquared 核、DotProduct 核其他五种核函数的高斯过程回归预测模型。R^2 和 R_2^2 值更接近于 1。结果表明，在相同的实验样本下，深度高斯回归模型对于大型发电机转子阻尼槽楔的涡流损耗的预测误差小于其他五种高斯回归模型。

在同样的实验样本下，深度高斯过程回归模型与线性回归（Linear Regression）、支持向量机回归（SVR）、ridge 回归（Ridge Regression）、拉索回归（Lasso Regression）等回归模型进行对比，实验结果如图 8 - 19 所示，它的 MSE 和 RMSE 小于线性回归、支持向量机回归、ridge 回归、拉索回归、AdaBoost 回归（AdaBoost Regression）五种回归预测模型。

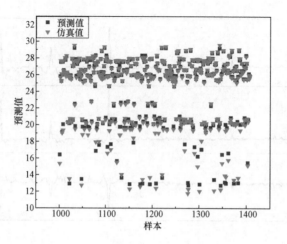

图 8-17　预测值与 FEM 值的比较

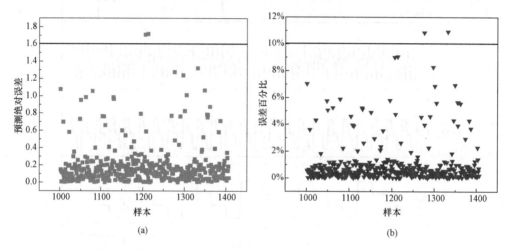

(a)　　　　　　　　　　　　(b)

图 8-18　预测值与 FEM 值误差的比较

（a）预测绝对误差；（b）预测误差百分比

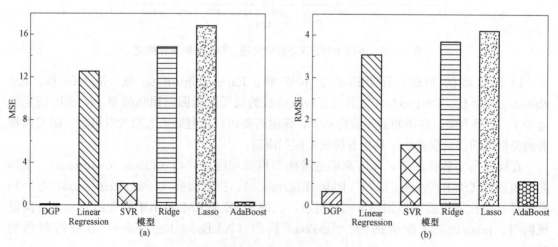

(a)　　　　　　　　　　　　(b)

图 8-19　DGP 与其他回归模型的 MSE、RMSE 比较

（a）MSE；（b）RMSE

表 8-7 显示 DGP 与其他模型的预测性能比较，相对其他五种模型 R^2 和 R_2^2 值更接近于 1。结果表明，在相同的实验样本下，DGP 对于大型核电电机转子阻尼槽楔的涡流损耗的预测误差小于其他五种高斯回归模型。

表 8-7　　　　　　　　　　　　DGP 与其他回归模型 R^2 和 R_2^2 值比较

回归模型	R^2	R_2^2
linear regression	0.2642	0.1422
SVR	0.8815	0.6557
AdaBoost	0.9814	0.8638
ridge	0.1299	0.0672
lasso	0.0112	0.0056
DGP	0.9944	0.9254

以往大型电气设备的涡流损耗分析多采用有限元法，但计算效率较低。当单独使用 FEM 时，硬件实验条件下一个参数组合的计算时间为 20min，用于 140 个参数组合的涡流损耗计算时间为 28140min（约 469h）。为了验证模型在机器学习中的有效性，样本集一般分为训练集和测试集，其比例一般在 3∶1～2∶1。以前 1000 个样本作为训练集，后 407 个样本作为测试集。预测模型为测试集节省了 136h。在实际应用中，测试数据量远大于 407 个样本，因此该模型可以节省更多的时间。

首先，建立 1000 多个有限元模型，计算不同槽楔和不同垫条对发电机转子涡流损耗的影响。分析了不同电磁特性的大型核电汽轮发电机转子槽楔和垫条的涡流损耗，分析了槽楔和垫条、转子内径和定子铁心相对磁导率对涡流损耗的影响。从 1407 个样品中选取涡流损耗最小的 20 个样品进行因子分析。结果表明，采用高电导率的金属材料作为转子槽楔，采用低电导率的材料作为垫条，转子紧固件的涡流损耗较低。1407 个样本中，核电汽轮发电机转子的尺寸对涡流损耗的影响很小。

此外，为节省发电机制造成本，可选用铝代替铜作为槽楔，垫条仍采用低导电性不锈钢。以转子槽楔电导率、转子槽楔的相对磁导率、转子垫条电导率、转子垫条的相对磁导率、转子内径、定子铁心相对磁导率转子槽楔的电导率、转子槽楔的相对磁导率、垫条的电导率、垫条的相对磁导率、转子内径和定子铁心的相对磁导率为输入，采用 Python 语言编制 DGP 模型，对槽楔的涡流损耗进行预测以及垫条。该模型具有较高的预测精度，MSE 为 0.0951，RMSE 为 0.3083，有效地预测了大型核电汽轮发电机转子槽楔和垫条的涡流损耗。

在相同的实验条件下，DGP 模型的均方误差和均方根误差均小于 RBF、有理二次型、Matern、正弦平方核和点积核高斯过程模型的均方误差和均方根误差。DGP 模型的 R^2 和 R_2^2 值接近 1，高于 RBF 核、有理二次核、Matern 核、正弦平方核和点积核高斯过程模型。因此，DGP 模型在预测大型发电机涡流损耗方面优于传统的 GPR 模型。与线性回归、SVR、岭回归、lasso 回归和 AdaBoost 积分模型相比，DGP 模型具有较小的预测误差。该模型的高精度表明，基于 DGP 的预测模型更适合大型汽轮发电机转子涡流损耗的预测。DGP 与有限元相结合的模型，仅需 1000 个训练样本即可实现深度学习，比传统的深度学习模型少了一个数量级，更符合实际工程需要。深度学习 GPR 预测模型不仅方便、精度高，还可以精确分析复杂系统中的非线性关系，从而实现复杂非线性条件下涡流损耗的更加精确的预测，有效地降低了实验费用和时间。

该方法为发电机设计提供了一种辅助手段，大大减少了设计人员的工作量和工程设计研发周期，提高了大型电气设备的设计效率。对比结果表明，有限元计算结果与预测结果吻合较好。利用 DGP 模型对大型发电机转子槽楔和垫条的涡流损耗进行了精确预测，优化了大型发电机槽内结构组件的设计，这对大型发电机的运行来说是非常必要的。研究结果对及时准确地预测大型汽轮发电机转子槽内导体的涡流损耗，确定损耗分布和大小，保证发电机安全稳定运行，指导大型发电设备的综合设计具有重要意义。

8.2.3　集成深度高斯过程回归转子槽楔涡流损耗预测

深度高斯过程在 1000 个样本下已经取得了不错的效果，为了提高深度高斯过程模型在更大样本下的表现，本节构建了 10000 个样本的空载数据集，并将集成学习与深度学习结合构建 Ensemble‐DGPR 集成深度高斯过程回归模型来应对数以万计的大样本数据集，提高深度高斯过程在超大样本下的表现能力，解决工程问题。

在给定一个训练集和一个弱学习集时，弱学习集通过有放回的随机采样重复从原始样本集中选取样本作为训练集进行多次训练后能够得到若干个预测函数，采用取平均值的规则将各个预测以加权的方式进行融合得到最终的结果，所以原始样本集中的某些样本可能会被多次选中出现在多个不同的新样本集中。此外一些样本可能一次都没有被选中，集成学习算法通过采用重复随机采样的方法选取训练集的方法增强学习集之间的差异性，学习算法的预测精度和鲁棒性得到提高。

根据集成学习思想从训练集的样本中在有放回的前提下随机选取 b 个样本构成训练子集，重复 B 次以后就得到了 B 个训练集 $T=\{T_1, T_2, \cdots, T_B\}$，采用深度过程回归模型对这些训练集进行训练，在得到 B 个子模型的同时输出 B 个预测值 $M=\{M_1, M_2, \cdots, M_B\}$。

假设有输入样本集 $X=\{x_i \mid x_i \in R^m\}$ 和输出样本集 $Y=\{y_i \mid y_i \in R^m\}$，其中，$i=1$、$2$、$\cdots$、$n$。定义 $f(x) \sim N(0, K(x, x))$，输入输出之间满足

$$y_i = f(x_i) + \varepsilon \tag{8-8}$$

式中：ε 为满足均值为 0，方差为 σ_n^2 的高斯分布。

输入值 x^* 以及输出值 M_i 都满足高斯分布，输入值与输出值对应的均值和方差具体表现形式如式（8-9）和式（8-10）所示

$$\overline{M_i} = K(x^*, X)(K(X, X) + \sigma_n^2 E_n)^{-1} y \tag{8-9}$$

$$\mathrm{cov}(y^*) = K(x^*, x^*) - K(x^*, X)(K(X, X) + \sigma_n^2 E_n)^{-1} K(X, x^*) \tag{8-10}$$

式中：x^* 与训练集输入样本 X 之间的协方差向量为 $K(X, x^*) = K(x^*, X)^T$，测试集自相关协方差值为 $K(x^*, x^*)$，E_n 表示 n 阶单位矩阵。

DGPR 根据协方差函数计算得到协方差矩阵，DGPR 模型第一层与第二层均采用平方指数协方差函数（SE）

$$k_{SE}(r) = \sigma^2 \exp\left(-\frac{r^2}{2l^2}\right) + \sigma_n^2 \delta_{ij} \tag{8-11}$$

$$r = |x - x'|$$

式中：l 为特征尺寸；r 为两个训练点之间的欧氏距离。

超参数 $\theta = \{\sigma^2, l^2, \sigma_n^2\}$ 直接影响预测结果，选取合适的超参数是提高预测精度的重要手

段，通常采用极大似然估计作为模型的超参数。

为提高 Ensemble‑DGPR 模型的预测精度，根据贝叶斯原理通过对后验概率进行加权的方式将子模型融合

$$y_{\text{pre}} = \sum_{i=1}^{B} w_i M_i \tag{8-12}$$

对于新加入的样本点 x_q，在各个子模型的权重系数为

$$w_i = P(M_{i,q} \mid x_q) = \frac{p(M_{i,q}) p(x_q \mid M_{i,q})}{\sum_{i=1}^{B} p(M_{i,q}) p(x_q \mid M_{i,q})} \quad i = 1、2、\cdots、B \tag{8-13}$$

式中：$M_{i,q}$ 为测试点 x_q 对于第 i 个 DGPR 子模型的输出值；$P(M_{i,q})$ 为每个子模型的先验概率；$P(x_q \mid M_{i,q})$ 为测试样本在每个子模型下的条件概率；$P(M_{i,q} \mid x_q)$ 为测试样本 x_q 在每个子模型下的后验概率。

集成学习的思想是从原始的样本中选取 b 个样本，每个样本被选中的概率均为 $\frac{1}{n}$，通过计算每个子模型的先验概率为 $\frac{n}{b}$，条件概率为根据测试样本与子模型中心点距离的倒数。模型中心的辅助变量具体表现形式如式（8-14）～式（8-17）所示

$$p(M_{i,q}) = \frac{n}{b} \quad i = 1、2、\cdots、B \tag{8-14}$$

$$p(x_q \mid M_{i,q}) = \frac{1}{D_{x_q, T_i}^2} \quad i = 1、2、\cdots、B \tag{8-15}$$

$$D_{X_q, T_i} = \sqrt{(x_{q-U_{T_i}})^T C_{T_i}^{-1} (x_{q-U_{T_i}})} \tag{8-16}$$

$$U_{T_i} = \frac{1}{b} \sum_{j=1}^{b} t_{ij} \quad i = 1、2、\cdots、B \tag{8-17}$$

核电汽轮发电机转子涡流损耗的影响因素具有多变量耦合、强非线性等特点，对于 10000 组数据来说，独立的深度高斯过程模型捕捉数据全部的非线性特征预测效果不理想，因此将集成学习思想与深度高斯过程回归模型相结合构建 Ensemble‑DGPR 集成深度高斯过程回归模型。根据集成学习思想通过对数据进行重复的有放回随机采样构建 DGPR 子模型，最后根据贝叶斯原理对后验概率进行加权融合子模型，输出最终的预测结果。建模方法流程如图 8‑20 所示。具体步骤如下。

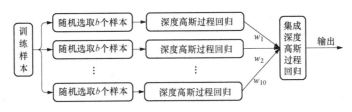

图 8‑20　建模流程图

（1）数据预处理：对训练集进行标准化。

（2）核函数的选择与超参数的设置，根据式（8‑10）计算并修正协方差矩阵 K_{ij} 得到 K'_{ij}；对 K'_{ij} 的特征值进行降序排列；

（3）对排列后的特征向量进行单位正交化，得到 $a = \{a_1, a_2, \cdots a_t\}$。

（4）对 $X' = K'_{ij} a'$ 进行 B 次重复随机取样，每次选取 b 个样本，样本子集表示为 $T=$

$\{T_1, T_2, \cdots, T_B\}$。

（5）将新选取的测试样本 x_q 代入计算得到 x_q 对于第 i 个 DGPR 模型的输出值 $M_{i,q}$。根据式（8-15）得到 x_q 对应模型的输出值。

8.2.4 深度高斯过程回归模型普适性

为了验证集成深度高斯过程在大样本下的普适性，本节选取帕德博恩大学收集的永磁同步电机（PMSM）数据集，选取数据集的前 6000 组数据对电机温度进行预测。采用表 8-5 中相同参数下的集成深度高斯过程回归模型，在迭代 40 次时，均方误差取最小值为 0.1269，R^2 取最大值为 0.9996。损耗真实值与预测值的比较如图 8-21 所示，温度真实值与预测值的比较如图 8-22 所示。由 MSE 计算得 RMSE 为 0.3600，由 R^2 计算得 R_2^2 为 0.99，在相同参数设置下深度高斯过程的 MSE 为 0.2626，RMSE 为 0.5115，R^2 为 0.97，R_2^2 为 0.83。相较于深度高斯过程回归模型，集成深度高斯过程回归模型 MSE 降低了 0.1357，拟合优度 R^2 提高了 0.02，在不同数据下单深度高斯过程模型与集成深度高斯过程模型实验结果见表 8-8。

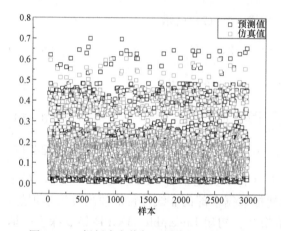

图 8-21　损耗真实值与预测值的比较（kW）

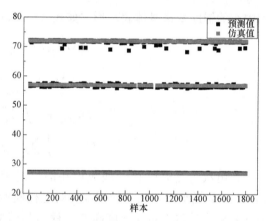

图 8-22　温度真实值与预测值的比较（℃）

表 8-8　　　　　　　集成深度高斯过程回归模型与深度高斯过程回归模型实验结果

模型	MSE	RMSE	R^2	R_2^2
DGPR（10000）	0.0024	0.0488	0.85	0.61
Ensemble - DGPR（10000）	0.0023	0.0479	0.86	0.68
DGPR（6000）	0.2626	0.5115	0.97	0.83
Ensemble - DGPR（6000）	0.1269	0.3562	0.99	0.90

通过对比实验可知，通过将集成学习与深度学习相结合的方法，在大样本数据集下能够有效提升深度高斯的预测精度。通过将集成学习算法与深度高斯过程回归模型相结合构建 Ensemble - DGPR 集成深度高斯回归模型，在自构的 10000 条空载数据集和帕德博恩大学测得的 6000 条公开数据下的表现均优于深度高斯过程回归模型，能够较好地对大电机的涡流损耗进行预测，且实验误差较小，拟合优度较高，在大样本同样具有泛化能力，模型普适性较好。集成深度高斯过程随迭代次数变化的评价指标如图 8-23 所示。

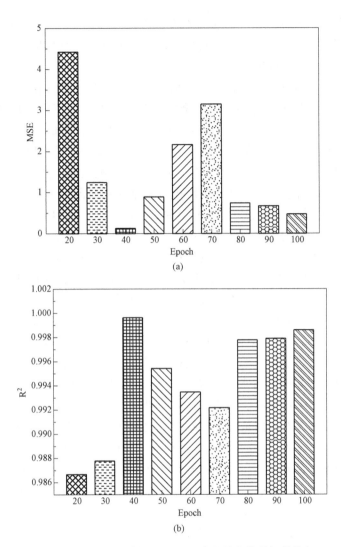

图 8-23　集成深度高斯过程随迭代次数变化的评价指标

(a) MSE；(b) R^2

注：每个柱状结构表示不同的迭代次数下的评价指标

8.3　基于核高斯过程回归的大型发电机绝缘性能预测

8.3.1　大型发电机绝缘材料介电性能样本

绝缘材料是大型电机设备中最薄弱的环节，许多故障发生在绝缘部分，因此绝缘材料应有良好的介电性能、较高的绝缘电阻和耐压耐热强度。聚酰亚胺纳米复合薄膜以其优异的介电、热和力学性能，成为一种新型复杂结构绝缘材料，已经广泛应用于大电机、变频电机以及电子器件等领域。在实际应用中，电介质的介电性能和导热性能是尤为关键的，研究表明少量的纳米掺杂就可以显著改善聚合物的介电常数、电阻率和介电损耗等介电性能。纳米复合薄膜由不同的基底组成，单个单元的大小（至少为一维）在 1～100nm 之间。多层膜（如超晶格）也可以称为纳米复合膜，它既有传统复合材料的优点，又有现代纳米材料的优点。因此，纳米复合薄膜被应用于纳米科学材料后，引起了研究者和学者的广泛关注，并得到了深入的研究，成为一个前沿研究领域。

聚酰亚胺作为一种特殊的绝缘材料，在航空航天、变频电机、微电子学、纳米、液晶、分离膜、激光等领域得到了广泛的应用。聚酰亚胺已经在全球范围内得到研究、开发和应用，并被列为 21 世纪最有前途的工程塑料之一。在聚酰亚胺中加入不同的无机纳米粒子可获得较好的电学、热学和力学性能。介电损耗是纳米复合薄膜的关键电学性能，影响介电损耗的因素很多，包括掺杂纳米粒子的类型、介电常数、电阻率、热导率、粒径、比表面积等，以及掺杂比和薄膜厚度。1997 年，CR 抗电晕聚酰亚胺薄膜（Kapton - CR 和 Kapton - FCR），这两种薄膜在欧洲高速电力机车上得到了广泛应用，其耐电晕性能是传统聚酰亚胺薄膜的 500 倍。目前国内的纳米复合薄膜绝缘材料开发刚刚起步，提供一种快速、高效的纳米复合绝缘材料性能预测方法为其研发提供重要的技术支撑和保障。

机器学习方法已广泛应用于各种薄膜性能的预测，利用前馈反向传播网络模拟并预测了 TiO_2 纳米结构薄膜的生长速率；利用自组织映射神经网络对可生物降解薄膜的力学性能和阻隔性能进行了预测，预测值与测量值的误差不超过 24%；利用遗传算法优化了数据处理的组合方法（GMDH）- typenedral 网络，以便预测面积加权平均传热系数的分离多项式关系；使用神经网络对几种薄膜光伏模块技术的电参数进行了表征；应用广义回归神经网络（GRNN）预测了直接磁控溅射法在高速钢基体上沉积 Cr1 - xAlxC 薄膜的摩擦系数；利用集成学习对聚酰亚胺基纳米复合薄膜的击穿电压性能进行预测研究；虽然利用神经网络在纳米薄膜性能预测方面已经进行了很多工作，但是对于实测中大型发电机的绝缘材料较小样本回归问题，神经网络仍然存在过拟合或欠学习的问题，而高斯过程回归能有效解决这些问题。

聚酰亚胺基纳米复合薄膜作为一种新型的大型发电机绝缘材料，与传统的绝缘材料相比性能更优异。因其制备成本较高、设计周期较长，目前国产化进程仍然缓慢。本章使用 4, 4' - DA、PMDA、N, N - DMAC、$BaTiO_3$、Rutile TiO_2、SiO_2、Al_2O_3、氟化石墨烯（F - GO）、氟化碳纳米管、石墨烯和 C_2H_6O 等材料，采用原位聚合法制备不同厚度、不同掺杂成分和组分、不同颗粒尺寸的聚酰亚胺基纳米复合薄膜绝缘材料。其中氟化石墨烯（F -Graphene）、氟化碳纳米管（F - MWNTs）、氧化石墨烯（GO）三种纳米材料为自制，$BaTiO_3$、Rutile TiO_2、SiO_2、Al_2O_3 几种纳米颗粒为购置。首先将 PDMA 加入 4, 4' - ODA 和 N, N - DMAC 溶液中混合搅拌后制备成聚酰亚胺酸溶液，然后再将不同成分、不同组分和不同颗粒尺寸的无机纳米颗粒掺杂到已经制备好的聚酰亚胺酸中，经过搅拌和超声后进行膜热处理和亚胺化处理。制备聚酰亚胺无机纳米复合绝缘薄膜的详细过程如图 8 - 24 所示。

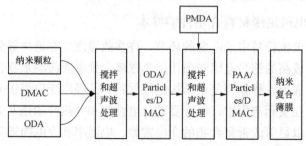

图 8 - 24　制备聚酰亚胺基无机纳米复合薄膜的详细过程

按照上述方法制备了 43 种不同厚度、不同掺杂成分和组分、不同颗粒尺寸的聚酰亚胺基纳米复合薄膜，详细参数见表 8-9。制备的部分聚酰亚胺无机掺杂不同颗粒的纳米电介质复合薄膜扫描电镜图如图 8-25 所示，图中显示表面形貌较好且纳米颗粒分布均匀。

表 8-9　　　　　　　　　　　　制备的 43 种聚酰亚胺无机纳米复合薄膜

掺杂成分	掺杂组分（wt%，质量百分比）	颗粒尺寸（nm）	薄膜厚度（μm）
$BaTiO_3$	［10、15、20、25、30、50、60、70］	100	25
Rutile TiO_2	［1、3、4、5、7］	35	25
SiO_2	［5、10、15、20、25］	［7、40］	25
αAl_2O_3	［4、8、12、16、20、24］	30	30
Al_2O_3	［15、20、25］	13	30
GO	［1、2、3、4］	3	［62、77、84、90］
F-MWNTs	［0.1、0.3、1、3］	30	［36、38、42、51］
F-GO	［0.5、1、3、5］	5	［31、36、33、49］

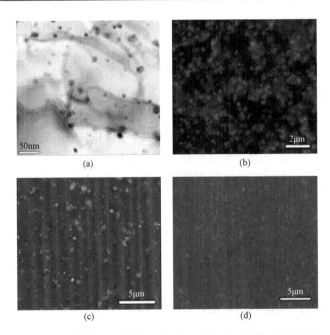

图 8-25　掺杂不同颗粒的纳米电介质复合薄膜扫描电镜图
（a）纳米复合薄膜的微观结构；（b）PI/Al_2O_3 15wt% 的扫描电镜图像；
（c）$PI/BaTiO_3$ 20 wt% 的扫描电镜图像；（d）PI/SiO_2 15wt% 的扫描电镜图像

8.3.2　基于高斯过程回归的大型发电机绝缘材料的介电性能预测模型

针对大型发电机的绝缘材料制备成本较高、设计周期较长、构建样本困难无法构建大型样本的情况，核高斯过程回归这种在小样本空间下回归精度高的模型就非常适合大型发电机绝缘材料的性能预测。为了提升高斯过程回归的精度，分别在单核改进和组合核构建两个方面提出两种新的核高斯回归模型。将颗粒介电常数（x_1）、颗粒电导率（x_2）、薄膜厚度

（x_3）、颗粒热导率（x_4）、颗粒掺杂比例（x_5）、颗粒尺寸（x_6）、颗粒比表面积（x_7）作为模型的输出，纳米复合薄膜的介电常数（y）作为模型的输出，分别提出 PUK 核的高斯回归模型和二次有理 Matern 核高斯过程回归模型。

（1）PUK 核高斯过程回归模型。

高斯过程是高斯分布的自然推广，高斯过程由其均值函数与协方差函数来表示，均值可以为一个向量，协方差为一个矩阵，高斯过程本质上就是一个多元高斯分布，具体表现形式为

$$f \sim GP(m,k) \tag{8-18}$$

式中：f 为满足均值函数为 m、协方差函数为 k 的高斯过程。给定一个均值函数值函数 m 与协方差函数 k 即可构造出一个高斯过程，具体表现形式如式（8-19）和式（8-20）所示

$$m(x) = a x^2 + bx + c \tag{8-19}$$

$$k(x,x') = \sigma^2 \exp\left[\frac{-(x-x')}{2l^2}\right] \tag{8-20}$$

根据式（8-20）将协方差函数归纳为三个矩阵

$$K = \begin{bmatrix} k(x_1,x_1) & k(x_1,x_2) & \cdots & k(x_1,x_n) \\ \cdots & \cdots & \cdots & \cdots \\ k(x_n,x_1) & k(x_n,x_2) & \cdots & k(x_n,x_n) \end{bmatrix} \tag{8-21}$$

$$K^* = [k(x_*,x_1)\cdots k(x_*,x_n)] \tag{8-22}$$

$$K_{**} = k(x_*,x_*) \tag{8-23}$$

式中：(x_i, x_j) 为输入空间中的点；$k(x_i, x_j)$ 为协方差。

在通常情况下，为了简化符号取均值为零，协方差函数根据实际情况选取。当输入变量与输出变量均为连续变量时的预测问题被称为回归，回归问题是常见的数据建模问题，高斯过程回归方法在解决小样本下的非线性问题时有其独特的优势。

高斯过程回归建模的关键是假设数据均服从多元高斯分布，如式（8-24）所示

$$\begin{bmatrix} y \\ y^* \end{bmatrix} \sim N\left(\begin{bmatrix} m \\ m^* \end{bmatrix}, \begin{bmatrix} K & K_*^T \\ K^* & K^* \end{bmatrix}\right) \tag{8-24}$$

式中：y^* 为预测的目标值。

条件概率 $p(y \mid y^*)$ 也服从高斯分布

$$y \mid y^* \sim N(m^* + K^* K^{-1}(y-m), K^{**} K^{-1} K_*^T) \tag{8-25}$$

$y \mid y^*$ 分布的均值则为 y^* 的最佳估计值，可表示为

$$\overline{y^*} = m^* + K^* K^{-1}(y-m) \tag{8-26}$$

$\overline{y^*}$ 作为预测目标值具有不确定性，不确定性可以用 $y \mid y^*$ 分布的方差表示

$$\text{var}(y^*) = K^{**} - K^* K^{-1} K_*^T \tag{8-27}$$

均值函数以及协方差函数决定了高斯过程回归的可靠性，而协方差函数的参数 $\theta = \{a, b, c, l, \sigma\}$ 决定了回归结果的准确性。当 $p(\theta \mid x, y)$ 取最大值时，θ 可以得到其最大概率的估计值，根据贝叶斯理论可以计算得到 $\log p(\theta \mid x, y)$ 的最大值

$$\log p(\theta \mid x,y) = -\frac{1}{2}y^T (K^* + \sigma_n^2 I)^{-1} y - \frac{1}{2}\log|K^*| - \frac{n}{2}\log 2\pi \tag{8-28}$$

只有在对数似然函数取最大值时，观测值的结果才能无限接近实际问题。在求对数似然函数的最大值时，首先需要对数似然函数进行求导，然后对求导后的结果进行优化得到在概

率最大时的 θ 值。现有的优化方法有很多，传统的高斯过程回归模型主要采用共轭梯度法进行优化。θ 是所有参数的集合，对数似然函数在训练样本下的最大值为参数 θ 的解

$$\frac{\partial}{\partial \theta_j} \log(p(y \mid x, \theta)) = \frac{1}{2} tr \left\{ \left[\alpha \alpha^T - (K^* + \sigma_n^2 I)^{-1} \right] \frac{\partial (K^* + \sigma_n^2 I)}{\partial \theta_j} \right\} \tag{8-29}$$

$$\alpha = [K(x,x) + \sigma_n^2 I]^{-1} y$$

综上核函数的选择决定了高斯过程的非线性回归性能，应根据样本数据的不同性质选择与之相适应的核函数。如果核函数的选择不当，高斯过程回归模型将难以有好的预测精度。因此选取一种能够适应各种不同性质样本数据的核函数是非常有意义的。

基于 PUK 核的高斯过程回归模型，采用 Person Ⅶ 函数作为高斯过程回归的核函数从而构建一种通用性的核函数，即 Person Ⅶ 核函数（PUK 核）。Person Ⅶ 函数具有高度的"灵活性"与"适应性"，仅通过调整其参数便可适应高斯（Gaussian）曲线和洛仑兹（Lorentzian）曲线等峰形曲线。

在对曲线进行拟合时，Person Ⅶ 函数的一般形式为

$$f(x) = H / \left\{ 1 + \left[2(x - x_0) \sqrt{2^{(1/\omega)} - 1} / \sigma \right]^2 \right\}^\omega \tag{8-30}$$

式中：H 为峰中心 x_0 处的峰高；x 为自变量；参数 ω 和 σ 为控制半角（也称皮尔逊宽度）和峰的拖尾因子。

通过改变参数 ω 和 σ，Person Ⅶ 函数可以对任意单峰光滑曲线进行拟合。当 ω 趋近于无穷大时，Person Ⅶ 曲线的形状将无限逼近高斯形曲线；而当 $\omega = 1$ 时，其曲线形状为 Lorentzian 曲线；ω 取其他值时则可以产生一系列的"过渡形"曲线。如图 8-26 所示，图中的 Person Ⅶ 曲线的取值为 $H = 1$、$x_0 = 0$、$\omega = 0.6$、$\sigma = 1.1$。当改变 σ 时，Person Ⅶ 函数分布的宽度将发生改变。因此可以采用 Person Ⅶ 函数作为一种通用的核函数来取代通常采用的线性核、平方指数核、径向基核等，并避免因为核函数选择不当所造成的高斯过程回归预测精度不高的问题。

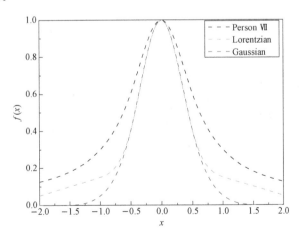

图 8-26　Person Ⅶ 函数曲线形状

有效的核函数必须满足默瑟（Mercer）条件，即核矩阵的对称性核半正定性质。当以 Person Ⅶ 函数作为多维空间的核函数时，其表达形式为

$$K(x_i, x_j) = 1 / \left[1 + \left(2 \sqrt{\| x_i - x_j \|^2} \sqrt{2^{(1/\omega)} - 1} / \sigma \right)^2 \right]^\omega \tag{8-31}$$

根据式（8-31）计算即可得到核矩阵 K_*，K 为一个对角元素为 1 的对称矩阵，其半正定性质也可以得到证明。因此 Person Ⅶ 函数满足 Mercer 条件，是一个有效的核函数。

针对纳米复合薄膜在小样本下的复杂非线性问题，将 Person Ⅶ 函数引入高斯过程回归构建基于 PUK 核高斯过程的纳米复合薄膜的介电性能预测模型。PUK 核函数作为通用性核函数仅通过调整 PUK 核的参数便可以对复杂的非线性曲线进行描述，降低了核函数选择时对数据性质的高度依赖，避免了因核函数选择错误造成的预测效果不理想等问题。

（2）二次有理 Matern 核高斯过程回归模型。

传统高斯过程回归模型在建模过程中需要根据数据的性质来选择合适的核函数，如果自变量与因变量之间的关系呈现出单一的对称性或者周期性，那么采用单一的稳态内核就可以实现效果很好的预测。但是纳米复合薄膜的特征数量多且呈现出复杂的非线性关系，采用线性核、平方指数核以及径向基核等单一稳态协方差函数作为高斯过程的核函数只能描述数据的部分特征，很难对数据进行完整的描述。因此为了加强核函数对复杂非线性数据的描述能力，可以通过不同核函数进行组合的方式将不同核函数的性能相结合用多个核函数共同去描述数据的不同结构。根据统计学理论在满足 Mercer 条件的基础上对基本稳态核函数进行改进构造新的组合核函数对纳米复合薄膜的介电性能进行预测。

若核函数仅考虑特征空间下样本间向量，不改变指数集的平移变换则该核函数具有平稳性；相反若核函数与样本间的向量无关，仅考虑样本间距离则该核函数具有各向同性。径向基核函数、Matern 核函数、平方指数核函数、二次有理核函数等都是同时满足平稳性与各向同性的常见稳态核函数。

1）径向基核函数（RBF kernel）

$$k_{\mathrm{rbf}} = \exp(-\frac{r^2}{2\sigma^2}) \tag{8-32}$$

式中：$r=|x_1-x_2|$；σ 为超参数定义了样本间相似性的特征长度尺度。

2）Matern 核函数（Matern Kernel）

$$k_{\mathrm{Matern}}(r) = \sigma^2 \frac{2^{1-v}}{\Gamma(v)} \left(\frac{\sqrt{2v}}{l}\right)^v K_v\left(\frac{\sqrt{2v}r}{l}\right) \tag{8-33}$$

式中：v、l 为正数；K_v 为一个修正的 Basel 函数。

如果 $v=p+1/2$，$p \geq 0$，则有

$$k_{v=p+1/2}(r) = \sigma^2 \exp\left(-\frac{\sqrt{2v}r}{l}\right) \frac{\Gamma(p+1)}{\Gamma(2p+1)} \sum_{i=0}^{p} \frac{(p+i)!}{i!(p-i)!} \left(\frac{\sqrt{8v}r}{l}\right)^{p-i} \tag{8-34}$$

3）平方指数核函数（Squared Exponential Kernel）

$$k_{\mathrm{SE}}(r) = \sigma^2 \exp\left(-\frac{r^2}{2l^2}\right) \tag{8-35}$$

式中：l 为特征向量的长度。

标量函数为

$$\phi_c(x) = \exp\left[-\left(\frac{x-c}{2l^2}\right)^2\right] \tag{8-36}$$

式中：c 为函数的原点。

高斯过程的先验分布为 $w \sim N(0, \sigma_p^2 I)$，协方差函数具体表示为

$$k(x_p,x_q) = \sigma_p^2 \sum_{c=1}^{N} \phi_c(x_p)\phi_c(x_q) \tag{8-37}$$

具体计算步骤如式（8-38）所示

$$k(x_p, x_q) = \sigma_p^2 \int_{-\infty}^{\infty} \exp\left[-\frac{(x_p - c)^2}{2l^2}\right] \exp\left[-\frac{(x_q - c)^2}{2l^2}\right] \mathrm{d}c$$

$$= \sqrt{\pi} l \sigma_p^2 \exp\left[-\frac{(x_p - x_q)^2}{2(\sqrt{2}\iota)^2}\right] \frac{n!}{r!(n-r)!} \tag{8-38}$$

在式（8-38）中，x_p 约等于 x_q 时 $k(x_p, x_q)$ 取最大值，两个函数较接近。当 x_p 与 x_q 的值相差较大时 $k(x_p, x_q)$ 的值无限趋近于 0，这表示 x_p 与 x_q 相距越来越远，综上 $\sqrt{2}l$ 决定了 x_p 与 x_q 之间的距离。

二次有理核函数（Rational Quadratic Kernel，RQ Kernel）

$$k_{\mathrm{RQ}}(r) = \sigma^2 \left(1 + \frac{r^2}{2al^2}\right)^{-\alpha} \tag{8-39}$$

其中 α，$l > 0$，$k_{\mathrm{RQ}}(r)$ 本质上是多个具有不同特征长度的平方指数核函数的组合。令 $\tau = l^{-2}$，对 $k_{\mathrm{SE}}(r)$ 积分可得

$$k_{\mathrm{RQ}}(r) = \int p(\tau \mid \alpha, \beta) k_{\mathrm{SE}}(r \mid \tau) \mathrm{d}\tau$$

$$\propto \int \tau^{\alpha-1} \exp\left(-\frac{\alpha\tau}{\beta}\right) \exp\left(-\frac{\tau r^2}{2}\right) \mathrm{d}\tau \propto \left(1 + \frac{r^2}{2al^2}\right)^{-\alpha} \tag{8-40}$$

如式（8-40）所示，当 $\alpha \to \infty$，二次有理核函数等价于特征尺度为 l 的 RBF 核函数。

通过对以上同时具有平稳性与各同向性的稳态核函数进行分析，Matern 核函数具有高度的平滑性，而有理二次核函数又可以适应不同的特征尺度长度。将二者进行组合改进使组合后的核函数同时具有平滑性和高度的适应性，高斯过程回归模型的预测精度与泛化能力将有显著提高。核函数相加是一种非常有效的提升高斯回归精度的方法。假设有高斯过程 $f(x) = f_1(x) + f_2(x)$，其中 $f_1(x)$ 与 $f_2(x)$ 满足独立同分布。核函数的具体形式可以表示为 $k(x, x') = k_1(x, x') + k_2(x, x')$，将两个核函数相加之后构成了一个新的核函数。通过核函数相加的方式可以将不同特征长度的核函数进行相加，相加后得到的核函数仍然具有实用性。核函数相加的方式可以最直接地将不同特征长度的核函数进行组合，且组合后的核函数满足 Mercer 条件。采用该方法对稳态核函数进行改进可以将不同特征长度的核函数进行相加，改进后的核函数仍然具有实用性。针对纳米复合薄膜特征数量多且呈复杂非线性关系的特点，采用具有高度平滑性的 Matern 核函与具有不同特征长度尺度的二次有理核函进行组合构建二次有理 Matern 核高斯过程回归模型对纳米复合薄膜的介电性能进行预测，模型如图 8-27 所示。

图 8-27　有理二次 Matern 核高斯过程回归模型

将有理二次协方差函数（RQ）和 Matern 核函数（Ma）进行组合，组合协方差函数可以表示为

$$K_{\mathrm{CK}}(x_p, x_q) = K_{\mathrm{Ma}}(x_p, x_q) + K_{\mathrm{RQ}}(x_p, x_q)$$

$$= \frac{2^{1-v}}{\Gamma(v)} \left(\frac{\sqrt{2v} \mid x_p - x_q \mid}{l} \right)^v K_v \left(\frac{\sqrt{2v} \mid x_p - x_q \mid}{l} \right) + (1 + \mid x_p - x_q \mid^2)^{-\alpha}$$

$$(8-41)$$

改进后 $k_{\text{Matern}} + k_{\text{RQ}}$ 高斯过程回归模型预测模型组合核函数模型超参数向量为

$$\theta = \{\theta_1, \theta_2, \theta_3\} = \{v, l, \alpha\} \tag{8-42}$$

高斯过程模型超参数 θ 的最小化表达式为

$$L = -\log p(y \mid \theta) = \frac{1}{2}\log \mid C(\theta) \mid + \frac{1}{2}y^T C^{-1}(\theta)y + \frac{N}{2}\log(2\pi) \tag{8-43}$$

采用共轭梯度法由训练样本进行超参数最小化的求解，共轭梯度法的梯度模型为

$$\frac{dL}{d\theta_i} = \frac{1}{2}tr C^{-1} \frac{dC}{d\theta_i} - \frac{1}{2}y^T C^{-1} \frac{dC}{d\theta_i} C^{-1} y \tag{8-44}$$

8.3.3 核高斯过程回归模型普适性

核高斯过程回归模型在聚酰亚胺纳米复合薄膜的介电常数样本下已经取得了不错的效果，为验证模型的普适性，使用如图 8-28 所示的数据集验证两种核高斯过程回归模型的有效性。数据样本集是对采用激光烧灼沉积法（LAD）制备聚二苯基硅亚甲基硅烷（PDPhSM）基纳米复合薄膜的聚合效率进行预测的，将激光能量密度（x_1）、环境压力（x_2）、激光烧蚀沉积时间（x_3）、靶与基体的距离（x_4）作为预测模型的输入，将 PDPhSM 基纳米复合薄膜的聚合效率为预测模型的输出（y）。

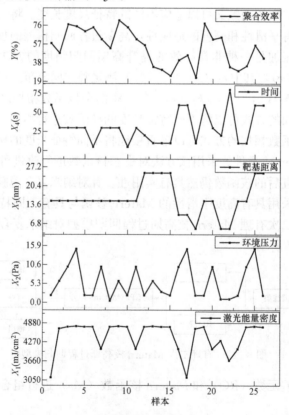

图 8-28　纳米复合薄膜聚合效率样本

（1）PUK 核高斯过程回归模型普适性研究：

采用 5 折交叉验证对模型进行验证，平均绝对误差（MAE）和均方根误差（RMSE）两种评价指标对 PUK 核高斯过程回归模型和二次有理 Matern 核高斯过程回归模型的预测结果进行评价。图 8 - 29 显示了不同 ω 值对模型预测精度的影响。在控制 σ 为 1 时，平均绝对误差与均方根误差随 ω 的增大呈先减小再增大的趋势，综合选取均方根误差与平均绝对误差在 ω 为 0.4 时为最小值点。在控制 ω 为 0.4 时，平均绝对误差与均方根误差随 σ 的增大呈先减小再增大的趋势，如图 8 - 30 所示。综合选取均方根误差与平均绝对误差在 σ 为 0.6 时取最小值点。因此在 ω 为 0.4、σ 为 0.6 时，均方根误差取最小值为 14.5142、平均绝对误差取最小值为 17.2338。

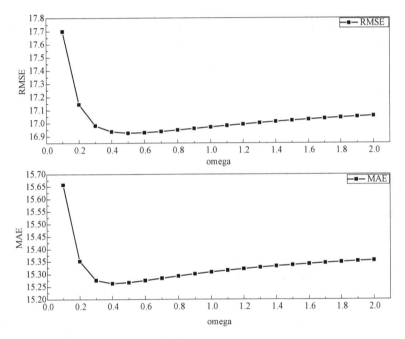

图 8 - 29 不同 ω 值对模型预测精度的影响（σ 为 1 时）

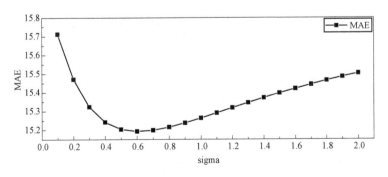

图 8 - 30 ω 为 0.4 时，不同 σ 对模型预测精度的影响（一）

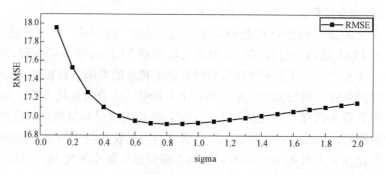

图 8-30 ω 为 0.4 时，不同 σ 对模型预测精度的影响（二）

为了进一步验证模型的有效性，在相同条件采用 5 折交叉验证法，将 PUK 核高斯过程回归与 Poly 核高斯过程回归、NormalizedPoly 核高斯过程回归、RBF 核高斯过程回归、线性回归（LR）、多层感知机（MLP）、RBF 核支持向量回归、Ploy 核支持向量回归（SVR-Ploy）和 PUK 核支持向量回归（SVR-PUK）等常用机器学习算法进行对比，结果如图 8-31 所示，PUK 核高斯过程回归模型的平均绝对误差（MAE）和均方根误差（RMSE）小于其他几种模型，即该模型更适合预测 PDPhSM 基纳米复合薄膜聚合效率。

（2）二次有理 Matern 核高斯过程回归模型普适性研究。

将纳米复合薄膜聚合效率样本用于二次有理 Matern 核高斯过程回归模型的训练，采用 5 折交叉验证的方法对模型进行性能验证。模型参数见表 8-10，将均方根误差与平均绝对误差作为模型的评价指标。采用二次有理 Matern 核高斯过程回归模型对纳米复合薄膜的聚合效率进行预测，并分别与其他单一核高斯过程回归模型，二次有理 Matern 核高斯过程回归模型与二次有理线性核高斯过程回归模型（CGPR-LIN+RQ）、Matern 线性核高斯过程回归模型（CGPR-LIN+Matern）、平方指数线性核高斯过程回归模型（CGPR-LIN+SE）与周期线性核高斯过程回归模型（CGPR-LIN+PER）组合核高斯过程回归模型等对比，结果见表 8-10。二次有理 Matern 核高斯过程回归的均方根误差与平均绝对误差为 11.0770 和 8.7388 小于其他核函数高斯过程回归，预测精度高于其他单核和组合核高斯过程回归模型。

表 8-10　　　　二次有理 Matern 核高斯过程回归与其他核高斯过程回归对比

模型	RMSE	MAE
GPR-RQ	16.3230	14.0884
GPR-Matern	18.0381	15.6964
GPR-RBF	18.0451	15.0199
CGPR-LIN+RQ	11.1703	8.9120
CGPR-LIN+Matern	11.0816	8.7405
CGPR-LIN+SE	17.4209	15.2476
CGPR-LIN+PER	56.3567	53.5213
CGPR-RQ+Matern	11.0770	8.7388

在相同参数设置下，将二次有理 Matern 核高斯过程回归模型与岭回归（Ridge）、K 近

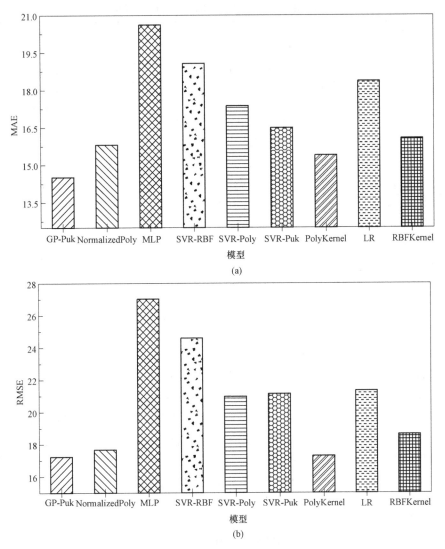

图 8-31　PUK 核模型预测精度对比
(a) 不同算法的平均绝对误差对比；(b) 不同算法的均方根误差对比

邻（KNN）、支持向量机回归（SVR）、线性回归（Linear）、决策树（Decision Tree）等常
见的机器学习方法进行对比，又将二次有理 Matern 核高斯过程回归模型与 Bagging、Ada-
boost、Gradientboost 和随机森林等集成学习方法进行对比，其实验结果见表 8-11。二次
有理 Matern 核高斯过程回归的均方根误差与平均绝对误差为 11.0770 和 8.7388 小于其他机
器学习方法与集成学习方法，预测精度高于其他方法的回归模型。

　　通过对两组普适性的实验结果的分析，PUK 核高斯过程回归和二次有理 Matern 核高斯
过程回归在纳米复合薄膜聚合效率样本集上的预测误差小于其他机器学习方法，即这两种模
型也适合纳米复合薄膜聚合效率的预测，模型具有一定的普适性。

表 8 - 11 二次有理 Matern 核高斯过程回归与其他模型的对比

模型	RMSE	MAE
Lasso	21.5452	18.9100
Ridge	22.1858	19.1555
Linear	22.2569	19.1637
SVR	18.2539	14.3972
KNN	25.2251	20.0769
DecisionTree	15.0678	11.3462
ExtraTree	17.2382	12.9231
Bagging	13.2720	11.0154
GradientBoosting	14.9135	10.8271
AdaBoost	12.5918	10.3849
RandomForest	14.6164	12.2077
CGPR - RQ+Matern	11.0770	8.7388

8.4 小 结

（1）大型发电机的绝缘材料制备成本高，设计周期长。针对构建样本困难且小样本空间回归容易导致过拟合问题，给出一种基于核高斯过程回归的大电机绝缘性能预测模型，利用 PUK 核函数的映射能力，使其能够在特征空间中寻找更有鉴别能力的超平面，提高其预测精度。将多个协方差函数进行组合，形成组合协方差函数，构建组合核高斯过程回归模型。将多个常见单一核函数的优势集合捕捉数据的更多特性，给高数据描述能力提高预测精度。该模型能有效提升"小样本"空间中高斯过程回归精度，具有较好的有效性及普适性。

（2）为解决大型发电机的阻尼槽楔设计样本构建困难的问题，给出联合有限元与集成高斯过程的大型发电机的槽楔涡流损耗预测模型，利用有限元法计算不同电机结构的电磁属性，以及发电机转子阻尼槽楔的涡流损耗并构建样本库，给出适合于大型发电机的槽楔涡流损耗预测的同核集成高斯过程和异核集成高斯过程回归模型。采用多个 Matern 核高斯过程集成构建同类型核函数集成高斯过程回归模型，将多个模型输出值的均值作为最终输出。通过对不同核函数的高斯过程进行堆叠融合构建集成异核高斯过程回归模型，其具有高度的灵活性且预测值与有限元仿真值误差较小。两种集成高斯学习模型预测精度较高，且模型具有较好的有效性及普适性。

（3）本章介绍了两种深度高斯过程的大型发电机的转子侧槽楔和垫条涡流损耗预测模型。利用有限元仿真构建大型核电发电机转子侧槽楔和垫条涡流损耗的样本库。将转子槽楔电导率、转子槽楔的相对磁导率、转子垫条电导率、转子垫条的相对磁导率、转子内径、定子铁心相对磁导率作为模型的输入，转子槽楔和垫条的涡流损耗作为模型的输出，构建深度高斯过程的大型发电机的转子侧槽楔和垫条涡流损耗预测预测模型。为了提升该模型的回归精度，通过有放回的随机采样重复从原始样本中选取样本作为训练集，分别对 5 个深度高斯过程回归模型进行训练，对各个子模型预测值平均加权的方式进行融合得到最终预测结果。利用集成学习方法将多个深度高斯过程模型构建为一个强预测模型，该模型比单深度高斯过程回归模型的预测精度更高，且模型具有较好的有效性及普适性。

参 考 文 献

[1] 丁舜年. 大型电机的发热与冷却 [M]. 北京：科学出版社，1992.

[2] 杨嗣彭. 同步电机运行方式的分析 [M]. 成都：成都科技大学出版社，1989.

[3] 汪耕. 大型汽轮发电机设计、制造与运行 [M]. 上海：上海科学技术出版社，2012.

[4] 天津大学. 大型同步发电机的运行 [M]. 北京：电力工业出版社，1982.

[5] A·N·鲍里先科，B·Γ·丹科，A·N·亚科夫列夫. 电机中的空气动力学与热传递 [M]. 北京：机械工业出版社，1985.

[6] 张沛. 1000MW 全空冷水轮发电机电磁场及温度场数值计算 [D]. 哈尔滨理工大学，2011.

[7] 金煦，袁益超，刘聿拯，等. 大型空冷汽轮发电机冷却技术的现状与分析 [J]. 大电机技术，2004（4）：5.

[8] 吕悦惠，赵英君. 水轮发电机组常见故障及预防措施 [J]. 中国水能及电气化，2013，（03）：52-54.

[9] 胡健，吴国忠. 发电机转子过热原因分析探讨 [J]. 中国电力，2009（5）：3.

[10] 胡健，吴国忠. 发电机转子过热原因分析探讨 [J]. 中国电力，2009（5）：3.

[11] 黄浩，安志华，朱志佳. 哈电全空冷 300Mvar 调相机通风冷却系统研究 [J]. 大电机技术，2021，（04）：6-11+18.

[12] 王蒲瑞. 机网暂态过程中大型空冷汽轮发电机端部电磁场研究 [D]. 北京交通大学，2019.

[13] 李志强，种芝艺，黄金军. 快速动态响应同步调相机动态无功特性试验验证 [J]. 中国电机工程学报，2019，39（23）：6877-6885+7101.

[14] 郭强，李志强. 同步调相机发展综述 [J]. 中国电机工程学报，2023，43（15）：6050-6064.

[15] 李桂芬，李小龙，孙玉田. 300Mvar 空冷隐极同步调相机暂态特性仿真分析 [J]. 大电机技术，2021，（05）：33-37.

[16] 罗超龙. 双轴励磁调相机的设计及无功特性研究 [D]. 华北电力大学（北京），2024.

[17] 汤蕴璆. 电机内的电磁场. 2 版. [M]. 北京：科学出版社，1981.

[18] 谢德馨. 三维涡流场的有限元分析 [M]. 北京：机械工业出版社，2008.

[19] K. Yamazaki et al., Eddy Current Analysis Considering Lamination for Stator Core Ends of Turbine Generators, IEEE Trans. Magn., vol. 44, no. 6, pp. 1502-1505, June. 2008.

[20] 丁树业，李伟力，马贤好，靳慧勇. 特殊绕组结构的空冷汽轮发电机定子三维温度场计算与分析 [J]. 中国电机工程学报，2006，（22）：140-145.

[21] Koprivica, B., and K. Chwastek. Verification of Bertotti's Loss Model for Non-Standard Excitation. Acta Physica Polonica Series A，vol. 136, no. 5, pp. 709-712, 2019.

［22］K. Yamazaki and N. Fukushima，Iron‐Loss Modeling for Rotating Machines：Comparison Between Bertotti's Three‐Term Expression and 3‐D Eddy‐Current Analysis，IEEE Trans. Magn.，vol. 46，no. 8，pp. 3121‐3124，Aug. 2010.

［23］P. Liang，Y. Tang，F. Chai，K. Shen and W. Liu，Calculation of the Iron losses in a Spoke‐Type Permanent Magnet Synchronous In‐Wheel Electrical machine for Electric Vehicles by Utilizing the Bertotti Model，IEEE Trans. Magn.，vol. 55，no. 7，pp. 1‐7，July 2019.

［24］李伟力，管春伟，郑萍．大型汽轮发电机空实心股线涡流损耗分布与温度场的计算方法［J］．中国电机工程学报，2012，32（S1）：264‐271.

［25］丁树业，江欣，朱敏，等．大功率空冷汽轮发电机多风区流域内流型演变特性研究［J］．工程热物理学报，2020，41（05）：1199‐1206.

［26］赵博，张洪亮．Ansoft 12 在工程电磁场中的应用［M］．北京：中国水利水电出版社，2010.

［27］管春伟．汽轮发电机不同端部与冷却结构下电磁场与温度场的研究［D］．哈尔滨工业大学，2013.

［28］黄嵩，曾冲，杨永明，等．端部结构参数对 1550MW 核能发电机漏磁及涡流损耗的影响［J］．中国电机工程学报，2016，36（S1）：200‐205.

［29］L. Wang and W. Li. Assessment of the Stray Flux，Losses，and Temperature Rise in the End Region of a High‐Power Turbogenerator Based on a Novel Frequency‐Domain Model. IEEE Transactions on Industrial Electronics，2018，vol. 65（6）：4503‐4513.

［30］王晓远，李娟，齐利晓，等．永磁同步电机转子永磁体内涡流损耗密度的计算［J］．沈阳工业大学学报，2007，（01）：48‐51.

［31］汤蕴璆．电机学．5 版．［M］．北京：机械工业出版社．2020.

［32］孟阳．基于流—热网络双向耦合的永磁同步电动机温升预测［D］．哈尔滨理工大学，2022，15‐18.

［33］刘文茂．大型空冷汽轮发电机通风变结构与屏蔽材料的热控制研究［D］．北京交通大学，2022，25‐29.

［34］周醒夫．大型同步发电机通风冷却系统与定子温度场的研究［D］．哈尔滨理工大学，2013，7‐9.

［35］丁树业，孟繁东，葛云中．核主泵屏蔽电机温度场研究［J］．中国电机工程学报，2012，32（36）：149‐155＋1.

［36］毕晓帅．特高压输电系统用同步调相机通风及发热问题研究［D］．哈尔滨理工大学，2022，1970‐1972.

［37］丁世飞，苏春阳．基于遗传算法的优化 BP 神经网络算法与应用研究［C］．中国自动化学会控制理论专业委员会（Technical Committee on Control Theory，Chinese Association of Automation）．第二十九届中国控制会议论文集．中国矿业大学计算机科学与技术学院，2010，4.

［38］胡嘉俊．基于 BP 神经网络的永磁同步电机控制策略研究［D］．南昌大学，2021，

31 - 33.

[39] 王耀东．基于改进粒子群算法的 BP 神经网络优化及应用 [D]．西安科技大学，2012，10 - 13.

[40] Rao, Ravipudi Venkata et al. Teaching - learning - based optimization：A novel method for constrained mechanical design optimization problems．[J] Comput. Aided Des，2011，43 (2011)：303 - 315.

[41] Trojovský P, Dehghani M. Subtraction - Average - Based Optimizer. A New Swarm - Inspired Metaheuristic Algorithm for Solving Optimization Problems. Biomimetics，2023，8 (2)：149.

[42] 孙娓娓．BP 神经网络的算法改进及应用研究 [D]．重庆大学，2009，13 - 15.

[43] G. Xu，C. Luo，Y. Zhan，et al. Influence of Solid Rotor Steel on Dynamic Response and Losses of Turbogenerator With Loss of Excitation [J]．IEEE Transactions on Industry Applications，2019，55 (6)：6633 - 6642.

[44] 陈世坤．电机设计．2 版．[M]．北京：机械工业出版社，2017.

[45] R. P. Benedict. Fundamentals of Temperature, Pressure and Flow Measurements，Second Edition，John Willey and Sons. 1977.

[46] 边旭．多工况下同步调相机端部磁场与结构件涡流损耗分析 [J]．大电机技术，2018，(6)：26 - 31.

[47] 高大威，张楠，陈海峰．基于近似模型的微型客车碰撞指标预测精度研究 [J]．公路交通科技，2018，35 (11)：9.

[48] 杨雪洁．基于商空间粒度计算的大气质量组合预测研究 [D]．安徽大学，2008.

[49] 赵晶莹．高斯过程回归及其在大型电机性能预测领域的研究 [D]．大连民族大学，2020.

[50] Jingying Zhao, Hai Guo, Likun Wang, Min Han. Finite Element Analysis Combined with an Ensemble Gaussian Process Regression to Predict the Damper Eddy Current Losses in a Large Turbo - Generator [J]．IET Science，Measurement & Technology，2020，14 (4)：446 - 453.

[9] 王迎军. 苏文磊等. 面向数据的产品质量预测方法研究[J]. 计算机集成制造系统. 2019, 25(3): 56.

[10] Rao Ramon Ventura et al. Teaching-learning-based optimization: A novel method for constrained mechanical design optimization problems. [J]. Computer Aided Design, 2011, 43(3): 303-315.

[11] Trojovský P, Dehghani M. Subtraction-Average-Based Optimizer: A New Swarm-Inspired Metaheuristic Algorithm for Solving Optimization Problems. Biomimetics, 2023, 8(2): 149.

[12] 张强. 基于物联网技术的设备管理系统[D]. 哈尔滨: 哈尔滨工业大学, 2016.

[13] Gao L, Zhao C, Luo X, Zhao, et al. Influence of Solid State Fermentation Response and its Uses of Phosphorus With Use of Fermentation [J]. IEEE, International Conference. Philadelphia, 2016. Short 329-341.

[14] 李伟. 刘明. 基于大数据的智能制造系统研究[D]. 北京: 北京大学, 2017.

[15] Prabhat B. Ontology Based Transmittal Language Format and Flow Measurement. Transaction from Water Conference, 1992.

[16] 陈强. 王晓明. 李军. 基于机器学习的工业数据分析方法[J]. 自动化学报, 2018, 44(2): 156.

[17] 刘志强. 张伟. 赵明. 基于深度学习的故障诊断技术研究[J]. 计算机工程与应用, 2019, 55(8): 201.

[18] 李华. 基于物联网的智能监测系统设计与实现[D]. 上海: 上海交通大学, 2018.

[19] 孙丽. 王强. 郭涛等. 面向工业大数据的预测性维护方法[J]. 机械工程学报, 2020.

[20] Zhang Wei, Li Guo, Chen Ying. Machine Learning Based Prediction Analysis of Central Assembly Manufacturing Process Representation in the Intelligent Manufacturing System. Large Data Association [J]. IET Science, Measurement & Technology, 2020, 14(9): 456-468.